함께 만드는
정원

전북대학교출판문화원

함께 만드는 정원

저 자 박율진 · 정정수 · 정수경 · 김효경 · 선종성 · 박신화 · 박지현 · 안형민
김화옥 · 이관준 · 임연홍 · 이경의 · 김운희 · 김태호 · 강대진 · 최연우
펴낸이 양오봉
펴낸곳 전북대학교출판문화원

초판 1쇄 발행 2014년 8월 20일
초판 3쇄 발행 2023년 8월 31일

전북대학교출판문화원 전라북도 전주시 완산구 어진길 32 (풍남동2가)
전화 : (063) 219-5319~22
FAX : (063) 219-5323
출판등록 2012년 8월 20일 제465-2012-000021호

값 18,000원

ISBN 978-89-98534-26-4 03520

이 도서의 국립중앙도서관 출판예정도서목록(CIP)은 서지정보유통지원시스템 홈페이지(http://seoji.nl.go.kr)와 국가자료공동목록시스템(http://www.nl.go.kr/kolisnet)에서 이용하실 수 있습니다.(CIP제어번호: CIP2014022758)

함께 만드는 정원

제1장 _ 정원구상

제2장 _ 정원만들기와 재료

제3장 _ 정원관리

책머리에

지금까지 우리는 정원에 대한 일상적인 기억을 거의 갖지 못한 채 살아왔다. 하늘을 찌를 듯 높은 산 대신 하루에도 몇 번씩 오르내릴 수 있는 뒷동산과 깨끗한 물이 흐르는 개울이 곁에 있어, 굳이 내 집안에 자연을 가두지 않아도 되었다. 언제나 "나의 살던 고향은 꽃피는 산골~♬"이었으니까. 그러나 이제는 빛 바랜 흑백사진처럼 아득한 일이 되어 버렸다. 그리고 현재를 지배하는 지속가능성 · 생태 · 환경친화를 실현하는 가장 빠르고 바른 일이 gardening이다.

사람들이 쉽게 접하는 매스컴을 통해 보이는 정원은 부잣집의 전유물처럼 여겨진다. 잘생긴 소나무와 말끔하게 손질된 작은 나무들, 그 사이로 보이는 석등 그리고 푸른 잔디와 흰색 탁자와 의자가 패키지처럼 있다. 그러면 보통 사람에게 정원은 여전히 사치일까? 몸 뉘일 곳도 없는데 무슨 배부른 소리일까? 단연코 "아니요"라고 말하고 싶다. 물론 여전히 매스컴 속의 정원은 화려하고 고급스러운 정원으로 거리감을 느끼게 하고 있다. 그러나 헤르만 헤세의 「정원일의 즐거움」, 버몬트에 있는 타샤의 정원에서 볼 수 있듯이 정원을 만들고 가꾸는 것은 사람이 사는 생활(일상)처럼 자연스러운 일이며 필수 교양이다.

최근 건강하고 여유로운 자연 속의 삶과 문화에 대한 욕구 증대, 여가활동과 체험활동 증가로 정원과 정원문화에 대한 관심이 증가하는 시류에 따라 생태조경 전공으로하는 학위과정에서 각 주제와 관련된 정보를 모으고 편집한 것으로 현장에서의 경험을 통해 꼭 필요하다고 느꼈던 부분을 다시 첨삭하여 간추려 엮었다.

『함께 만드는 정원』은 크게 3장으로 구성되어 있다. 제1장 '정원구상'은 정원의 양식/ 정원의 기능과 요소/설계 과정/수목의 배식이 담겨져 있다. 특히 정원의 기능과 요소는 저자가 직접 설계 · 시공한 정원을 바탕으로 쓴 것으로, 그동안 소홀히 다루어졌던 미학적인 관점과 생태적 배려가 돋보인다. 실제로 전문가가 아닌 일반인들이 개인 정원을 꾸미기 위해 필요한 전반적인 내용들을 얻을 수 있다. 제2장 '정원만들기와 재료' 는 토양/ 정원석/ 연못의 조성/ 정원수/ 잔디/지피식물/허브식물/ 정원에 필요한 자재 등에 대한 내용이다. 아무리 아름다운 나무와 꽃을 심어 놓아도 토양이 건강하지 못하면 잘 자랄 수 없으며 결국 고사하게 된다. 수십 년 동안 직접 조경수를 재배하면서, 또 조경관리인으로 활동하면서 정원일의 모태가 되는 토양의 중요성을 누구보다도 잘 아는 엮은이들의 진정성이 잘 나타난다. 제3장은 '정원관리' 부분으로 전지 및 전정/ 병충해 방제/ 잡초관리/월동작업 등으로 정원을 만든 후에 아름답고 자연스러운 정원이 되기 위한 필요한 작업과 방법에 대해 다루고 있다.

자신의 이름을 건 무엇인가를 세상에 내 놓을 때, 우리는 입버릇처럼 '산고'에 비유한다. 비록 이 책의 내용들이 모두 순수하게 각자의 경험을 녹여내 쓴 것은 아니지만, 실무현장에서 배움의 필요성을 느껴 시작한 노력과 열정이다. 그 어떤 격려와 관심 그리고 비판도 아직 배움의 길에 있는 엮은이들에게 훌륭한 거름으로 작용할 것이므로 감사할 따름이며, 시급히 진행되면서 나타난 부족하거나 미비한 점은 추후 보정할 것이다.

마지막으로 정원 일에 대한 헤세의 표현 "자연의 의지를 내 것으로 만들기 위해서 약간의 자유를 사용하는 작업" 을 다시금 새기고자 한다.

2014년 8월

저자일동

목차

함께 만드는 정원

제1장 _ 정원구상

제2장 _ 정원만들기와 재료

제3장 _ 정원관리

1장

정원구상

정원의 양식

박율진

전북대 생태조경디자인학과 교수

1.1 정원의 발생

인류문화의 기점은 불의 이용과 도구의 발명이며, 정착농업의 출현에 이르러서 하나의 구획을 지을 수 있게 된다. 그들은 식량을 자급하기 위하여 주거지를 정했는데, 그 장소는 물과 비옥한 토지와 햇살이 좋은 장소였다. 이와 같은 장소에서 농작물의 재배 및 가축을 사육했는데, 그 형태는 현재 우리들 거주지의 기본이 되고 있다. 즉, 주거에 접하여 생활에 직결되는 장을 이용하기 쉬운 형태로 만들었다.

이러한 조형은 현재 농가의 뜰이 농작물의 작업장으로서 이용되고 있는 것과 같은 형태라고 할 수 있겠다. 이와 같이 생활에 직접 연결된 장소가 정원(庭園)의 원형이라고 할 수 있으며, 우리 생활양식의 일부로서 오랫동안 함께해 왔다.

정원이란 주어진 토지를 적절히 구획하고 분할하여 생물과 각종 무생물 재료를 배치함으로써 아름답고 기능적이며 쾌적한 공간을 조성하는 것을 말한다.

서양의 정원은 이집트나 메소포타미아지방을 중심으로 발달하였다. 바빌론에서는 B.C 500년경에 세계 7대 불가사의 중의 하나로 알려져 있는 거대한 바빌로니아(Babylonia) 공중정원을 건설했다.

로마시대에는 별장 정원이 발달하였고, 이탈리아에서는 르네상스시대의 부호(富豪)들에 의하여 화려한 정원들이 조성되었으며, 각 나라마다 시대적 문화적 배경과 지형적 특성에 부합하는 정원들이 발달하였다.

동양에서는 중국의 진한시대를 거쳐 송나라시대에 이르러 정원문화가 화려하게 꽃을 피웠고 이는 명청 시대에까지 이어졌다.

중국에서는 일반적으로 정원을 '원림(園林)'이라고 하며, '정원(庭園)'은 일본식 용어라는 것이 정설이다. 한국의 고문에서는 가원(街園), 임원(林園), 임천(林泉), 원(園), 정원(庭園), 화원(花園) 등의 단어가 보이나 현대에는 정원(庭園)이 보편적으로 쓰인다.

정원을 의미하는 한자 '園'의 부수자인 큰 입구(口)는 에워싸는 행위를 뜻한다는 점에서 서구의 gan과 마찬가지라 할 수 있으며, 이러한 어원에서 유추해 볼 때 가장 원초적인 정원의 원형은 '위요(圍繞)공간' 으로서의 정원이라고 할 수 있다.

이는 울타리를 쳐서 내외부를 구분하고 한정된 내부공간을 자신의 영역으로 길들이려는 인간 본연의 사유영역 설정의 속성이 드러나는 것이다. 이러한 정원은 기능적으로 볼 때 실용적인 '가사(家事)작업공간'의 역할을 한다.

영어의 가든(garden)은 이스라엘의 옛말인 히브리어로 'Gar'(담으로 둘러싸다)와 'Oden' (즐거움과 기쁨)을 의미에서 탄생한 단어이다.

문명이 태동되었던 앗시리아 시대부터 지금까지 인류는 끊임없이 신화에 나오는 이러한 낙원을 재창조하기 위하여 노력해왔고, 그것이 정원이라는 의미속에 함축되었다고 생각된다.

정원(庭園)에 관한 문자는 다음과 같은 것이 있다.

- 원(園) 식물(植物)을 집약적으로 재배하는 장소(뜰정, 곧들정, 동안뜰정의 의미가 있음).
- 유(囿) 새와 동물을 사육하는 장소(동산유, 연담유의 의미가 있음).
- 포(圃) 야채와 과수를 재배하는 장소(채마밭포, 밭갈포의 의미가 있음).

이러한 문자는 모두 가 ㅁ로 둘러싸여 있는 것을 알 수 있다. 물론 원시시대부터 인류가 문자를 사용하였다고는 생각할 수 없지만 정원(庭園)은 생활에 필요한 장(場)이고 재산확보와 외적의 침입을 막는다고 하는 것에서 ㅁ(울타리)라고 하는 개념이 존재하였다고 생각 할 수 있다. 이와 같은 생각이 계승된 결과로서 정원이라는 문자가 탄생하였다고 생각할 수 있다.

1.2 정원의 양식

1.2.1 동서양의 정원문화

정원의 역사는 특정지역, 시대 문화를 바탕으로 하는 양식사(樣式史, history of style)로 특정한 양식은 일시적으로 풍미하다 사라져가는 유행(fashion)과 달리, 한 지역을 바탕으로 오랜 세월에 걸쳐 누적되고, 또 후세와 인접지역에 영향을 미친다. 이러한 양식을 이해하는 것은 단지 유형의 문화유산뿐 만 아니라 그것이 만들어진 환경과 사회 또는 시대의 성격, 정신과 문화생활 등 무형의 문화유산까지도 조경양식을 형성하고 있다.

서구에서 기하학의 법칙이 적용되고 있는 동안 동양에서는 전혀 다른 양상이 일어났다. 사람들은 그들 자신을 자연의 지배자라기보다 자연의 일부분으로 여기기 시작하였다. 따라서 동양 정원의 주인은 그들의 정원조영뿐만 아니라 정원건축물과 장식에서도 인간의 욕구를 반영하기보다는 자연의 힘에 의존하기를 바라고 있었다. 서양정원에서 공간에 대한 개념은 현재와 마찬가지로 동양의 그것과 매우 다르다. 즉 기하학은 건축에 없어서는 안되는 기본일뿐만 아니라, 건물과 대비되는 개념으로 인식되는 외부공간도 자연의 지배를 통하여 그 자신의 세계를 창조하여야만 했다. 다시 말하면 정원은 추상적인 인간의 개념이 도출된 것이라기보다 모든 종류의 다양하고 아름다움의 정수(精粹)만을 모아 놓은 것이다. 따라서 유럽의 정원을 분수(噴水)를 좋아하는 도시적인 조경문화에 비유한다면, 동양의 정원은 계류(溪流)를 좋아하는 산촌적(山村的)인 정원문화라고 할 수 있다.

정원의 양식은 지역이나 국가, 시대에 따라 다양하게 세분할 수 있는데, 각 지역의 자연환경, 종교 문화 등 다양한 요인이 반영되었기 때문이다. 예를 들어 이탈리아 노단식정원(露壇式庭園, terrace garden)은 빌라가 입지한 경사지(傾斜地)의 특성을 살려서 몇 개의 테라스를 계단식으로 만들었으며, 프랑스의 평면기하학식 정원은 지형이 비교적 평평하여 수면이나 파르테르(parterre)와 같은 평면적요소를 사용하고, 동시에 단순함을 극복하기 위해 삼림을 이용해서 비스타(透見線, vista)를 구성하도록 했다.

한편 18세기 영국에서 발달한 낭만주의적 풍경식 정원양식은 영국의 목자적(牧者的)인 자연풍경(自然風景)이 반영된 결과이기도 하지만, 당시에 계몽주의의 사상과 회화에서 새롭게 등장한 풍경화기법, 문학의 낭만주의, 중국에서 전해 온 정원양식이 복합적으로 적용하여 만들어진 것이다.

동양에도 다양한 정원양식이 있는데, 우리나라의 후원(後苑)이나 일본의 축경식(縮景式) 정원도 자연환경을 반영하고 상징적인 세계를 구현한 정원양식이다. 그러므로 정원의 양식에서 단순히 미적 특징만 보기보다는 그러한 양식이 등장하게 된 다양한 요인을 연관시켜 이해해야 한다.

정원의 양식은 기후, 지형, 식생 등의 자연환경, 주변경관과의 조화, 지역의 특성, 이용자의 선호를 고려하여 결정해야 한다. 우리나라에서는 지금까지 자연스러운 분위기를 연출할 수 있는 비정형식 정원이 많이 사용되었으나, 최근에는 다양한 양식을 적용해 개성적이면서 독특한 정원을 만들려는 혼합된 시도가 점차 늘어나고 있다.

1.2.2 양식의 유형

정원의 유형은 다양하게 구분 할 수 있지만, 형태를 기준으로 크게 정형식 정원과 비정형식 정원 그리고 두 가지 양식이 혼합된 절충식 정원으로 나눌 수 있다.

■ 정형식 정원

정형식(整型式) 정원은 대칭적이거나 기하학적 형태의 짜임으로 서구적인 조경이 만들어지는데, 부지가 좁고 모양이 방형인 경우에 정형식 정원을 택하는 경우가 많다. 정형식 정원의 한 형태인 기하학적인 형태는 다소 엄격한 분위기를 연출할 수 있으나, 공간의 기능이 뚜렷하고 단순함이 주는 미적 감각을 즐길 수 있다.

정형식 정원에 도입되는 요소들도 전체형태와 조화를 이루어야 한다. 나무는 원형이나 타원형같은 정돈된 수형을 갖는 수목으로 정형적인 열식과 군식의 패턴으로 식재한다.

■ 비정형식 정원

비정형식(非整型式) 정원은 자연의 경관을 모방하거나 재현하는 것으로서 자연풍경식 정원과 유사한 동양적인 형태를 취하게 된다. 정형식 정원과 반대로 부지가 비교적 넓고 모양이 정연하지 못한 경우, 건물의 형태가 한옥인 경우, 구릉지나 경사지를 자연상태 그대로 이용해 자연곡선을 살리고 싶은 경우에 비정형식 정원을 택한다.

땅 가름과 동선 수로 등 선형은 자연곡선을 살리고 연못이나 폭포의 모양도 자연의 모습을 축소하거나 자연스러운 형태로 만든다. 사용하는 재료도 판석이나 자연석 등 자연상태 그대로 사용한다. 나무를 심을 때도 정형보다는 자연스러운 형태를 적극 활용하고 배식도 부등변삼각형 식재, 임의식재 등의 방법을 사용하여 자연미(自然美)를 나타낸다.

■ 절충식 정원

동서양의 문화가 교류하면서 혼합된 실생활의 구조에 융화되어 절충식(折衷式) 정원을 만들때 정형식과 비정형식 정원의 장점을 살려서 두가지 양식을 하나의 정원에 도입하는 방법이다. 예를 들면 건축물이나 구조물이 접하는 공간이나 진입로는 직선을 사용하고, 여타 공간에는 나무나 시설물을 비정형식으로 자연스럽게 배치하는 방법이다.

1.3 정원 양식과 발달

1.3.1 한국정원

우리나라에서는 단군 조선과 기자조선시대에 궁궐 안에 연못을 만들고 각종 기이한 꽃을 가꾸었다는 기록이 있는가 하면, 백제시대에도 연못과 동산을 축조하고 진귀한 새와 꽃을 길렀다고 하며, 특히 백제의 노자공(路子工)은 일찍이 일본에 건너가 정원축조수법을 전파하기도 하였다.

한편 신라시대에는 경주의 안압지((雁鴨池)와 같은 정원유적을 남겼고 조선시대에는 화계(花階)를 중심으로 한 우리나라 고유의 정원양식으로서 후원(後苑)양식이 정립되기는 시기로 신선설(神仙說)에 입각한 정신세계와 음양오행설(陰陽五行說)과 풍수지리설(風水地理說)을 근본으로 하는 택지의 선택은 우리나라의 정원양식에 큰 영향을 미쳤다.

그림 1-1. 창덕궁 대조전 후원

우리나라는 중국이나 일본과 또 다른 특색을 가지고 있는데, 중국과 일본이 자연을 모방하고 인공적으로 재현하려 한다면 우리나라는 자연을 훼손하지 않고 그대로 즐기는 것이 특징이다. 한마디로 자연과 인간의 일체화라고 할 수 있으며 자연과 경계를 특별히 두지 않고 최소한의 인공물을 설치하여 조화를 추구하며, 주변의 산과 숲, 계곡과 폭포, 나무와 꽃 등을 그대로 활용하여 자연속에 묻힌 느낌을 살린 것이 매력이다. 왕가의 정원으로는 창덕궁의 후원(秘苑), 경복궁 경회루가 가장 대표적이며, 덕수궁에는 최초의 서양식 정원도 존재한다. 복원 후 최근 공개된 창덕궁 후원은 황실전용(宮苑)으로 본래 후원(後苑), 북원(北苑), 금원(禁園) 등으로 불리던 우리 정원 백미(白眉)다. 선비들의 정원인 별서정원(別墅庭園), 원림(園林) 등도 발달되어 있는 것이 일본, 중국과의 차이점이며, 별서정원(別墅庭園)으로는 담양 소쇄원(瀟灑園), 보길도 부용동(芙蓉洞) 원림, 도산서당 정우당(淨友當), 다산초당(茶山草堂) 등이 있으며, 경북궁의 향원정(香遠亭), 경주의 임해전지(雁鴨池로 알려짐), 부여의 궁남지(宮南池), 강릉의 선교장(船橋莊) 등도 대표적인 정원이다.

■ 삼국시대

고구려는 삼국사기(三國史記)에서 시조 동명성왕(東明聖王) 4년에 성곽(城郭)과 궁실(宮室)을 건설하면서부터 궁원(宮苑)이 조성되었고, 제2대 유리왕 22년 겨울 10월에는 수도를 국내(國內)로 옮기고 위나암성(尉那巖成)을 쌓았는데, 12월에 질산(質山) 음지(陰地)에서 사냥하고 5일이 지나도록 돌아오지 않자, 대보(大輔)직에 있던 협보(陜父)가 충심으로 간하자, "왕이 크게 노하여 협보의 직을 파하고 대신 관원(官園)의 일을 맡아 보게 하니 협보는 분하여 남한(南韓)으로 떠났다"는 기록이 있는 것으로 보아 일찍부터 궁원(宮園)을 관리하는 직제(官園)가 있었으며, 초기부터 궁원을 잘 꾸며 온 것을 알 수 있게 해준다. 또 산상왕(山上王) 24년 여름 4월 "기이한 새가 대궐 뜰(王庭)에 모였다"는 것과 장수왕(長壽王) 2년 가을 8월

"이상한 새가 왕궁(王宮)에 모였다" 는 기록도 있다. 또한 강서의 고분과 을지문덕의 묘나 평양의 서교에 위치한 안학궁(安鶴宮)의 발굴(1974년)로 인해 방형의 연못이 있었음이 증명되었고, 1976년 동명성왕의 대성지를 발굴하게 되었다.

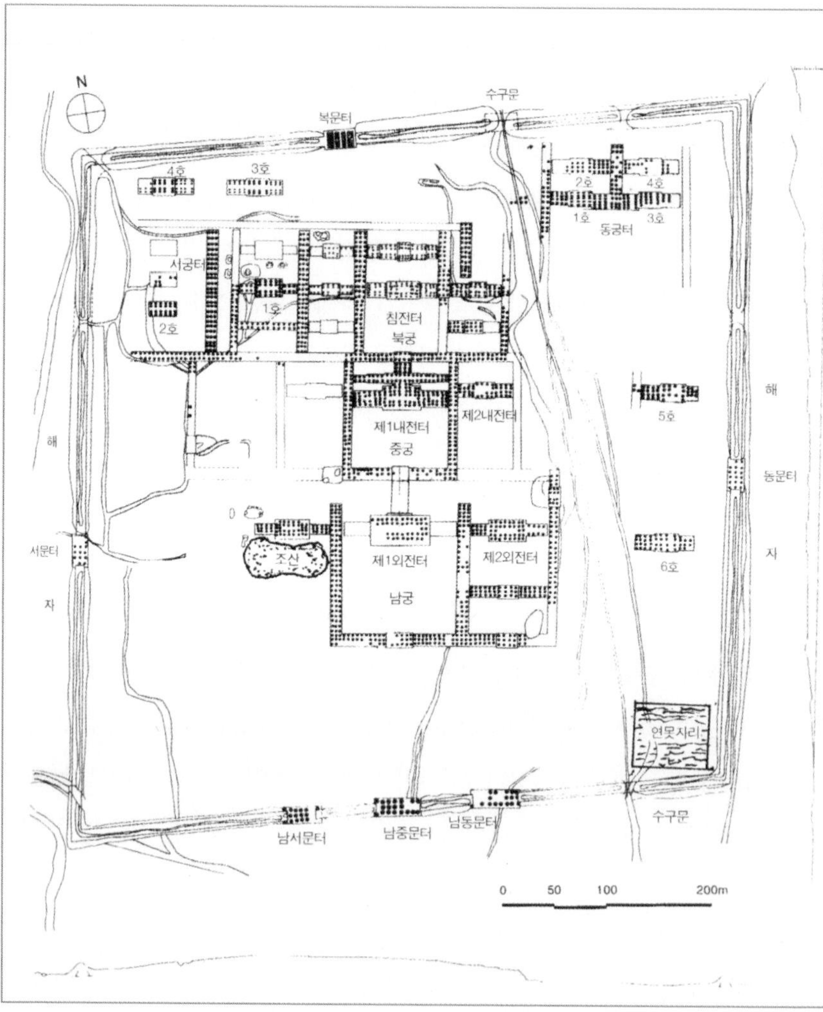

그림 1-2. 안학궁 터 (자료 : 주남철, 한국의 정원, 고려대학교출판부, p17)

백제는 삼국사기에 "온조왕(溫祚王) 15년 (기원전4)봄 정월 새로 궁궐을 지었는데, 검박하면서도 누하지 않고 화려하면서도 사치스럽지 아니 하였다" 라는 기록이 있는 것으로 보아, 초기에는 단순히 궁궐 안에 지어진 여러 전각과 전각 사이에 자연스럽게 뜰(庭)이 조성되었지 특별하게 가꾼 동산은 없었다고 판단된다. 온조왕으로부터 390여 년 지난 삼국사기 백제본기(百濟本紀) 진사왕(辰斯王) 7년(391) 봄 정월에는 본격적으로 궁원(宮苑)을 조영하였다. 즉, "대궐을 중수하고, 못을 파고 조산(造山)하고 진기한 새와 기이한 꽃을 길렀다" (重修宮室 穿池造山以養寄禽異卉). 이때 조성된 연못이 비유왕(毘有王) 때의 남지(南池)라고 생각 된다. 이 기록이 문헌상으로 처음 나타나는 구체적인 정원 가꾸기 방법인 것이다.

또한 백제 사람은 기사천성(幾師川成)이 일본에 가서 오오신궁(慶神宮)을 만들었고, 노자강(路子江)이 일본에 건너가 스이코왕(推古王)을 위한 축산식(築山式) 정원을 남정(南庭)에 만들었다는 기록이 일본의 조경학자인 요코이(横井時冬)의 정원 발달사에 기록되어 있다.

따라서 백제본기 무왕 35년에 의하면 "연못을 궁중 남쪽에다 파는데, 물은 20리 밖에서 끌어서 네 언덕에다 수양버들을 심고 물 가운데 섬을 만들고 그것을 신선이 사는 곳이라 일컬었다" 라고 기록되어 있다. 삼국사기 26권 백제본기 제4대 동성왕편의 기록에는 "봄에 임류각(臨流閣)을 궁 동쪽에 짓는데 높이가 다섯길이고 또 연못을 파고 모두 기이한 짐승을 길렀다" 하였다.

최근 전북 익산시 왕궁리 유적에서 궁성내부의 전반부에 정무공간인 대형 건물을 두고 후반부에 후원시설인 정원을 배치하는 조영방식은 중국 북위 낙양성(落陽城)의 궁성배치 방식과 유사한 정원시설이 발견되어 가치가 매우 높다.

신라는 기원전 57년 건국한 신라는 고허촌(高墟村)의 혁거세(赫居世)를 왕으로 추대하고 처음 궁실을 경주 남산서록에 있는 고허촌에 지었다. 혁거세 26년 (기원

그림 1–3. 익산 왕궁리 유적 (자료 : 익산 왕궁리 유적, 제25차 조사, 2013)

전 32)에는 금성에 궁실을 조영하였는데 그후에도 몇 차례의 궁실 중수 기록들이 삼국사기와 삼국유사에 보이지만, 궁원(宮苑)에 관계된 직접적인 기록은 보이지 않는다.

그후 300여년이 지나 통일 직전인 문무왕(文武王) 14년(674) 2월에는 궁내에 못을 파고 조산(造山)하고 여러 종류의 화초를 키우고 진기한 새와 짐승을 키웠다.

신라시대에는 불교 문화가 극도로 발달한 시기였다. 그것은 경주를 중심으로 건축된 사원과 포석정, 안압지, 첨성대 음식을 저장해 두기 위해 석빙고, 고분 등은 모두 그 시대의 유적으로서 조경사에 큰 업적을 남겨두고 있다.

그러므로 생활에 필요한 조경은 그 시대에 있어서 연구되었던 것으로 보이며, 동사강목에 의하면 "문무왕이 신라를 통일 시킨 후 비로소 왕은 궁내에 연못을 파고

그림 1-4. 경주 포석정 (자료 : 주남철, 한국의 정원, 고려대학교출판부, p31)

돌산을 쌓아 만들었으며, 12개의 산봉우리를 만들어 각종 화초와 진귀한 새들을 길렀고 그 서쪽에 임해전을 만들어 못은 안압지라고 하니 경주 천주사 북쪽에 있다" 라고 하였다. 그것은 신라시대 조경에 관한 최초의 기록으로 신선설에 기초를 둔 중국식 양식을 우리의 풍토에 맞도록 토착화시킨 점이 특징이라 할 수 있다. 당시의 대표적인 유적으로는 안압지(雁鴨池)와 포석정(鮑石亭)이 가장 오래된 것이다.

■ 통일신라

신라는 당나라의 군사력을 끌어들여 백제와 고구려를 멸망시켰으나, 당나라의 군대는 철수하지 않고 백제 땅과 신라와 고구려의 옛 땅에 도호부를 두고 동방 전체를 관할하게 하였다. 따라서 신라는 당과 새로운 전쟁을 시작하여 평양에 있던 당의 안동 도호부를 676년 요동성으로 옮겨가게 하여 대체로 대동강과 원산만을

그림 1-5. 복원후의 안압지 전경

잇는 이남의 땅을 점유하는 완전한 통일이라 할 수 없는 삼국통일을 이루었다. 통일 이후에도 도성을 다른 곳으로 옮기지 않고 월성을 중심으로 모든 궁궐 관계의 건축공사를 하였다.

삼국통일을 완수한 문무왕(文武王)은 통일 직전에도 궁원을 조성한 바 있는데, 통일 후 문무왕 19년(679) 2월에는 궁궐을 매우 장려하게 중수하였고, 또 문무왕 19년 8월에는 태자궁(太子宮)인 동궁(東宮)을 세우고 비로소 안팎 여러 문의 액호(額號)를 제정하여 궁궐을 정비하였다.

■ 고려시대

고려시대에 접어들면서 우리나라 정원문화는 꽤 많이 양성화되었으며, 불교문화가 준 영향을 건축적 조경으로 변모시키는 찬란한 업적을 많이 남겼다.

동사강목에 의하면 "고려16대 예종(睿宗) 8년 2월 궁중 서쪽과 남쪽에 2개의 화원을 만들고 아첨하는 내시로 하여금 축대를 쌓고 담장을 만들어 민가로부터 화초를 징발하여 옮겨 심었고 없는 것은 송나라 상인에게 비용을 아끼지 않고 진귀한 화초와 새를 사들였다. 그러나 이것은 백성들의 원성이 높았으므로 후에 없애버렸다" 라는 기록이 있다.

또한 동사강목 제9장 병자10년(1156)에는 '내시 윤덕이라는 사람이 괴이한 돌을 모아서 산을 수창궁 복원에 만들었는데, 작은 정자를 만들고 호를 만수정이라 하였다. 만수정에는 누런 금빛으로 벽을 입혔고 최대의 사치를 부렸다.' 하루는 왕이 잔치를 하는데, 연회를 폐할 때 산에서 암탉이 울어 동산을 없애버렸다.'는 기록이 있으며, 의종 11년(1157)에는 '백성의 집 50여 가구를 헐고 태평정을 짓고 근방에다 이름난 화초와 진기한 과일나무를 심었으며, 기이하고 화려한 물건들을 좌우에 배치하였다. 그 북쪽에 양이정을 신축하여 지붕을 청기와 덮고있다. 괴이한 것을 이용하여 선산을 만들고 먼 곳의 물을 끌어서 나르는 샘(폭포)을 만들어 최고로 화려한 정원을 만들었다.'는 기록이 있다.

이규보(李奎報 ; 1168~1241)의 동국이상국집(東國李相國集)에는 귀한 나무와 각종 초화를 심어 재배하였고, 고려 후에는 재상이나 귀족들도 조그마한 정원을 만들었다는 기록이 있다.

이와 같이 이미 고려 때에도 누각을 세웠고, 청기와나 당종려 껍질을 지붕으로 이었으며, 18대 의종(毅宗)은 경기장을 설치하였다. 또 충렬왕 34년 (1308)에는 궁내에 바치라는 정원사가 있었음을 고려사절요(高麗史節要)의 기록에서 볼 수 있다. 과일나무를 재상집에 심었던 기록이 있는데, 이 기록에 의하면 흙을 끌어 모아 화단을 만들고 세상에서 보기 드문 식물을 식재하여 감상했다고 한다. 이때 정원에 식재된 식물을 보면 국화, 작약, 백일홍, 배꽃, 석류, 매화, 해당화, 장미, 옥매, 목련, 복숭아, 연꽃, 대나무, 석창포 등을 볼 수 있다.

■ 조선시대

조선시대가 시작되면서 고려의 타락된 불교를 멀리하고 유교를 숭상함으로써 한국적 기후와 풍토에 맞는 색채를 가진 자연풍경식 조경이 확립되었다. 신선설(神仙說)에 입각한 음양오행설과 풍수지리설에 의해 주택지나 우물자리, 산소자리 등을 택하는 풍습이 성행되었으며, 신라와 고려 불교문화가 융합하여 이에 따른 정원조경 형태가 발달하게 되었다.

집을 짓기 위해서는 풍수지리설에 의해 배산임유(背山臨流)라 하여 산세가 좋은 곳과 물, 나무, 돌 등의 자연풍경이 좋은 곳을 택하였다. 집터는 뒤가 높고 앞이 낮은 곳으로 볕이 잘든 곳이라야 하였고, 전정(前庭)보다는 후원(後園)에 넓은 정원을 만드는 후원형 조경양식이었다. 궁원(宮苑)의 담벽은 화강석(花崗石)을 조그맣게 다듬어 석회와 흙으로 빚어서 쌓았고, 담벽 위는 부연(附椽)을 달고 기와로 지붕을 하였다. 출입문은 동서남북 4대문으로 하여 북문은 자문(子門)이라 하여 오랑캐의 침입 때문인지 작게 만들었고 도읍지는 대개 북쪽에 큰 산을 배경으로 남향을 하여 도읍하였는데, 인왕산을 배경으로 한 서울, 송악(松嶽)을 배경으로 한 개성 등을 들 수 있다.

풍수지리설은 이런 것 외에도 왕묘나 민간의 산소자리를 택하는데 절대적이어서 너무 지나치게 성행을 이루었던 것 같다. 왕릉 중에는 주위에 없던 산을 풍수설에 의해 조산(造山)한 경우도 있다.

사대부들은 산세와 물이 좋고 나무와 바위가 있는 자연의 풍경 속에 정원을 조성하고 대부분 서민들은 앞이 트여서 햇빛이 잘 들면 집 뒤쪽은 겨울에 북풍을 막아줄 수 있는 나지막한 언덕을 배경으로 하여 삶의 터전을 잡았다. 집 뒤쪽의 언덕에는 몇 개의 단을 쌓고 괴석을 놓았으며 모란(牧丹), 작약(芍藥), 대나무(竹), 매화(梅花) 등을 심어서 화계(花階)를 만들었다.

이와 같은 형태는 오늘날 우리의 조경양식을 형성하는데 있어서 큰 영향력을 미쳤다고 생각할 수 있다. 또 지형에 따라서는 계단을 이룬 노단식조경(露壇式造景)으로 화계(花階)를 형성하였다. 이때의 건축물의 특징으로는 유연한 곡선으로서 웅장함보다 우아한 멋이 있음을 엿 볼 수 있다. 그 예로서는 낙선재의 뒤뜰에 있는 노단식 화단인 화계와 덕수궁의 목단화단인 계단식 화계 등이 있으며, 유연한 곡선으로는 지붕의 용마루에 나타나는 곡선을 들 수 있다.

산림경제(山林經濟)에 의하면 '정원수(庭園樹)를 심을 때 상록수(常綠樹)는 담이 둘러 있어 통풍관계가 부적합하므로 대부분 낙엽지는 화목류를 식재할 것과 수목 중에는 독성이 있는 수목이 있으므로 이를 피할 것과 연못은 어린아이가 익사(溺死)할까 염려되는 삼가라' 하였고, 자두나무는 동쪽에 살구는 북쪽에 심고 매화는 남쪽에, 석류나무는 뜰 앞에 심으면 어진 아들을 낳고 자손이 번성할 것이라는 기록으로 보아 나무가 지니고 있는 상징성과 생육특성을 고려하였다.

이와 같은 조경은 중국과 같이 낭만적(浪漫的)이고 대륙적(大陸的)인 특색을 지니고 있으나 그 공간 구성에 있어서 특히 곡선미가 풍부하다고 보겠다.

그림 1-6. 동궐도 (자료 : 서울특별시, 서울의 조경, 1997, p10)

표 1-1. 방위에 관련된 생태적 식물배식

방위	수종	생태적 특성	음향오행				상징
			의미	오행	절기	색상	
동	봉숭아(挑), 버드(楊柳)	아침 서늘할 때 받는 햇빛을 좋아하고, 동쪽으로 뻗은 복숭아 가지는 잡귀를 몰아내고	평화	木	春	청색	靑龍 용 낙산
서	치자, 느릅(楡)	잎이 무성하여 그늘이 많아져 서쪽으로 비치는 강한 광선을 막아줌	비애	金	秋	백색	白虎 호랑이 인왕산
남	매화(梅), 대추	양광(陽光)을 좋아하기 때문에	행복	火	夏	적색 (주색)	朱雀 새 안산-남산
북	오얏 (李) 살구(杏)	서늘한 기후를 좋아하고 열매가 검어서	파괴	水	冬	흑색	玄武 뱀,거북 진산-묵악산
중앙				土			

1.3.2 중국

중국정원은 자연경관이 아름다운 산천이나 호수, 계곡 등을 정원 안에 재현시키는 자연풍경식 정원양식이다. 자연과 인공이 대비효과를 잘 나타내고 낭만적이면서 공상적인 표현기법이 중국 정원의 특색으로서 흔히 사의주의적 자연풍경식의 정원이라고 한다. 북경 근교에 있는 서호는 인공호수로서 경치가 아름다운 강남의 경관을 재현시킨 것이다.

정원을 만드는 데는 나라마다의 역사적 배경, 민족문화의 특징이 반영되는데, 이 특징은 서양과 동양의 차이에서도 볼 수 있고, 서양식은 자연을 정복하려는 경향이 강하고 동양식은 자연과 소통하려는 측면이 강하다고 보는 것이 일반적이다.

동양에서도 중국, 일본, 우리나라는 신선사상(神仙思想), 유교문화 등 공통점도 있으나 각각 문화적 특징 때문에 분명한 차이점이 존재하고, 중국의 정원역사도 주나라(기원전 1046~771)때까지 거슬러 올라갈 만큼 오랜 역사를 간직하고 있다. 관리와 민간을 중심으로 발달하여 기록상으로는 주나라를 세운 문왕이 영대(靈臺)를 쌓았다는 것이 최초로 상당히 오래전부터 정원이 발달하였음을 짐작하게 하며, 특징은 산과 물을 가장 중요한 요소로 생각하여 암석이나 흙을 쌓아올려 산을 만들고 땅을 파서 연못을 만드는 것이 일반적이다. 바다나 산으로부터 크고 괴상한 돌(太湖石)을 가져와 직접 이용하였으며, 북경의 이화원은 290만m³, 승덕의 피서산장은 564m³ 규모가 작다는 졸정원도 5만 m³일 정도로 거대하며, 중국 4대 명원은 모두 쑤저우(蘇州)에 있으며 졸정원(拙政園), 사자림(獅子林), 유원(留園), 창랑정(滄浪亭) 등이 있다.

그림 1-7. 이화원

1.3.3 일본

일본정원은 중국과 우리나라의 영향을 많이 받았으며, 특히 5~6세기경에는 백제의 정원 축조법이 전래되었고, 신선사상(神仙思想)에 입각한 불교의 영향을 받아서 나름대로의 상징적이고도 섬세한 정원양식이 정립되었다.

일본 정원은 시대에 따라 양식도 변천해 왔는데, 숲과 연못을 중심으로 한 임천중도식(林泉中島式)정원을 비롯하여 침전(寢殿)이 숲과 연못에 인접해 침전임천식(寢殿林泉式), 연못 주위를 거닐면서 한가롭게 즐길 수 있는 회유임천식(回遊林泉式), 산과 물을 상징으로 표현한 고산수식(枯山水式), 차(茶)문화를 중심으로 발달한 다정식(茶庭式) 아름다운 자연경관을 축소하여 재현하는 수법인 축경식(縮景式) 등이 있다.

또한 불교사찰과 신사를 중심으로 정원이 발달하였으며 자연을 축소하는 극도의 기교와 관상적 가치에 집중한 것이 특색이며, 초기에는 연못을 파서 그 주변에 감상거리를 만드는 중국풍의 지센식 정원과 바다와 모래로 산과 물을 표현하는 가레산스이방식이 일반적으로 알려진 일본의 가장 대표적인 정원 양식이다. 모래나 하얀 돌을 잘게 부수어 바다나 강물모양이 나도록 깔아 두는 방식으로 물이 없으면서도 상상 할 수 있도록 하는 정원이며, 세부적으로는 돌을 쌓아올려 산을 흉내낸 축산고산식(築山庭枯山水)과 평평한 땅에 산이나 섬을 상징하는 돌을 두는 평정고산식(平庭枯山水)으로 구분된다. 특히 선종(Xen)사찰에 많이 발달하여 교토(京都)의 로쿠온지(鹿苑寺), 지쇼지(紫蘇寺), 료안지(龍安寺), 다이토쿠지(大德寺), 다이세잉(大仙院) 등이 대표적이다. 후기에는 다도의 독특한 분위기를 자아내도록 꾸민 로지(茶室)정원이 발달하였다.

그림 1-8. 료안지(龍安寺)의 방장정원 (자료 : 홍광표, 일본의 명원Ⅰ, 조경생태시공, 2013 봄)

표 1-2. 동양정원의 특징 비교

구분	한국	중국	일본
사상적배경	유· 불·선사상, 풍수지리	도가, 유교 사상	정토사상, 신선사상, 다도문화
입지	구릉지	평지	평지
양식	자연 풍경식 (후원, 화원양식)	회화식(경물에 의미를 부여한 미를 추구)	자연풍경식
구성기법	조화+대비	대비	조화(축소 지향)
선처리	직선에 기초한 곡선	직선+자유곡선	자연 곡선
공간구성	수직적	수평과 수직적	수평적
건물 밀도	극히 제한	고밀도(건물이 정원 대부분)	산재
경관 체험	–	경이감, 의외성	–
시각구성	자연인입	담으로 외부와 단절	자연과 내부동등
차경수법	산수 경관차경	차경수법 세분되나 실제 활용 없음	건물향, 창문을 통한 차경기법 활용
조망틀	주요 조망점	동문, 누창, 화창 등으로 많은 활용	주요 조망점
나무	수목의 상징성, 풍수적 측면의 실용 관상 화목류 중심 중국의 영향을 받음	수목의 상징성과 관련된 식재 (소나무, 사군자, 연꽃 등) 수목의 중요성이 물이나 암석에 비해 떨어짐	수목에 인위성을 가함 상록 활엽수 이용 지피식물의 다양한 활용
물	직선형의 방지 중도형, 구성이 단순 자연 계류의 도입	스케일이 거대함 자연 곡선형 구성의 다양함 (축산 호안 처리, 다리 등 사용)	자연곡선형, 수경사용의 다양 (연못, 폭포, 고산수, 다정의 구성 요소)
암석	가공성, 장식적 석분, 석함, 석재, 석연지 등	거대한 스케일의 암석기법 첩산, 축산 등 다양한 암석 이용 (태호석 등)	자연석의 정교하고 복잡한 배석기법 발달
문벽담장	공간 구획의 효과 및 장식적 효과	공간구획 역할 및 시각적 틀 디테일이 화려함	시각적 틀의 효과 및 장식적 효과
다리	석교 및 평교가 주류 일부 홍교가 사용	석교가 주류, 아취교의 형태 발달, 디테일이 화려함	재료의 다양성, 디테일이 단순함, 곡교 및 직선 형태
포장	재료, 의장, 기교 단순	포장 화려기교, 재료 다양, 다양한 문양 사용	중국보다 재료, 의장, 기교 단순
자연과의 관계성	자연과 협력 자연에 동화	자연과 경쟁, 자연과 부조화	자연의 축소 재구성 자연과 조화

자료 : www.2013expo.or.kr

1.3.4 인도

인도는 동양권에 속하는 나라이지만 정원양식은 서구의 정형식 정원 양식에 입각한 회교풍을 띠고 있다. 이는 중동지방에서 발생한 사라센 제국이 인도의 무굴제국을 점령하여 통치함에 따라 새로운 정원문화가 형성된 것이다. 물과 시원한 그늘, 아름다운 열대성 식물의 꽃과 향기, 그리고 풍부한 과실이 정원의 중심이며, 연못과 분수가 있는 녹음 아래에서 아름다운 꽃과 향기를 감상할 수 있는 공간은 옥외실(屋外室, outdoor living room)의 역할을 한다.

물은 노단식(露檀式, terrace) 또는 중정식(中庭式, patio)으로 이용하는데, 캐시미르(kashmir)지방의 니샤트바그(Nishat Bagh)나 아그라(Agra)의 타지마할(Taj-Mahal) 정원 유적이 유명하다.

1.3.5 이집트와 서아시아

정원의 역사는 고대(古代) 이집트의 신과 사자를 즐겁게 하기 위한 노력에서부터 시작하여 햇빛이 강하고 숲이 적기 때문에 수목을 신성시하여 발달한 원예와 관개기술을 이용한 정원을 조성하였다. 파피루스(갈대), 연꽃 등을 연못과 함께 배치하였으며, 규칙적이고 대칭적으로 식물을 배치한 것이 특징으로 테베 등에서 발굴된 무덤벽화에 기록이 있고, 죽은 후의 삶을 믿었기 때문에 무덤과 신전이 많은 그림 조각과 함께 작은 정원을 조성하였다. 현존하는 가장 오랜 유적은 핫셉수트 여왕의 무덤 앞의 작은 신전(Deir-ei-bahari)으로 연못, 줄지어 심은 나무 흔적이 발견되었고, 앗시리아 바빌로니아 등 이집트와 거의 비슷한 시대의 서아시아국가(지금은 이라크)에서는 왕족, 귀족을 위한 정원이 발달하였다.

앗시리아 수렵정원(Hunting park)은 자연수림을 약간 가공하거나 인공적으로 조성한 숲으로 후일 유럽왕실 사냥터 조성에 영향을 주었고, 신 바빌로니아에서는 네부카네자르(Nebuchadnezzar)왕이 메디아(Media) 출신의 왕비 아미리티스를 위해 거대 건축물 위에 대규모 화단을 조성(Hanging Garden, 공중정원)하였다.

1.3.6 그리스, 로마시대

그리스와 로마시대에는 신이나 왕 뿐만 아니라 시민, 가정을 위한 정원과 공공시설이 탄생한 시기로 그리스는 도시국가라는 특성과 사철 온화한 날씨 때문에 옥외 생활이 많아 개인보다는 공공정원(公共庭園)이 발달하였다.

아고라(Agora)라고 불리는 광장을 중심으로 한 정원과 인격화된 신이 거주하는 공간인 공공 정원이 발달하고, 체력단련을 위한 김나지움(Gymnasium, 체력장)과 철학자들이 학생을 가르쳤던 아카데미에도 정원을 설치하였으며, 아리스토텔레스가 이끌던 학파를 소요학파(逍遙學派)라 하는데, 제자들과 함께 정원을 거닐며 토론을 했던 것에서 유래가 되었다.

로마는 그리스에 비해 춥고 바람이 많아 가정 내에 정원이 발달하였으며, 후기에는 별장 문화의 발달로 새로운 정원 양식이 탄생하였고, 폼페이에서 발굴된 유적을 통해 가정 내에 보통 3개의 중정(건물로 에워쌓인 뜰)을 두었음이 확인 되었다.

손님맞이용 공간 아트리움(Artrium), 가족의 휴식을 위한 페리스틸리움(Peristylium), 주부를 위한 지스터스(Xistus, 후원, 꽃밭, 채소원)으로 구분되며, 해안이나 구릉지에 위치한 별장은 자급자족형, 전원형, 도시형 등에 따라 정원을 텃밭, 취미, 관상 등의 목적에 맞게 설계하였다. 전원형별장은 일반적인 농가구조의 집을 과수원(포도, 올리브 등) 이 둘러싼 형태고, 도시형 별장은 건물을 관상용 정원이 둘러싸고 있는 형태이다.

1.3.7 이탈리아

이탈리아의 북부 지방은 알프스 산맥의 지형적 영향으로 구릉과 산악지대가 많은데, 전망이 좋은 경사진 곳이나 경사면을 절토하거나 성토함으로써 얻어지는 계단식(階段式)을 이용한 노단건축식(露壇建築式)의 정원을 조성하였다. 물과 대리석이 풍부하기 때문에 정원에 대리석을 이용한 각종 조각물이나 물 계단, 난간, 분천, 분수 등의 시설물을 만들어 장식하였으며, 주변에는 올리브(olive)원, 포도원이 넓게 전개되어 있다.

이탈리아정원은 르네상스시대에 신흥 부호들과 건축가, 조각가, 문학가, 화가들에 의하여 발전하였고, 주로 도시근교에 대규모적인 별장(villa)정원을 축조하였다. 특히 르네상스의 중심지이었던 피렌체지방에 있는 메디치별장(villa Medichi)과 이탈리아 북부의 꼬모(Como)에 있는 바로크식 정원인 이졸라벨라(Isola Bella)별장이 유명하다.

그림 1-9. 순천국제박람회 이탈리아정원

1.3.8 프랑스

프랑스는 지형이 평탄하고 습지와 늪지대가 많으며, 대서양과 인접하고 있어서 습기가 많고 기후는 비교적 서늘하다. 초창기에는 이탈리아 노단건축식 정원을 모방하였지만 평탄한 지형과 습지가 많아서 이탈리아풍의 노단식 정원을 만들기에는 적합하지 않았다.

궁중 정원사이었던 앙드레 르 노트르(André Le Nôtre, 1613~1700)는 프랑스의 입지적 조건에 알맞은 정원을 창안하였다. 그가 만든 정원은 평탄한 지형(地形)과 습지 그리고 풍부한 나무 숲을 이용하여 기하학적인 땅가름을 하고, 펼쳐지는 잔디밭과 흐린 날이 많은 기후적인 특성 때문에 밝은 색채의 초화류를 이용한 자수화단(floral carpet)을 중심으로 화려하게 수를 놓은 방법이다.

평면기하학식(平面幾何學式) 정원은 시각적 교차점이나 원로가 교차하는 지점에 조각물이나 분수를 설치하고, 외곽에는 숲을 조성하는 것이 특징이며, 베르사이유궁전(Chateau de Versailles)의 정원이나 보르비꽁트(Vaux le Vicomte)정원이 유명하다.

그림 1-10. 베르사유 정원 (자료 : 강호철,세계의 도시환경과 문화·조경, 예림문화사, 2006)

프랑스는 영국과 지형, 기후 등에서 많은 차이가 있어 영국과는 또 다른 프랑스만의 바로크 양식을 탄생시켰고, 평면에 비치된 삼각, 사각 등의 기하학적 모양을 가진 화단으로 구성된 평면기하학적 구조의 정형식(整形式) 정원양식이며, 정원 자체가 핵심이 되며, 건물이 부수적인 요소가 되도록 만들어졌을 뿐만 아니라 꽃, 나무류가 엄격한 규칙성을 가지고 배열하였다. 대표적인 사례로는 보르뷔꽁트, 베르사이유 궁전을 들 수 있는데 특히 베르사이유 궁전은 세계 최대의 정형식 정원이며, 잡목숲(叢林), 미로, 연못, 야외극장 등이 곳곳에 숨어 있고 지루해지지 않도록 조각, 정원동굴(Grotto) 등을 둔 특색있는 정원이다. 퐁텐블로성, 생졸루, 앙브와성 등은 대표적으로 길을 찾을 필요가 없이 이동할 곳으로 시선이 움직이도록 설계한 것이 특징이다.

1.3.9 영국

영국은 해양성 기후로 인하여 습도가 높고 안개가 자주 끼고 흐린 날이 많은 기후적 특성이 있고 완만한 경사를 이루고 있는 지형에 목가적인 풍경이 많다.

이탈리아 정원이나 프랑스 정원이 지나치게 인공적이고 정형적인데 반하여, 자연주의적 시대사조의 영향으로 인해 나타난 양식이 영국의 자연풍경식(自然風景式) 정원이다.

건물 앞에는 넓은 잔디밭이 전개되고 나무들이 자연스럽게 배치되며, 흐린 날이 많은 기후적 특성 때문에 밝은 색채의 꽃을 피우는 초화류 화단과 장미원이 조성된다 .

영국은 성(城)을 중심으로 한 전통적인 양식을 고수하다가 르네상스의 영향으로 다른 나라의 양식을 조금씩 혼합하기 시작하여 바로크 양식과 다른 점은 나무보다 화훼류를 매우 적극적으로 이용한 것이며 장원(莊園) 중심의 정원에서 탈피하기 시작하였고, 프랑스의 영향을 받는 멜브른 홀, 네덜란드의 영향을 받는 레벤스 홀이 대표적이다. 18세기 산업혁명을 주도한 영국은 도시 슬럼화의 사회문제 해결방법의 하나로 조경을 이용한 전원도시, 공원 녹지를 조성하였다. 루소의 계몽사상, 새로운 미술사조인 풍경화의 유행, 문학의 낭만주의가 엮어지면서 풍경식 정원이라는 근대 조경 양식이 탄생하였고, 영국의 풍경식 정원은 산업혁명의 바람을 타고 전 유럽으로 확산되었다. 또한 근대 조경의 아버지라 불리는 켄트가 '자연은

그림 1-11. 순천국제박람회 영국정원

직선을 싫어한다'고 주장하였으며, 영국 풍경식 정원의 대표작인 스토우와 루샴하우스, 스투어헤드, 블랜하임 궁전, 캐슬하워드 등이 조성되었다.

1.3.10 스페인

스페인의 중정식(中庭式, Patio) 정원은 무어(Moor)인들에 의하여 풍토와 적응되는 건축양식으로 시리아, 스페인 등지에서 나타난 정원양식이다. 담장이나 건물에 둘러 싸인 중심공간에 연못이나 분수가 배치되고, 주변에는 화려한 꽃과 아름다운 향기를 지닌 열대성 식물들을 화분에 심어 연못가에 배치하며, 바닥은 타일을 깔아서 화려하게 장식하였다.

규모가 큰 중정식 정원으로는 스페인 그라나다(Granada)에 있는 알함브라(Alhambra) 궁과 헤네랄리페(Generalife) 궁의 정원유적이 널리 알려져 있다.

그림 1-12. 순천만국제 정원박람회 스페인 정원

1.3.11 네덜란드

네덜란드는 해양성 기후의 영향으로 습기가 많고 여름철에도 기온이 높지 않아서 튤립이나 수선화 등과 같은 구근식물(球根植物)이 잘 자란다. 국토의 1/4 정도가 바다의 수면보다 낮기 때문에 배수를 하기 위한 운하(運河)와 연못 그리고 물을 퍼내기 위한 풍차를 배경으로 경관을 이룬다.

그림 1-13. 순천만국제 정원박람회 네덜란드 정원

정원에도 작은 운하가 통과하고 튤립, 히아신스, 수선화 등의 구근식물과 초화류 화단을 조성하며, 화단의 중앙에는 대리석이나 청동으로 만든 조각물과 분수를 설치한다.

한편 운하식 정원은 운하 주변에 키오스크(kiosk)라고 하는 작은 정자가 자리 잡고 있는데, 암스테르담을 중심으로 하여 17~18세기경부터 발달하였다.

1.3.12 미국

미국의 초창기 정원은 유럽의 프랑스, 스페인, 영국 등 각국에서 온 신대륙(新大陸)이 이주자들에 의하여 만들어졌기 때문에 특별한 양식이라고 규정하기가 어려웠다. 그러나 개척생활이 안정을 찾기 시작하면서 부터 미국의 기후풍토와 모국(母國)의 정원모형이 절충적으로 나타나기 시작하였고, 실용주의적(實用主義的) 시대사조에 부응한 정원이 정착되기에 이르렀다.

넓은 잔디밭에 띄엄띄엄 심겨진 수목과 잘 포장된 진입로, 집주변의 관목과 생울타리, 잘 가꾸어진 화단, 경계표시의 상징인 나지막한 생울타리와 목책 등 목가적 풍경을 축소시켜 놓은 미국의 정원은 형식을 떠나 자연풍경(自然風景)과 나무를 최대한으로 이용하는 실용주의적이면서도 다양한 형식의 절충식(折衷式) 정원양식으로 발전하였다. 또한 광대한 지형적 특성을 살려 자연적인 정원의 형태와 넓게 조성된 여유로움을 볼 수 있다.

그림 1-14. 순천만국제 정원박람회 미국 정원

표 1-3. 서양정원의 특징비교

국가	정원의 특징
스페인	· 고온 건조한 기후와 외적의 침입을 방어하기 위해 건물은 다른 건축과 두꺼운 벽을 공유하여 입구가 좁고 정원은 건물로 둘러싸인 중정(파티오)형태를 띠고 있음 · 이슬람 문화의 영향으로 대리석과 물을 이용한 정원 발달 · 단순한 건축미가 돋보이는 정원 및 정적인 물의 연출
이탈리아	· 주택 정원과 도시조경(공공광장 공원 발달) · 도시 외곽 별장의 전원형 정원 발달 · 흰 대리석과 암녹색의 상록 활엽수가 강한 대조를 이룸 · 엄격한 고전적인 비례 준수, 축을 설정하고 원근법 도입 · 물을 이용한 다양한 연출
프랑스	· 절대 왕정의 상징으로 대규모 정원 조성 · 르노트르에 의해 시작된 평면기하학식 정원 발달 · 정원의 중심축에 대한 좌우대칭, 기하학적 땅 가름, 자수화단 등의 수법 발달 · 수목을 정형적으로 다듬어 총림이 형성됨 · 영국, 독일 등 유럽 전역의 조경사에 큰 영향을 미침
영국	· 튜더왕조시대 이전에는 프랑스의 영향으로 정형식 정원이 주류(이후에는 자연풍경식 정원 발달) · 인공으로 조성된 경치보다는 자연풍경 갈망 · 넓은 초원으로 구성된 자연풍경식 정원 양식 · 왕실의 재정적 부담과 산업화에 따른 시민의 휴식을 위해 왕실정원 개발
독일	· 도시 녹지구조 개선 및 도시개발 · 수령이 오래된 나무 군락, 역사성 · 공원의 대규모성, 여유 있는 공간 배치
미국	· 제1차 세계대전 후 도시 미화 운동에 따른 도시공원, 국립공원이 발달함 · 정원은 옥외실로서 가족들이 환담하며 놀이터도 되고 휴식 할 수 있는 공적 공간 · 개인의 소유 정원에서 출발하였으며 최근에는 일반인들과 함께 나누기 위한 식물원, 수목원, 정원 조성문화가 자리 잡고 있음 · 소정원 설계를 중심으로 정원 조성, 일반인들의 식물에 대한 계몽 사업이 활발함

자료: www.2013expo.or.kr

참고문헌

· 국립부여문화재연구소(2007), 왕궁리유적 뉴스레터.

· 김용기 외(2006), 세계정원과 문화의 이해, 대가.

· 권상준(1999), 환경·조경학의 이해, 문운당.

· 농촌진흥청(2012), 정원가꾸기의 사회·경제학.

· 조경진 외(2012), 정원을 말한다, 나무도시.

· 주남철(2010), 한국의 정원, 고려대학교 출판부.

· 정동오(1990), 동양조경문화사, 전남대출판부.

· 원예 및 생활원예(2013), 교육과학기술부.

· 윤평섭(2003), 조경학, 문운당.

· 이상석(2006), 정원만들기, 일조각.

· 이종석(2008), 화훼원예학, 향문사.

· 국립부여문화재연구소(2013), 2013년도 익산 왕궁리유적 발굴조사 자문회의 자료.

· 한국전통조경학회(2009), 동양조경문화사, 대가.

· 한국조경학회(2005), 서양조경사, 문운당.

· http://www.2013expo.or.kr

정원의 기능과 구성요소

정정수

환경조경연구소장, 전북대 박사과정 수료

누구나 정원 생활을 꿈꾸며 꽃밭에 묻혀있는 나를 생각하기도 하지만 도시 생활을 하면서도 단독주택에서 살고 있다면 이미 정원에 대해 깊은 관심이 있기 때문일 것이다.

자연을 내 품에 안은 듯 함은 물론 작은 자연으로부터 우주의 이치를 깨닫게 되는 차원에 가까이 갈수 있다는 것이 점점 더 행복으로 이어지기 때문이다.

정원을 만드는 데에는 나무와 꽃피는 지피식물(초화류)만 있으면 될 것 같지만 그 외에도 많은 중요한 요소들이 있다. 정원 사이를 지나가는 길(Pass), 또는 대문을 지나 현관까지 가는 길, 그 길이 평지가 아니라면 몇 개가 되었던 계단(Steps)이 있어야 할 것이며 정원에서 휴식할 수 있는 파라솔(Parasol), 테이블(Table), 의자(Chair), 정자(Bower), 파고라(Pergola)등이 정원의 크기에 맞게 배치 될 것이며, 공간을 구획하는 낮은 담(Wall), 정원을 윤택하게 하는 수공간(Water Garden)과 나무 못지않게 중요한 돌(Stone)은 여러 용도로 사용되므로 선택이 매우 중요하다. 그 외에도 조형물(Objects), 경계(Edging) 등 정원을 구성하는데 필요한 여러 요인을 정리해보자.

그림 2-1. 담장을 낮추고 나무들이 먼저 사람을 반기는 상당부분 친환경적인 정신과 자세로부터 시작된 정원이다 (1995).

2.1 나무(정원수)

수목이라고 불리는 나무는 큰 키 나무(교목)와 작은 키 나무(관목)사이에 소교목이라 불리는 나무들이 있다. 큰 키 나무는 대개 공원이나 가로수로 쓰이는 것으로 담양의 가로수길로 유명한 메타세콰이아와 같이 수십m의 높이로 자라는 것은 정원에서 쓸 수가 없다. 물론 정원의 크기에 따라 다르겠지만 5m~10m이상 자라는 나무는 정원수로 선택하지 않는 것이 좋다. 흔히 알고 있는 나무 중에 산수유, 벚나무, 오동마무, 참나무, 낙엽송, 자작나무, 은행나무 등은 묘목이거나 5~10년생 정도일 때는 만만해보이지만 너무 크게 자라기 때문에 나무 크기만큼이나 크게 후회하게 된다.

그러면 작은 키 나무를 심어야 하는데 이것만으로는 좋은 구성이 되지 않으므로 큰 키 나무 중에 소교목이라 불리는 소나무(크게 자라지 않는 것들 중 전정으로 성장을 늦추며 수형을 원하는 형태로 형성할 수 있다.)또는 단풍나무, 주목, 배롱나무 등 기준이 될 수 있는 나무를 먼저 배식한 후 그 사이에 작은 키 나무를 배식한다.

작은 키 나무로 주변에 알려져 있는 나무와 반드시 권하고 싶은 귀한 나무들 중 유실수로는 대추나무, 보리수, 앵두, 매실, 석류(남)등이 있고, 색이나 열매 형태가 좋은 것은 화살나무, 낙상홍, 남천, 쥐똥나무, 스카이로켓, 공작단풍, 라일락, 철쭉이 있다.

그림 2-2. 거실에서 바라보는 정원의 모습 (2013)

그림 2-3. 채마밭을 꽃밭의 일부처럼 조성했다는 점이 주목할 만하다(2013).

정원에 심을 나무를 고르는데 반드시 필요한 것 중 겨울에 푸르른 상록수가 필요한데, 소나무, 구상나무, 주목, 사철나무 등이 있고 중부이북에서는 성장이 힘든 남부 수종으로 금목서, 은목서, 꽝꽝나무, 호랑가시나무, 동백나무 등이 있다.

그림 2-4. 정원조성에 있어서 돌과 물과 식물의 관계만큼 중요한 것은 그리 많지 않다. 그 만큼 관계가 중요하다(2002).

2.2 꽃(지피식물)

정원을 꾸미고자 할 때에 제일 먼저 생각하는 것이 꽃이다. 그러나 큰 나무, 작은 나무, 돌의 놓여짐 등이 모두 끝난 후에 꽃을 심어야 하므로 이 단원의 맨 뒷부분에서 구체적으로 다시 이야기하기로 한다.

그림 2-5. 사진 속에만 13가지의 초화류가 혼합식재 되어 있다. 자연 또한 혼합식재 되어있다는 점을 감안한다면 이해와 공감이 쉬워진다(2013).

2.3 길, 포장(Paths & Packing)

너무나 당연해서 이야기 할 필요가 없을지 모르지만 모든 조경 공간을 포함해서 걸을 수 있는 곳은 배수가 관건이다.

흙을 밟을 수 있도록 자연에의 접근을 포함해서 배려한 예도 있지만 포장된 길은 하이힐을 신은 멋쟁이 여성을 배려한다. 그러나 생태적 단절이라는 단점을 보완해야 하는 숙제를 안고 있다.

지금은 각 지자체마다 올레길, 둘레길 등의 예쁜 이름을 붙여 걸을 수 있는 장소로 많이 만

그림 2-6. 빛이 충분하지 않은 곳은 배수관계를 확실히 하고 마사토로 흙길을 만들어도 좋다(2005).

들어 관광객을 유혹하고 있다. 길은 포장하지 않았다 해도 사람이 걸어 다니면 굳게 다져져서 어떠한 생물도 자라지 못하게 된다. 이러한 경우 생태 고리의 단절이라는 칼질을 해놓은 것과 같은 것이므로 산책로 곳곳에 물이 없는 곳이라도 넓거나 높지 않은 다리 혹은 징검다리를 설치하여 서로가 이용할 수 있게 했으면 한다. 서로라는 것은 다리 밑으로는 사람의 눈에 겨우 보이거나 전혀 보이지 않는 곤충, 미생물 작은 식물들이 자라거나 지날 수 있게 하고 위로는 사람들이 다닐 수 있게 설계해주기를 권한다. 지금의 산책로로 인한 단절은 우리 눈에 보이는 뛰거나 날아다니는 동물에게는 아무 관계없을 수 있겠지만 우리 눈에 보이지 않지만 더 많은 작은 생물들에게는 9.11 보다 더 큰 테러인 것임을 알아야 한다.

그림 2-7. 포장을 할 경우 생태적 단절이 되므로 디딤석을 놓고, 사이는 잔디를 심는다(2005).

2.4 계단(Steps)

정원이 아름다워 보이기 위해서는 평지보다는 경사면이 있는 지형이 좀 더 많은 변화를 보여줄 수 있기에 좋은 점이 많다. 정원을 만드는 과정에서 경사면을 그대로 두기도 하지만 가능하다면 비탈진 경사면 보다는 축대를 이용하여 커다란 층이 있는 면으

그림 2-8. 비탈진 경사면을 갖고 있는 정원은 계단을 이용해서 경사면을 정리할 수 있다. 이렇게 정리된 토지는 또 다른 아름다움을 추가한다(2010).

로 다시 정리하고 그곳에 계단을 만들어 준다면 토지를 이용함에 편리함은 물론 아름다움을 제공한다. 계단이 많이 필요한 경우는 몇 계단을 오르는 중간쯤에 넓은 공간을 만들어 2~3걸음을 쉬고 또다시 오르게 되면 심리적, 육체적으로 편하게 된다. 또 계단을 넓게 사용 할 수 있는 여유가 있다면 한 측에 휠체어가 오를 수 있는 비탈을 만들어 주는 것이 만일을 위해서도 좋을 듯 싶다.

아름다운 계단은 그곳으로 오르고 싶은 충동을 갖게 한다. 자연석을 이용해서 만들어진 곳은 비록 계단이 아니더라도 미니아주가 등 작은 지피를 돌 틈에 식재하는 것이 잡초가 자라지 못하게 할 뿐 아니라 아름다움에도 한 몫을 한다.

2.5 파라솔(Parasol), 테이블(Table), 의자(chair)

정원은 육체와 정신 그리고 마음을 함께 쉬게 할 수 있는 곳이어야 한다. 꽃을 가꾸거나 살펴보다가도 쉴 수 있는 곳이 있어야 함은 물론이다.

테이블과 의자는 정원에서 쓰이는 가구이다. 정원에서 흔히 쓰이는 흰색 철제(주물) 의자와 테이블 세트는 정원을 갖고 싶어 하며 꿈꾸는 사람들의 대부분이 이 테이블 세트를 생각한다. 처음에는 녹색 정원과 어울려 보이는 듯 하지만 조금 낡

그림 2-9. 빛을 가리는 재료 또한 다양하다. 아직 정원을 갖지 않았다 해도 꿈을 가지고 발품을 팔아 정보를 많이 갖는 것이 중요하다. 이렇게 함으로써 선택의 다양성은 물론 어울림을 만들 수 있게 된다. 정원은 작은 노동(운동)을 포함한 정신적 육체적 쉼이다(2013).

거나 어느 한 곳이 부러지기라도 한다면 초라해 보이기 그지없다. 정원 한가운데 자랑스럽게 놓여 져 있던 이것을 버리기는 아깝고 해서 정원 한쪽 구석에 방치하게 되면 그곳은 정원으로서의 기능을 잃고 무너지기 시작한다. 이에 비해 돌이나 나무로 제작된 의자는 낡거나 오래될수록 그 정원의 역사를 보여주고 있어 그 가치를 더하게 된다.

정원 용품이나 재료가 자연 친화적인 것의 가치는 낡을수록 좋아지고, 정원도 오래될수록 타의 추종을 불허하는 정원이 된다. 요즘 친환경적인 조경을 위해 나무를 사용하여 데크나 의자를 만든다. 여기에 문제가 있는데 썩지 않도록 약품처리 된 나무를 사용하지 말아야 한다. 이것은 비소 성분이 많이 사용되어 인체에 해로울 뿐만 아니라 잠자리, 나비와 같은 곤충들도 이곳에 머무르려 하지 않는다. 현대 미술은 물론 현대 생활을 주도하는 어떠한 디자인도 표현하거나 제작할 때 그 작가의 내면에 고전적 사고가 내포되지 않은 상태에서 만들어진 것은 현대적이기보다는 경망스럽다는 평가를 면치 못한다.

자연을 사랑하고 고전을 이해하는 따뜻한 가슴을 지닌 예술가의 모던한 표현은 반드시 그 깊이를 가질 것이라고 믿어 의심치 않는다. 자연을 사랑하자!! 그것은 곧 자신을 사랑하는 것이다.

2.6 정자와 퍼골라(Bower & Pergola)

내 집에 있는 내 정원이라고 해서 아무 곳에서나 쉴 수는 없다. 어떤 곳은 바라보기만 해야 되고 어떤 곳은 가꾸어 주기만을 바라는 식물이 자라고 있다. 이런 곳은 정원사이 외 다른이는 꽃밭에 한 발자국도 들여놓아서는 아름다운 정원이 망가지게 된다. 이러한 이유 때문이라도 쉴 곳은 따로 정해져야만 한다.

파라솔, 테이블, 의자와 같은 시설물은 옮겨가면서 사용할 수 있지만 정자와 퍼골라는 제자리에 고정된 건축물과도 같다. 집을 지을 때 거실 창을 통해 보이는 풍경을 중시하듯이 정자와 퍼골라의 위치를 정할 때 지반의 형태는 물론 주변의 풍경을 빌려보는 차경을 고려해야 한다.

그림 2-10. 초가정자는 어느 한편으로 볼 때 우리의 서민정서에 부합되는 면이 많다(2003).

2.7 담장과 문(Wall, Fences & Gates)

분리된 공간을 이동하기 위해 담 사이를 통과할 수 있게 만든 문은 통행을 조절하기 위해 만들어진 것이다. 그러나 가든 안에 설치하는 문의 경우는 문의 기능보다는 공간구획을 위해서 만드는 경우가 더 많다. 고궁 내에 있는 담을 통과하기 위한 문은 물론이며 우리나라의 시골집에서

그림 2-11. 집주인은 담장으로부터 허물어지듯이 내려앉은 샤스타데이지를 지키기 위해 문의 한쪽은 사용하지 않는 아름다움을 엿보게 한다.

도 집 뒤뜰을 통해 텃밭으로 이어지는 대충 만들어진 문을 볼 수 있는데, 이것은 기능이 각각 다른 정원을 어설픈 담으로라도 구분함으로서 시각적 혼란스러움을 정리해주기 때문에 일반적인 담과 같이 시각적이고 물리적인 프라이버시를 지키지 않도록 만들어지는 것이 더 좋다. 이러한 공간 구획현상은 동서양 모든 정원에서 나타나는 것으로 멀리 떨어져 살면서 문화가 다르다 해도 조형적 미술언어는 같은 것이라 보여 진다. 전남 구례에 있는 운조루을 찾을 기회가 생기면 집안 뒷마당까지 살펴볼 필요가 있다. 이곳은 우리나라의 전통양식을 갖춘 건축물 중 공간구획을 위해 담을 가장 많이 사용한 곳으로 그 쓰임새를 이해하기에 매우 좋은 곳이다.

그림 2-12. 시멘트 구조물만으로 담의 기능과 형태를 끝낼 수도 있었지만 재치있게 다듬어진 낮은 수벽이 일품이다. (OO아파트 담)

그림 2-13. 측백나무 수벽이 열주와도 같이 아름다운 담의 형태를 이루고 있다. (캐나다 밴쿠버)

2.8 돌의 이용(Stone)

작은 정원이라 할지라도 그 안에 돌 하나쯤 없을까? 분명히 그렇지는 않다. 작은 돌이나 커다란 바위 모두 동선을 차단하기 위한 기능, 식물을 기대어 자라게 하는 기능, 흙을 흘러내리지 못하게 하는 등, 자기 역할이 있겠지만 전혀 물리적 기능이 없는 듯해도 시각적 충족감을 느낄 수 있게 만드는 예술적 기능이 있는 것이 바위이다. 바위를 예술적 가치로 이해하는 데에는 그 생성 기간이 수만 년, 수억 년의 시간이 그 속에 새겨져 있음을 볼 수 있어야 한다. 많은 일들 속에는 기술적인 것과 예술적인 것이 있다. 기술을 모르는 예술은 기본을 잃고 있는 것이어서 이상만 앞세운 허허로운 것일 수 있다. 반면 예술은 창의적인 것이어서 기술을 알고 있다고 해도 결과가 눈에 보일 수 없다. 수백 년 혹은 수십 년 너머의 예술을 보기란 결코 쉬운 것이 아니다. 바위의 만남과 그 표현은 바로 예술성 속에서 찾아야 한다.

그림 2-14. 검은색 바위와 녹색 이끼의 조화

그림 2-15. 파스텔 톤으로 다양한 색깔을 보여주는 파주석은 실내에도 잘 어울린다. (2002)

2.9 조형물(Objects)

가든의 가치를 높이기 위해서는 적소에 조각이 배치되도록 해야 한다. 이것은 미술적 요소 중 아주 중요한 변화의 단계를 높은 예술성을 통해 보여줄 수 있을 뿐 아니라 그 예술성이 주변 조경의 가치를 높여 주게 된다. 조형물을 선택할 때 주의해야 할 것은 계획된 조경과의 어울림을 가장 중요시해야한다.

조경 공간 속에서의 조화를 볼 때 대부분의 조경공간은 현대적(modern)이기보다는 자연(natural)적인 것에 가까운 모습을 추구하기에 조형물 자체도 추상적인 형태 보다는 구상적(사실적)인 형태를 선택하는 것이 현명한 선택이 될 것이다. 그러나 이러한 선택 중에는 순수한 예술작품과 분수, 새 모이 혹은 새 목욕의 기능을 갖고 공예적 성격이 강한 조형물로 나누어 볼 수 있는데 필요와 선택 조건에 의해 설치할 수 있을 것이다. 높은 가치의 예술품이 조경 공간에 배치된다면 작품의 가치보다 그 이상의 상승효과를 가져오게 됨은 물론 소유자의 안목과 교양을 높이 평가 받게 된다.

그림 2-16. 조형물은 정원의 격을 높인다. (2013)

자연이 만들어 놓은 것과는 상반된 형태로 인위적인 물질적 형태를 위주로 한 현대적인 조경은 추상적 형태의 조형물이 더 조화롭게 보여 질 수 있기 때문에 의도되어진 조경형태를 감안하여 배치 할 것을 권하고 싶다.

2.10 경계(Edging)

자연에는 경계가 없을까?

있다!

국가와 국가 간의 경계가 강이나 산맥 사이를 두고 만들어 준 대로 지형이 나누어지는 것은 물론 바다가 경계 지워준 섬 또는 해안선 또한 그런 역할을 한다. 우리나라의 강가나 바닷가만 해도 해안선이 육지와 바다의 경계를 선으로 나누고 백사장 또한 한편으로는 바다와 경계하고 방풍림과 경계한다. 경계가 모호한 자연 속에서는 길을 잃는다. 그렇기 때문에 경계는 정리이고 자연과 인간을 서로 보호한다.

그림 2-17. 개인주택의 정원에서도 손님이 많이 찾는 집이라면 화단의 안정을 위해 경계를 정리하는 것이 속상한 일을 줄 일 수 있다. (c씨댁, 2010)

조경공간이 인위적이기는 하지만 경계를 없애는 곳이 많아야 자연스러움이 가까워진다. 하지만 바라보는 공간과 사용하는 공간으로 나누어 생각한다면 바라보는 공간에는 경계를 없이 하는 것이 바람직하겠지만 사용하는 공간이라 하더라도 많은 사람들이 공유하는 공간이라면 경계(Edging)를 반드시 만들어 정리하는 것이 조경 공간의 완성이라고 말할 수 있다.

목적에 따라 발목, 무릎, 허리, 가슴, 키 등의 높이로 결정할 수 있으며 재료도 돌, 통나무, 수목 등을 사용한다. 물로 이러한 표현을 하는데 있어서 통일과 변화의 적절한 표현은 Gardener의 감각에 의존하는 수밖에 없다.

2.11 물의 이용(Water Garden)

정원의 구성 요소로서 물의 표현은 어떠한 방법으로 든 필수적이다. 연못의 물이 정적인 것에 비해 분수나 폭포는 동적이라고 할 수 있는데 서양식 가든은 물의 흐름을 자연스러움으로부터 역행시킨다. 즉 수면으로부터 수직하게 분사해서 분수를 만들어 물의 움직임을 동적으로 만든다.

이에 비해 우리나라의 전통적인 조경에서 볼 수 있는 것은 주변 지형의 높낮이를

그림 2-18. 작은 연못은 사람의 몸과 마음을 쉬게 하는 위대한 기능이 있다(전주 한옥마을 H씨 댁, 2011).

이용해서 높은 곳으로부터 낮은 곳으로 물을 흘러가게 함으로서 물의 흐름에 역행하려 하지 않는다는 데에 그 차이점이 있다. 물은 식물을 키우고 식물은 동물을 살찌우게 한다는 원칙처럼 물이 없으면 메말라가고 사막에서처럼 부서진다. 분수가 시각적인 것에 충족함을 준다는 것에 비해 자연의 섭리에 따르려는 폭포의 모습은 이것을 보는 이의 내면과의 교감에 더 큰 비중을 갖게 한다.

외국의 분수연못과 우리나라에서 만들어진 분수연못을 비교하면 외국의 경우는 잔디광장이라는 매체가 평면 공간 위에 분수를 만들고 있어서 수평과 수직이라는 시각적 편안함을 갖고 있지만, 우리나라의 분수는 시청 앞 광장과 같은 곳은 바람직한 형태를 갖고 있지만, 아파트 단지 내의 광장은 넓은 의미의 광장이 아니므로 좁은 면적을 가진 공간 속에 분수를 설치하는 것은 주변과 조화롭지 않다는 점과 겨울철에도 만족한 공간이 되어야 하는 등 해결해야 할 문제점을 노출하고 있다. 분수와 폭포 모두 고여 있는 물을 썩지 않도록 순환시키는 중요한 역할을 하는데 우리나라의 조그만 정원에서 볼 수 있는 연못에는 연못 가운데에 가산(연못 속에 인위적으로 만들어 놓은 동산)을 함으로서 그 가산을 중심으로 물을 조용히 회전시켜 고여 있는 물을 썩지 않게 하고 있다. 이와 같은 이치로 볼 때 우리 정원에는 폭포와 계류가 그리고 연못이 자연스럽게 호흡하는 모습으로 조성되는 것이 좋다.

※ 사진 설명속 ( )는 필자가 작업한 시공년도이다.

정원설계의 과정

정수경

(유)다송조경 대표, 전북대 박사과정 수료

정원설계의 과정은 기본도면 준비, 조사 · 분석, 설계구상 및 기본개념도 작성, 정원설계도면 작성의 단계로 이루어진다.

3.1 기본도면 준비

3.1.1 기본도면

기본도(basemap)는 축척, 방위, 부지경계, 지형, 구조물, 기존 수목, 전기, 가스, 상수도 같은 기반공급시설과 관련된 부지의 정확한 정보를 기록하기 위해 일정한 축척에 따라 만들어진 것이다. 미리 만들어진 건축설계도면이나 토목설계도면이 있다면 이를 사용할 수 있는데 반드시 실제 현황과 일치하는지 여부를 체크하여야 한다. 만약 기존 건축설계도면을 확보하지 못했다면 측량을 하여 기본도면을 만들어야 한다(정원만들기.2010). 부지경계선과 주택 및 부속 건축물 등의 위치, 크기 등을 개략적으로 측량하여 기본도면을 만든다.

3.1.2 축척 및 방위

축척은 실제 크기를 일정한 비율로 축소하여 표시하는 것으로 부지의 규모와 형태를 고려하여 도면의 규격을 결정하고 적절한 축척을 사용하여야 한다(정원만들기.2010). 보통 정원 설계에서 좁은 부지 1/50부터 넓은 부지 1/200 정도의 축척을 사용하는데 1/100 축척이 사용하기 편리하다. 예를 들면 1/100 축척의 도면에서 1㎝는 실제로 1m를 나타낸다.

방위는 부지와 건물이 위치한 방향을 표시하는 것으로 특별한 방위 표시가 없으면 보통 도면의 위쪽이 북쪽을 나타낸다. 북쪽을 가리키는 방향으로 화살표를 표시한다. 방위는 건물이나 수목의 그림자의 방향을 알 수 있고 일조의 방향 등을 예측하는데 도움이 되므로 반드시 확인하고 기록한다.

축척과 방위 표시는 주로 도면 오른쪽 하단에 함께 표시하는 방법이 일반적이다.

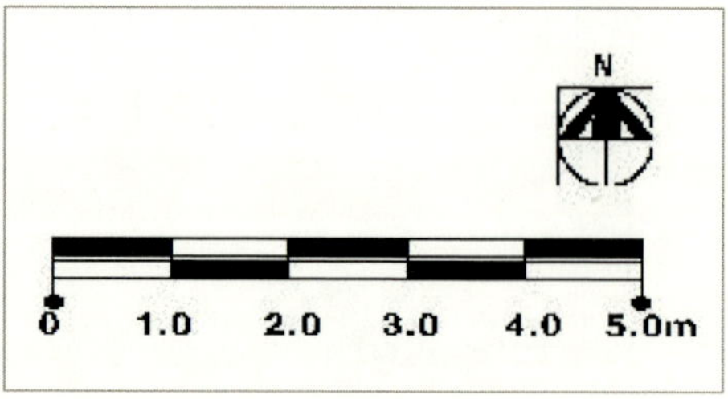

그림 3-1. 축척의 예

3.1.3 기타

축척과 방위 외에 기본도에 표시해야 할 항목으로 부지경계, 지형, 기존 시설물, 기존 수목 및 정원 설계에 영향을 줄 수 있는 전기, 가스, 상수도 같은 기반시설의 위치 등을 기록하여야 한다.

3.2 조사 · 분석

3.2.1 정원 소유주(혹은 정원계획 본인) 요구사항 조사

정원 설계에서 가장 중요한 부분은 주인이 원하는 정원을 만드는 것이다. 그러므로 주인과 가족이 원하는 정원이 어떤 것인지 반드시 체크하여 설계에 반영하여야 한다.

체크해야할 주요 항목은 다음과 같다. 그러나 개인 사정이나 실제 현황에 따라 달라질 수 있으며 더 자세히 조사할 수 있다.

1) 가족구성원의 수, 연령대, 성향, 보유 차량 대수 등 기본사항
2) 원하는 정원스타일 예를 들면, 정형식 정원, 전통적인 정원, 초화류 정원, 등
3) 특별히 좋아하는 식물 반대로 특별히 싫어하거나 알레르기 문제를 일으키는 식물 등

4) 기존 정원에서 유지할 것과 제거할 것

5) 정원시공 및 유지관리비 예산

6) 시공 후 정원관리의 주체는 누구인지 즉, 직접 할 것인지 등

3.2.2 부지조사 · 분석

1) 측량

부지면적, 형태, 방향, 부지 내 건물(출입문, 창문 등의 위치)

건축설계도면이 있으면 이를 참조한다.

2) 토양 조사

토성(알카리성, 중성, 산성)과 습윤 정도에 따라 수목 선정이 달라지므로 조사하여 기록한다.

토양이 오염되었거나 식물 생육에 부적합한 토양이 있다면 흙을 치환하여 개선방향을 마련하도록 한다.

3) 자연환경조사

기울기 등 지형의 변화는 공간분할이나 수목배치에 영향을 줄 수 있는 부분으로 반드시 조사한다.

일조는 수목생육과 직접 관련한 것으로 기본적으로 햇빛이 잘 드는 곳에 양수, 그늘진 곳에 음수인 수목을 식재해야 한다. 일조량은 하루 시간과 계절에 따라 달라진다. 하루 중 정오에 그림자가 가장 짧으며, 여름철에는 일조시간이 길고 그림자가 짧은 반면 겨울에는 일조시간이 짧다.

바람은 여름엔 시원하게 유도 할 수 있고 반대로 겨울에 찬바람의 진입이 있을 수 있으므로 이를 고려하여 찬바람을 막고자 하면 수목 방풍림을 만들어 차단할 수 있다.

4) 기존수목조사

기존수목을 조사하여 제거할 것인지, 활용할 것인지 결정한다.
기존 수목을 활용하고자 한다면 수목의 종류, 수량, 위치 등을 표시하고 수목을 기존 위치를 유지할 것인지 이식할 것인지를 결정할 수 있도록 기록해 둔다.

5) 관수 및 배수시설 조사 분석

물은 수목의 생육에 반드시 필요하므로 관수시설의 유무와 위치를 확인한다.
마찬가지로 배수가 잘 이루어지지 않을 경우 생육 불량을 가져올 수 있으므로 배수시설 여부와 위치 등을 체크한다.
별도의 배수시설이 없는 경우 배수가 가능하도록 정지작업을 해야 한다.

6) 주변 환경 조사 분석

수목의 그늘이나 낙엽 등이 이웃에 피해를 줄 수 있으므로 참고한다.
주변의 경관은 좋은 차경이 될 수 있으면 활용하고 좋지 않은 경관은 차폐식재를 하여 차단할 수 있다.

7) 법률고려사항 조사

시, 도별 대지에 필요한 조경 면적 및 식재 밀도 기준을 조례로 정하여 시행하고 있으므로 이를 파악하여야 한다.

8) 경계(울타리)

울타리의 유무 및 재료를 살펴보고 기록한다.
식재 울타리도 고려할 수 있다.

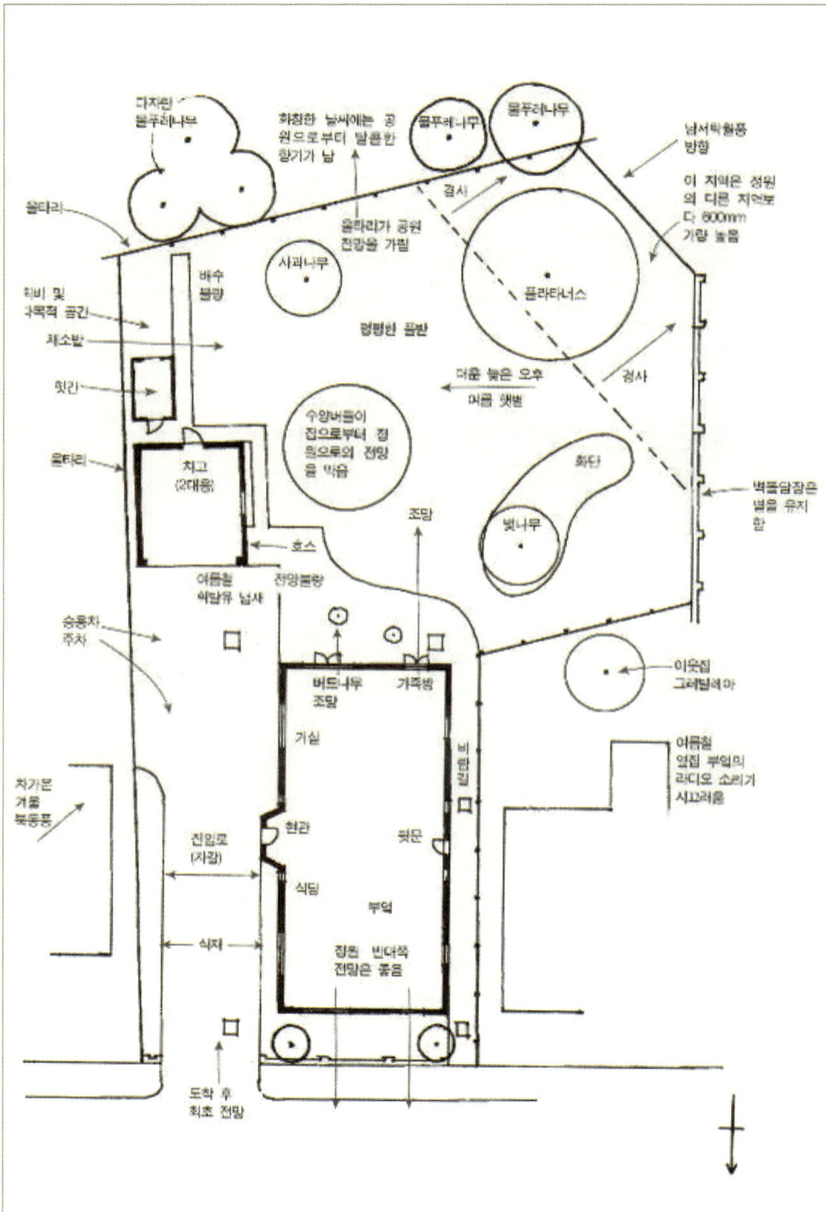

그림 3-2. 현황조사 사례 (자료: 정원설계.2011,기문당)

기존 시설물의 기록과 부지의 현황을 자세하게 기록하였다.

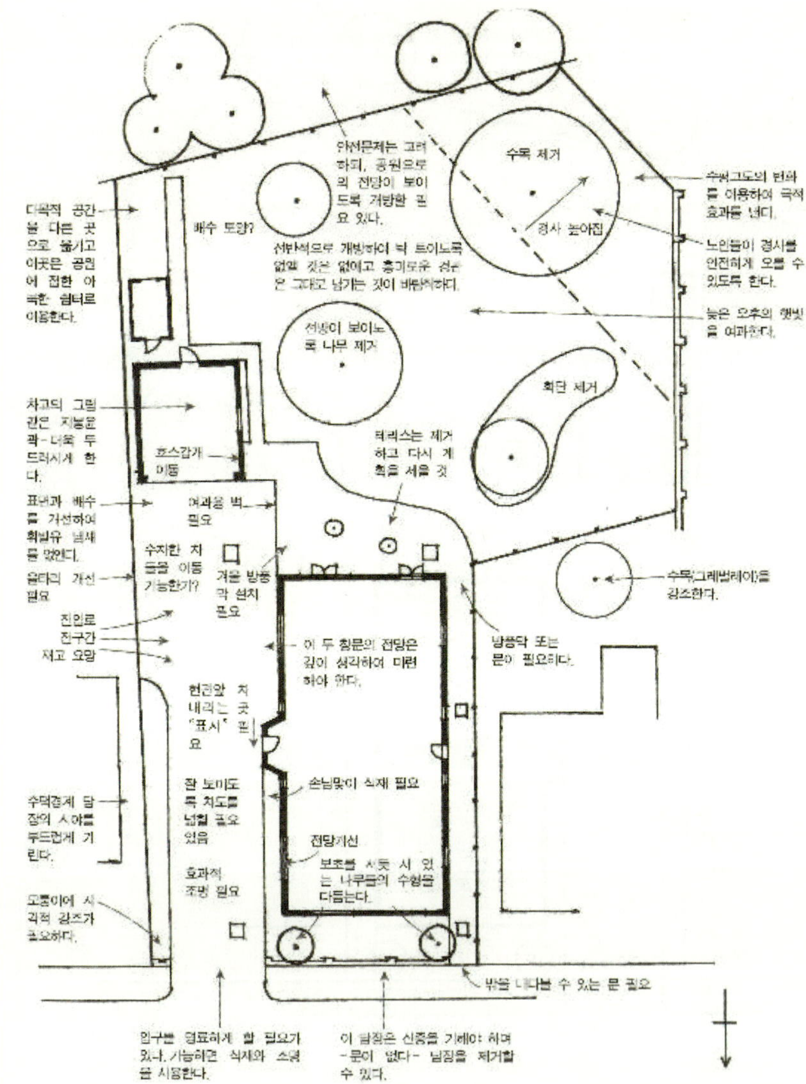

그림 3-3. 현황조사 사례 (자료: 정원설계.2011. 기문당)

조사결과 문제점들을 검토하고 개선을 위한 제안을 기록하였다.

3.3 설계구상 및 개념도 작성

3.3.1 정원의 주제(양식 혹은 스타일) 정하기

1) 정원 소유주(본인)의 취향 및 요구사항을 반영한다.

2) 참고자료 수집-도서, 잡지, 인터넷 등을 활용하여 다양한 설계 사례를 수집한다.

3) 조사 분석과정에 제기된 주요 문제점과 해결 방안을 제시한다.

4) 예산참고-정원조성 시공비 뿐만 아니라 유지관리비를 고려하여야 한다.

정원의 스타일의 예로 한옥과 어울리는 전통적인 정원, 다양한 초화류를 이용한 야생화 정원과 허브식물을 이용한 허브정원, 텃밭을 활용하여 채소 정원 그리고 수목의 전지, 전정으로 잘 다듬어진 정형식 정원 등을 들 수 있다.

3.3.2 동선 및 공간 분할

1) 동선

동선은 정원 출입구 건물 출입구(현관)까지의 주동선과 정원 공간별 보조 동선으로 구분할 수 있다.

정원은 내부 생활공간의 이용과 관련이 깊기 때문에 주택 평면 배치를 고려하여 설정한다.

동선을 계획할 때 주의할 점은 다음과 같다(조경기능사문제해결. 2004).

① 단순하고 명쾌할 것

② 성격이 다른 동선은 분리할 것

③ 동선의 교차는 피할 것

④ 이용도가 높은 동선은 짧게 할 것

2) 공간분할

정원은 화단, 잔디밭, 데크, 보행로, 주차장, 휴식 공간, 놀이 공간, 연못 등 다양한 공간으로 이루어지는데 각각의 공간의 특성에 알맞은 조건과 다른 공간과의 관계를 고려하여 배치한다.

먼저 정원의 공간을 크게 정적인 공간과 동적인 공간으로 구분할 수 있는데 정적인 공간은 감상 및 사색의 공간으로 수목 및 화훼류 식재 공간, 벤치 등 간단한 시설물 설치로 독서 및 담화 공간이라고 할 수 있다.

동적인 공간은 가족의 활동 공간으로 일정 공간을 확보하여 바비큐 파티 같은 가족 행사 장소, 간단한 운동 등을 할 수 있는 공간이라고 할 수 있다.

그리고 기타 장독대, 텃밭 등 식생활과 관련한 공간, 애완동물 혹은 가축을 기를 수 있는 공간 등으로 구분할 수 있다.

공간분할의 다른 방법으로 위치별로 구분할 수 있다.(조경기능사문제해결. 2004)

① 앞뜰 – 대문에서 현관 사이에 마련되는 정원으로 정원의 첫인상을 결정하는 공간
대문, 진입 공간, 진입보행로 등이 위치한다.

② 안뜰 – 정원에서 옥외생활을 하는 가장 중요한 부분으로 면적도 넓고 양지바른 장소
거실에서 조망을 고려하고 다목적 이용을 위한 공간으로 조성 한다.

③ 뒤뜰 – 건물 뒤쪽이나 옆에 위치하나, 좁은 공간에서는 통로의 기능을 갖기도 한다.
정숙한 분위기를 가지고 방풍식재, 차폐식재가 가능하다. 너무 좁으면 식재를 생략할 수도 있다.

④ 작업뜰 – 부엌, 식당, 다용도실, 세탁실 등과 연결된 외부 공간
통풍, 채광, 배수가 잘 되도록 조성해야 한다. 바닥은 잔디보다 벽돌이나 타일 포장 등이 이용에 편리하다.

3) 주차공간

2.3x5.0m 확보를 해준다.

혹은 차고형태의 건축물로 만들 수도 있다.

경사진 대지에서 단 차이를 활용하여 지하 차고를 계획하면 공간 활용에 적합하다.

3.3.3 기본 개념도 작성

1) 기본 개념도는 주로 다이어그램으로 개략적이고 자유롭게 표현하는 기초 단계 도면을 말한다. 정원에 만들어질 공간을 둥근 물방울 모양으로 표현하여 공간 이용과 위치 등을 개략적으로 그려 설계도면의 밑그림으로 사용할 수 있는 기본 도면이다.
2) 공간 구분과 동선으로 각 공간의 연결 혹은 분리 여부를 결정하여 표시한다.
3) 부지에 각 공간의 기능적인 연관성, 공간의 면적 규모, 세부 요소, 시설 배치 등을 포함한다.
4) 몇 개의 기본 개념도를 대안으로 하여 상호 비교, 보완 후 최종안을 결정한다.
5) 기본 개념도를 바탕으로 정원 설계를 진행한다.

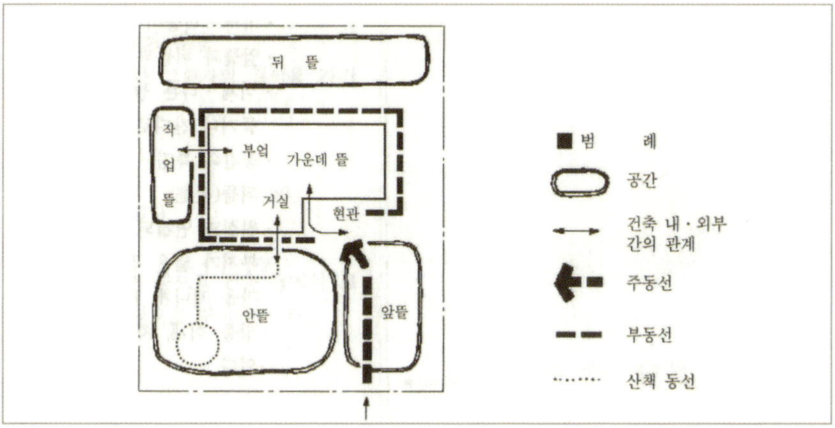

그림 3-4. 기본 개념도 사례 (자료: 조경기능사문제해결. 2004. 기문당)

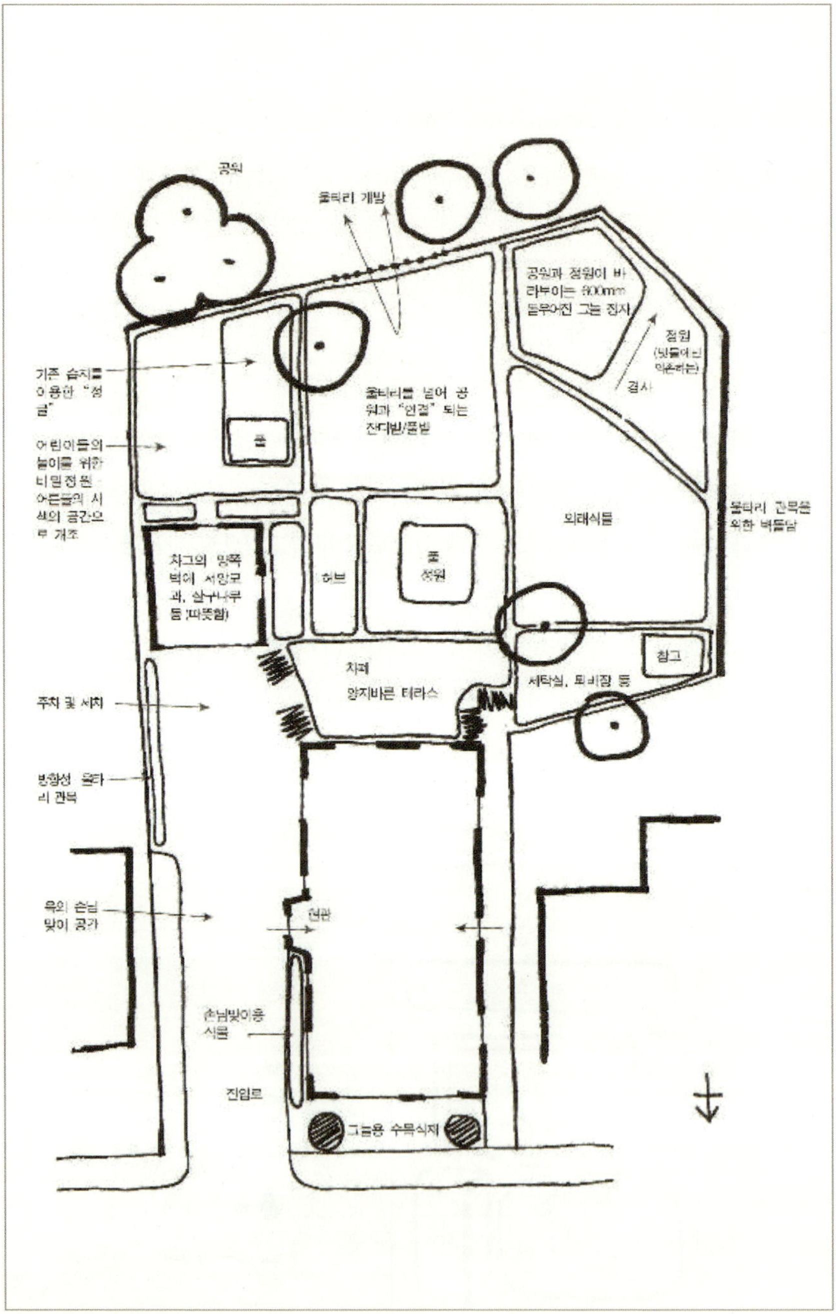

그림 3-5. 개념도 사례 (자료: 정원설계. 2011. 기문당)

3.3.4 수목, 지피식물 및 시설물

1) 수목 선정시 고려해야할 사항

정원의 구성은 기본적인 지형지물을 최대한 활용하되 주택이나 주변 환경에 비해 나무들이 지나치게 많을 경우 정원이 답답해 보이고 전체적으로 어두워 보일 수 있으므로 주택의 크기에 따라 적정한 나무를 선정한다. 또한 정원의 주제에 알맞은 주요 수목을 선택하여 정원의 분위기를 정 할 수 있다.

상록수(사계절 초록인 나무)와 활엽수(가을에 낙엽이 지는 나무), 부지 면적을 고려한 교목(키 큰 나무), 관목(키 작은 나무), 초화류(꽃, 잔디, 등)를 적절히 선정한다. 주로 배경으로 삼는 나무를 키가 큰 상록수를 선택하고 안쪽으로 관목을 심는데 특히 감상 포인트를 설정하여 교목 앞에 관목과 초화류를 식재 한다.

꽃나무의 경우 꽃피는 시기와 색상을 고려하여 같은 시기에 서로 조화를 이룰 수 있도록 하고 꽃피는 시기를 서로 다르게 하여 다양하게 감상 할 수도 있다. 꽃뿐만 아니라 줄기, 나뭇잎 색상 등도 정원 분위기에 영향을 준다. 겨울에 낙엽수에서는 색깔 고운 나무껍질과 줄기가 매력을 더해준다.

식물의 시각적 특성을 고려한다. 식물은 성장하면서 그리고 계절변화에 따라 다양한 경관을 연출한다. 겨울 정원을 고려하여 상록수와 낙엽수를 적절히 선택한다.

유실수를 활용하면 관상뿐만 아니라 열매 수확도 가능하다. 유실수는 품종계통이 확실한 것이 좋으며 병충해 방제에 유의하여야 한다.

토성 및 배수를 고려하여 수종을 선정해야 하며 전통적으로 가정에 식재해온 수종을 선정하는 것도 방법이 될 수 있다.

기존식생을 활용할 수도 있다. 기존 위치에 두거나 상황에 따라서 이식할 경우도 있다.

수목의 선택기준은 다음과 같다(뜨락이 있는 주택조경 설계집. 2010)

① 묘목 · 굴취 후 장기간 보관하지 않은 것

· 잔뿌리가 많은 것

· 묘목의 가지는 사방으로 고루 뻗고 정아가 큰 것

· 병충의 피해가 없고 묘목에 상처가 없는 것

· 묘목의 크기에 비례하여 근원경(뿌리부근 지름)과 뿌리가 균형 있게 발육한 것

· 유실수는 품종계통이 확실한 것

② 성목 · 굴취 후 장기간 보관하지 않은 것

· 미적 가치가 있는 형태

· 수목의 고유한 특성을 갖춘 것

· 발육이 양호하고 수형이 정돈되며 병충해를 받지 않은 것

· 이식이 가능한 것

· 뿌리의 확장이 좋고 잔뿌리가 많은 것

· 적응성이 큰 나무

· 토성, 수분, 기상환경, 병충해에 강한 것

2) 지피식물(초화류, 잔디, 야생화 등) 선정시 고려해야할 사항

지피식물과 초화류는 1년생, 2년생, 여러해살이 식물 등으로 구분 할 수 있다. 초화류의 경우 계절에 따라서 다양한 꽃을 피우기 때문에 개화시기 및 색깔, 향기, 열매 등을 고려한다. 일부 식물은 그늘에서도 잘 견디기 때문에 부지를 다양하게 활용할 수 있고 경사지 등에 식재하여 부지의 침식을 예방 할 수도 있다. 또 허브식물을 식재하여 정원에 향기를 주고 다양하게 활용 할 수도 있다.

알뿌리 식물처럼 겨울에는 뿌리상태로 정원에 보이지 않게 되는 경우가 있으므로 이를 충분히 고려하여 선택한다.

텃밭에 채소를 심을 경우도 정원의 일부분이 될 수 있다.

초화류를 선택할 때는 개화기간이 길고 잎이 오랫동안 지지 않은 것을 사용하여

다양하게 즐길 수 있다. 최근에는 우리나라 산과 들에 자라는 야생초화류를 많이 재배하여 이용하고 있으며 원예종 초화류도 많이 재배하기 때문에 이를 잘 활용한다.

3) 조경 시설물(벤치, 흔들의자, 파고라, 데크(바베큐), 연못, 파고라 등)

벤치, 흔들의자, 파고라 등 정원 시설물은 기성제품이 있으므로 참조하여 선택한다

파고라, 데크 등 기초가 필요한 경우에는 이를 설계에 반영하여야 하고 상세도면을 필요로 한다.

연못, 분수 같은 수경시설은 별도의 상세 설계와 준비과정이 필요하다.

연못의 위치는 연못에서 기르려는 식물의 종류, 토양의 상태, 높이, 관수시설,

그림 3-6. 다양한 조경시설물 (자료: 뜨락이 있는 주택조경 설계집. 2010)

집에서 보는 전망 등을 고려하여 선택한다. 지대가 높고, 표층이나 하층토의 배수가 잘되는 곳이 적당하다. 오전과 늦은 오후의 빛을 8시간 이상 충분이 받을 수 있는 것이 좋다. 연못의 디자인은 단순이 보기 좋은 것이 아니라 관리하기 쉽고 생태

내 동식물의 건강을 고려하여 결정한다. 전체적인 정원의 분위기와 어울릴 수 있도록 하고 주로 자연석이나 판석을 이용하여 자연스러움을 강조해 주는 게 좋다(뜨락이 있는 주택조경 설계집. 2010)

그림 3-7. 다양한 연못 (자료: 뜨락이 있는 주택조경 설계집. 2010)

정원 조명은 빛이 필요한 부분에 적절한 조명기기를 사용해 생활을 편리하게 하면서 공간을 아름답게 연출하는 효과를 만들어 낸다. 정원 조명시설 설치여부는 전기시설의 위치, 정원의 분위기 등을 고려하여 선택하고 단순이 모양이 예쁘거나 무조건 밝다고 좋은 것은 아니므로 어느 공간에 어떤 목적으로 설계를 할 것인지 결정한다. 조명시설의 종류는 지중 매입등, 벽면 매입등, 볼라드, 태양광, 노출형 투사, 수중 조명 등이 있다. 다양한 조명시설제품이 있으므로 장소와 목적에 맞도록 선택한다. 지중매입등은 땅속에 묻어주는 조명으로 배수가 잘 되도록 각별히 신경써야 한다. 잔디 등은 주로 500cm 이하의 등으로 조도 확보보다는 조경을 위한 등으로 이용된다. 1m정도의 조명으로 조도확보에 보다 용이하다. 보안등은 좁은 공간보다 마당이 넓은 주택의 입구에 하나 정도 시공한다(뜨락이 있는 주택조경 설계집. 2010).

자연석 배치는 부지의 경사지 안정을 위하여 쌓기도 하고 단차이가 발생하는 부분은 자연석 계단을 설치하여 정원을 조성할 수 있다. 또한 자연석을 단독으로 배치하는 방법도 있다. 자연석과 어울리는 관목 및 초화류를 함께 식재한다.

4) 포장

주동선(대문에서 현관까지)과 보조동선(산책길 등)의 포장 재료를 선택한다.

마당 포장 재료를 선택한다. 전체 잔디식재로 할 것인지, 공간별로 구분하여 다

그림 3-8. 다양한 포장사례 (자료: 뜨락이 있는 주택조경 설계집. 2010)

른 재료를 사용할 것인지 결정한다.

기존 주차장을 활용할 경우와 정원조성과 함께 새로 주차장을 설치할 경우 그에 따른 포장 재료를 선택한다.

정원에서 주로 사용하는 포장 재료는 잔디, 흙, 잘게 쪼갠 돌, 강자갈, 마사토, 콘크리트, 소형고압블럭, 판석, 나무, 점토벽돌 등 이 있다.

3.4 설계도

3.4.1 평면도

개념도를 토대로 정원설계도를 그린다. 보통 평면도라고 부르며 정원에 도입될 수목과 시설물의 종류 및 크기, 수량 등을 상세하기 표시한 도면을 말한다. 이때 부지가 크거나 수량이 많으면 식재평면도와 시설물 평면도를 구분할 수도 있다.

정원 설계를 손쉽게 그리고자 한다면 기본도를 바탕으로 모눈종이를 활용하거나 1m 간격의 격자를 설정하면 많은 도움이 된다. 수목이나 시설물의 크기, 간격, 배치, 거리 등을 쉽게 파악할 수 있기 때문이다. 정원의 형태는 사각형, 삼각형, 원형 같은 형태를 이용하거나 이를 기본으로 변형시켜 설계하면 이해하기 쉽고 시공이 용이하다.

평면도 그리는 순서를 간단히 정리하면 다음과 같다.

① 축척의 결정

② 도면의 위치결정– 축척이 정해지면 도면 위치의 구도를 잡는다.

③ 도면 테두리선 작도

④ 조경 대상지 경계선 작도–조경 대상지의 경계선을 그리고 방위를 표시하며 건물 등은 굵은 선으로 그린다.

⑤ 윤곽선 표현–조경 대상지의 구조물과 식재 계획에 대하여 경관의 모양을 구상하며 윤곽선으로 표현

⑥ 구체화 작도–경관 구성이나 수목의 배치, 시설물의 배치 등이 결정되었으면 구체적이고 세부적으로 작도한다.

⑦ 기재사항–식물 재료, 시설물의 명칭, 규격 품질 등을 기재하고 도면 오른쪽에 수목 수량표, 방위, 축척, 표제란을 기록한다.

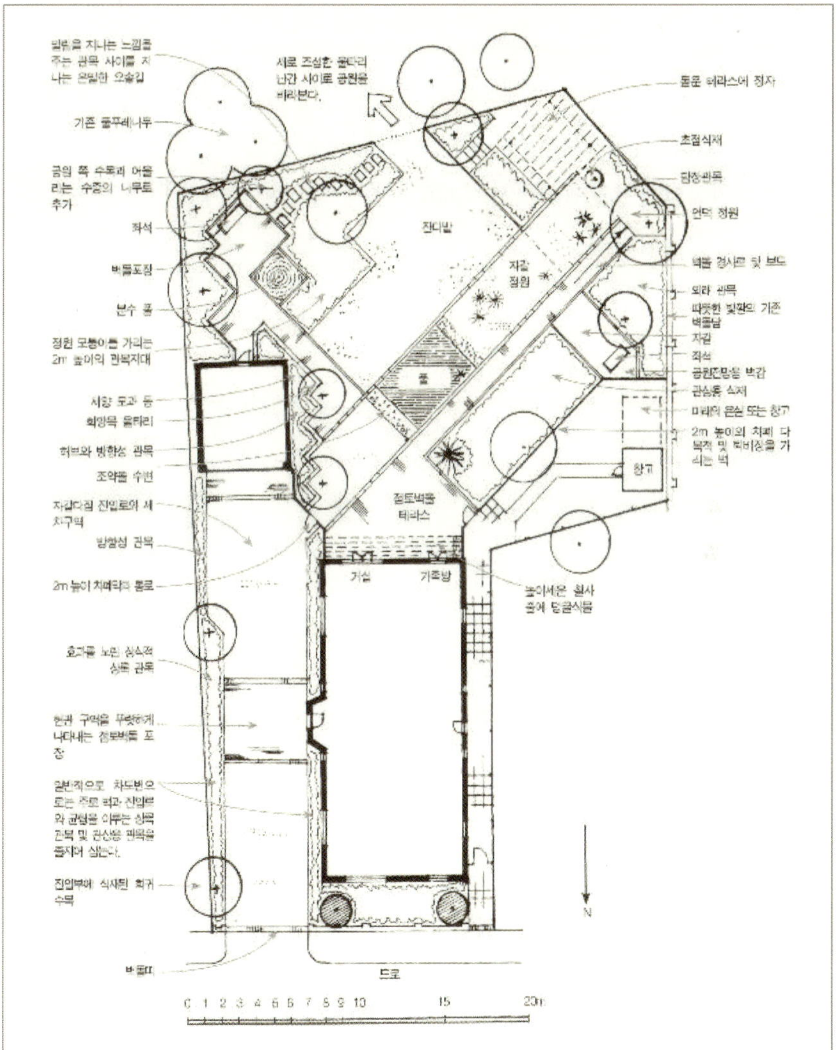

그림 3–9. 계획평면도 사례 (자료: 정원설계. 2011. 기문당)

3.4.2 단면도 및 측면도

평면도가 완성되면 정원설계도에 대한 이해를 돕기 위해서 단면도, 입면도, 측면도 같은 추가 도면을 그릴 수 있다.

단면도는 정원 전체의 일정한 위치를 수직으로 절단하였을 때 나타나는 면을 그린 도면이다. 정원의 평면도를 보고 조성될 정원의 지상부와 지하부의 시설물과 재료들을 단면도로 그린다. 이때 단면도 작성부위를 평면도에 반드시 기입하여야 한다.

도면이 완성되면 현장에 나가서 실제로 시공할 수 있는지 비교해 본다.

3.4.3 상세도 및 스케치

시공을 위해서는 수목식재, 시설물 설치, 포장, 연못 등 기반조성에 따라 상세도면 필요할 경우 첨부 한다.

정원의 주요 부분을 스케치하여 묘사하여 본다.

3.5 설계서 작성 및 평가

3.5.1 설계서 작성

평면도를 기준으로 설계 내역서를 산출한다.

산출된 공사비가 예산에 맞게 적절하게 배정되었는지 확인하고 만약 적정하지 않다면 설계변경을 진행하여 조절한다.

3.5.2 평가

정원주인의 의견이 적절히 반영이 되었는지 검토한다.
설계도면과 부지현황의 일치성을 점검하여 시공가능한지 검토한다.
주인의 최종 결정이 있으면 시공 준비를 진행한다.

3.6 여러 가지 정원 설계 사례

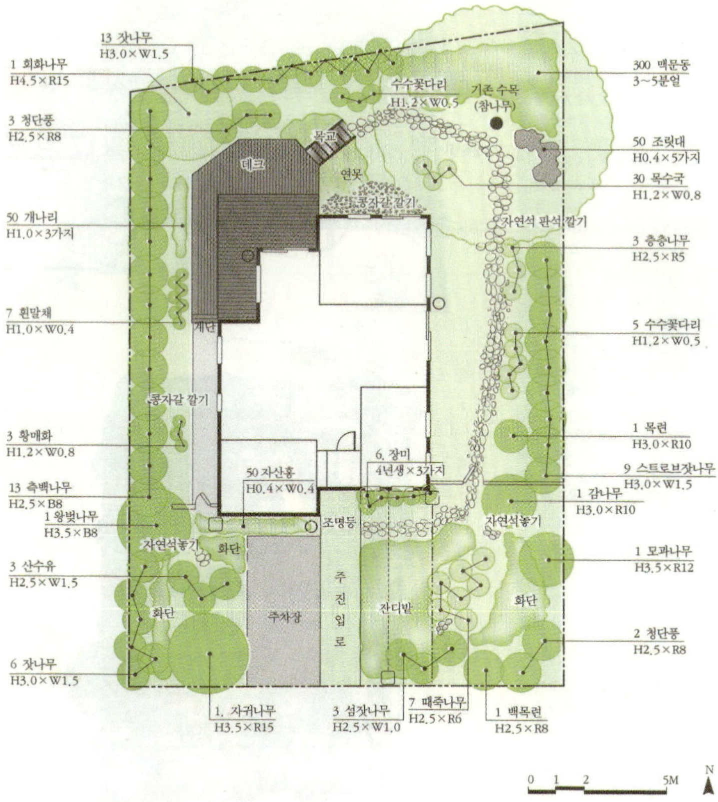

그림 3-10. 정원 설계 사례1 (자료: 정원 만들기. 2010. 일조각)

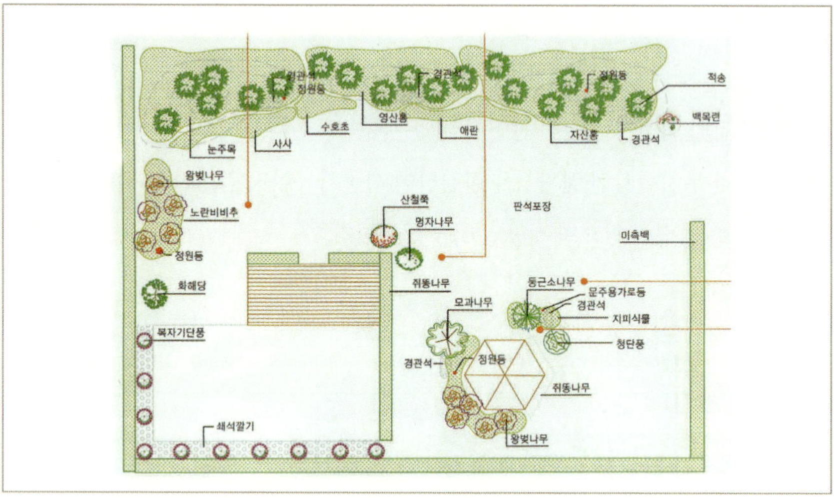

그림 3-11. 정원 설계 사례 2 (자료: 주택조경설계집. 2010. 주택문화사)

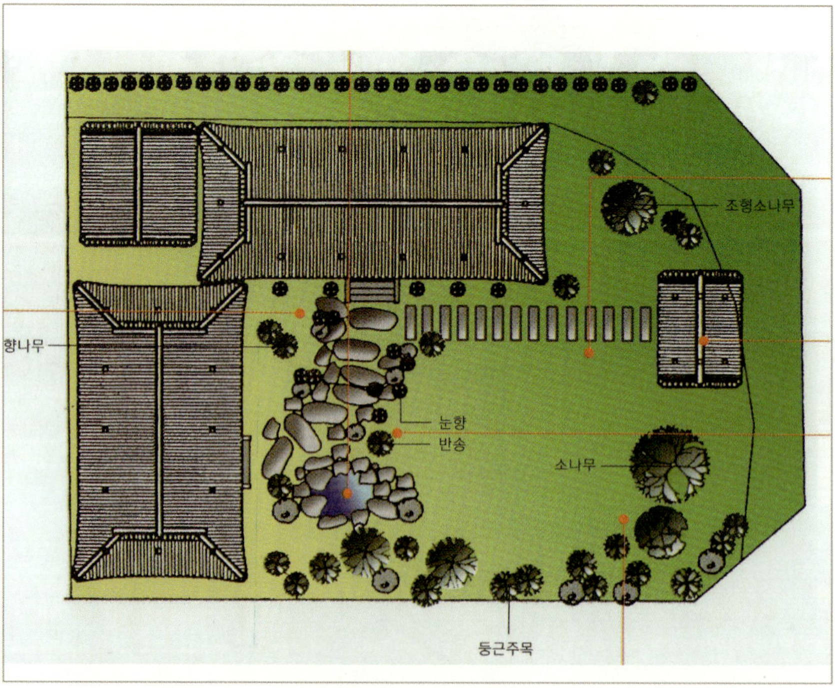

그림 3-12. 정원 설계 사례 4 (자료: 주택조경설계집. 2010. 주택문화사)

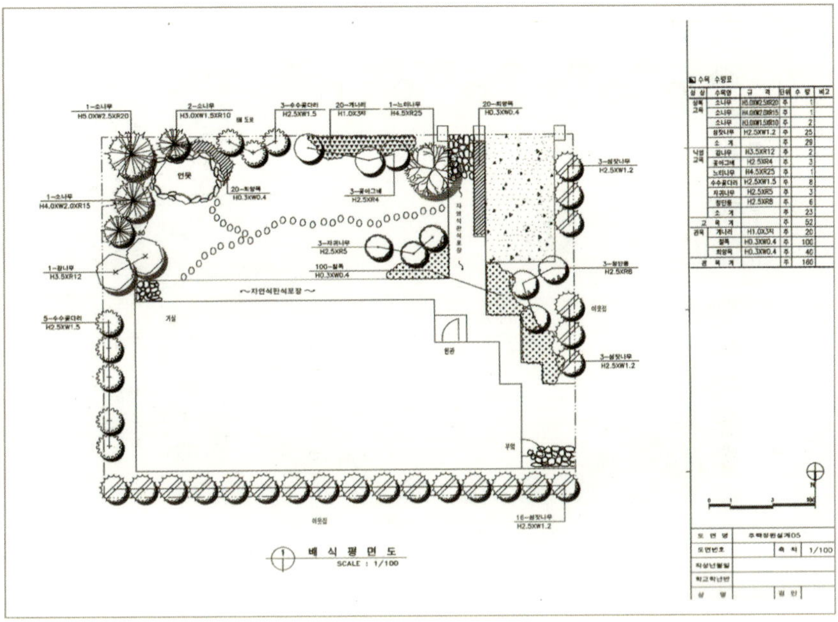

그림 3-13. 정원 설계 사례 (자료: 조경기능사문제해설. 2004. 기문당)

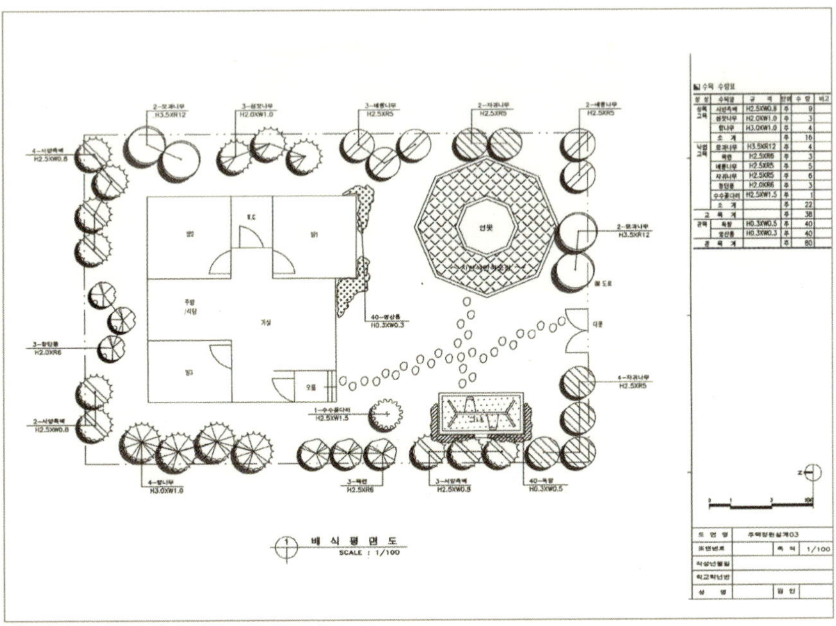

그림 3-14. 정원 설계 사례 (자료: 조경기능사문제해설. 2004. 기문당)

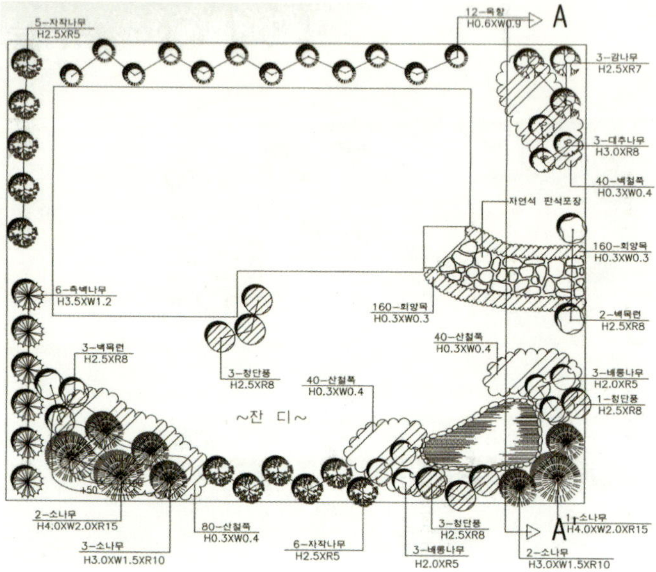

■ 수목수량표

성 상	수목명	규 격	단위	수 량	비고
	소나무	H4.0XW2.0XR15	주	3	
	소나무	H3.0XW1.5XR10	주	5	
	측백나무	H3.5XW1.2	주	6	
	상록교목 소계		주	14	
	대추나무	H3.0XR8	주	3	
	백목련	H2.5XR8	주	5	
	청단풍	H2.5XR8	주	7	
	자작나무	H2.5XR5	주	11	
	배롱나무	H2.0XR5	주	6	
	감나무	H2.5XR7	주	3	
	낙엽교목 소계		주	35	
	목향	H0.6XW0.9	주	12	
	산철쭉	H0.3XW0.4	주	160	
	백철쭉	H0.3XW0.4	주	40	
	회양목	H0.3XW0.3	주	160	
	관목 소계		주	372	

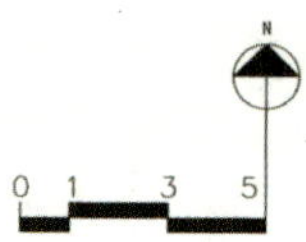

도면명	주택정원설계06		
도면번호		축척	1/100
작성일	2000,09,01		
성 명	홍길동	검인	

그림 3-15. 정원 설계 사례 (자료: 조경기능사문제해설. 2004. 기문당)

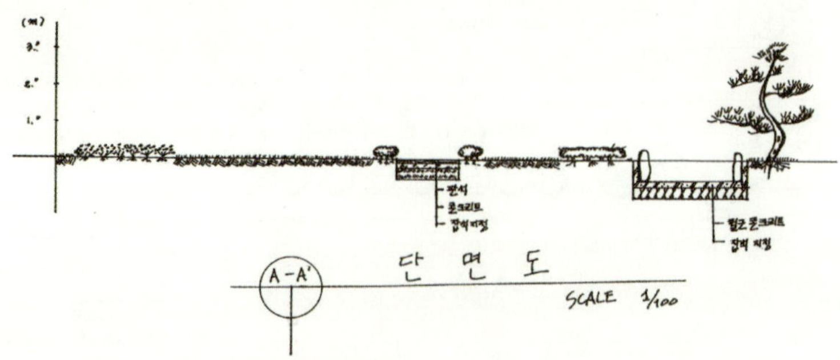

그림 3-16. 단면도 사례 (자료: 조경기능사문제해설. 2004. 기문당)

참고문헌

- 김상욱 역 (2011), 정원설계. 기문당.
- 이상석 (2010), 정원만들기. 일조각.
- 이심 (2010), 뜨락이 있는 주택조경 설계집. 주식회사주택문화사.
- 온형근 (2004), 조경기능사문제해설. 기문당.

정원수의 배식설계

김효경

조경미술연구소 차장, 전북대 이학석사

4.1 조경수의 기능

4.1.1 미적기능의 분류

■ 건축적 기능

휴식, 레크레이션 기능을 갖는 공간으로 차폐와 부분적인 섬광 조절을 통하여 사생활 보호와 광(光)을 조절하는 기능을 갖는다.

■ 환경 기능

정원에 식재된 수목은 광합성 작용을 통하여 이산화탄소와 오염된 공기를 흡수하고 산소를 내보낸다. 낙엽활엽수의 경우 그늘을 제공하여 인간이 활동하기에 쾌적한 환경을 조성한다.

■ 시각적 기능

보기 좋은 수형은 이용자들에게 시각적 즐거움을 주며, 관목과 초본류 등의 꽃과 열매는 흥미를 유발한다. 또한 실내에서 외부로 바라보는 경관을 매력적으로 만들어 주며, 시각적 초점이 되어 공간에서 지루함을 덜어주기도 한다.

■ 생산 기능

정원에 식재된 유실수는 수확의 기쁨을 일깨워준다. 또한 텃밭을 조성하여 기르기 쉬운 채소류나 과일 등을 재배하면 늘 신선하고 건강한 먹을거리를 손쉽게 얻을 수도 있다.

■ 교육 기능

식물의 생장과 곤충 등을 관찰할 수 있는 정원은 살아있는 자연교육의 장이 된다. 정원을 관리하면서 식물의 생리와 생장에 대하여 보다 많은 지식을 쌓을 수 있으며 환경에 대한 이해의 폭을 넓힐 수도 있다.

■ 정서순환의 기능

자연과 가까이 하면서 심리적 안정감을 찾고 정서적으로순화되어 스트레스나 긴장감을 해소할 수 있다. 식물을 통해 계절감을 느끼고 자신이 키운 식물의 생장을 보면서 만족감과 성취감을 얻을 수 있다.

4.1.2 이용상 기능의 분류

■ 생울타리 및 차폐용 수목

생울타리는 도로나 인접 가옥의 경계부위에 조성하여 침입이나 시선을 차단하는 효과를 나타내고, 차폐용 수목은 시각적으로 아름답지 못하거나 불쾌감을 주는 구조물을 은폐시켜주며 주어진 공간을 분할하여 특정된 영역을 형성함으로서 분할된 공간을 한층더 아름답고 아늑한 곳이 되게 하는 식재에 이용된다. 이러한 수목은 적당한 수고를 이루고 하지가 고사하지 않으며, 지엽이 밀생한 상록수가 좋다. 또한 맹아력이 강하고 건조와 공해에 대한 저항력이 있으며 보호와 관리가 용이한 수목이 이상적이다.

표4-1. 생울타리 및 차폐용 수목의 예 (자료: 조경수목학, 1989)

산울타리용		은폐용
양지바른곳에 적합한 수종	일조 부족이 되는 곳에 자라는 수종	
향나무, 가이즈까향나무, 가시나무류, 탱자나무, 화백, 편백, 삼나무, 측백나무, 꽝꽝나무, 덩굴장미, 명자나무, 무궁화, 개나리, 피라칸사, 회양목, 보리수나무, 사철나무, 아왜나무 등	주목, 눈주목, 식나무, 붉가시나무, 광나무, 비자나무, 동백나무, 솔송나무,광나무, 감탕나무, 회양목 등	소나무, 주목, 화백, 편백, 측백, 가시나무류, 비자나무, 아왜나무, 삼나무, 광나무, 사철나무, 금목서, 양버들, 향나무, 동백나무, 녹나무, 대나무류 등

■ 녹음용 수목

강한 일광을 조절하기 위하여 식재되는 수목은 녹음이 필요로 하는 계절에 상당한 그늘을 형성하고 겨울에는 낙엽되는 수종이라야 한다. 또한 사람의 머리가 닿지 않을 정도의 지하고를 유지하고 수관이 크며, 잎이 밀생한 수목으로서 병충해와 답압의 피해가 적은 수목이 이상적이다. 나무 가까이 접근해도 악취가 없고 가시가 없는 수종이면 더욱 좋다

– 느티나무, 버즘나무, 가중나무, 은행나무, 고로쇠나무, 물푸레나무, 벽오동나무, 피나무, 백합나무, 이팝나무, 칠엽수, 오동나무, 벚나무, 회화나무, 미루나무, 쪽동백, 녹나무, 층층나무, 팽나무, 멀구슬나무 등

■ 방풍용 수목

풍압은 풍속의 제곱에 비례하므로 풍속이 약간 증가해도 풍압은 현저하게 증대한다. 방풍용 수목은 강한 풍압에 견딜 수 있어야 하므로, 심근성이라야 하며, 지엽이 치밀하고 잘 부러지지 않는 성질을 가진 수종이어야 한다.

– 소나무, 곰솔, 가시나무류, 향나무, 팽나무, 삼나무, 후박나무, 동백나무, 솔송나무, 녹나무, 대나무, 참나무, 후박나무, 편백, 화백, 감탕나무, 사철나무 등

■ 방화용 수목

불꽃이 수목에 접근되면 잎에서는 약 30~60초, 가지에서는 수분(數分)사이에 수증기가 왕성하게 방출된다. 잎의 방출 유효수분은 함유수분의 40~50%, 가지는 30~40%가 된다. 400㎡에 약 26~46ton의 수목이 있을 때에는 목조 가옥군에 화재가 발생하였을 때 인위적인 소방력 없이도 연소방지효과를 발휘할 수 있다고 보고된 바 있다. 방화효과가 높게 나타나는 수목은 잎이 두껍고 함수량이 많으며, 넓은 잎을 가진 치밀한 수관부위를 이루는 상록수이라야 한다.

– 가시나무류, 녹나무, 동백나무, 아왜나무, 후박나무, 식나무, 사철나무, 사스레피나무, 굴거리나무, 후피향나무, 광나무, 금송, 은행나무 등

■ 방사 · 방진용 수목

호수나 강가 근처의 사지(砂地) 및 노면에 쌓인 모래나 미립자의 토양 이동을 막기 위해서는 토양을 굳힐 수 있는 수목을 선택하여야 한다. 방사와 방진효과를 얻을 수 있는 수목은 생장이 빠르고 발근력이 왕성하여 뿌리뻗음이 깊고, 넓게 퍼지며, 지상부가 무성하면서 지엽이 바람에 상하지 않는 수종이어야 한다.

– 눈향나무, 사철나무, 쥐똥나무, 동백나무, 보리장나무, 찔레나무, 해당화, 오리나무, 굴거리나무, 족제비싸리, 싸리나무류 등

■ 방설용 수목

눈보라는 풍속이 4~5m/sec 에 달하면 일어나기 시작하고, 이동량은 풍속의 3승에 비례할 정도로 많아지나, 눈보라와 같이 바람이 수반될 때에는 방설과 함께 방풍효과를 겸비한 수종이 요구되고, 적설량이 많은 경우 가지의 절손(折損), 수목의 도복(倒伏) 등에 저항력이 강한 수목이어야 한다. 방설용 수목은 그 지역의 기후의 적응력과 내한성이 강하고, 생장이 왕성하며, 눈의 무게와 풍압에 견디는 심근성 수종이 이상적이다.

– 소나무, 스트로브잣나무, 곰솔, 잣나무, 주목, 화백, 편백, 일본잎갈나무, 삼나무, 독일가문비, 참나무류, 물푸레나무, 히말라야시더 등

■ 방조용 수목

임해지는 토양의 고결과 척박, 비산에 의한 매몰, 강풍과 조풍(潮風), 염분의 축적 · 삼투 등 환경압이 높고 여러 가지 폐기물 등의 혼입으로 극히 나쁜 조건을 나타내는 지반을 형성하며 강염기와 강산 상태 등 식생에 불리한 환경을 이룬다.
이와 같이 식재환경은 내륙지방과 판이하게 다르므로 해풍과 염분에 대한 문제를 고려해야 하며, 해변근처에 생육할 수 있는 내염성과 내조성이 강한 수목을 선정하여야 한다.

– 소나무, 녹나무, 히말라야시더, 후박나무, 은행나무, 느티나무, 버즘나무, 음나무,

가중나무, 아왜나무, 광나무, 층층나무, 꽝꽝나무, 백량금, 산초나무, 참빗살나무 등

4.2 표현방법

4.2.1 낙엽수의 3가지 표현방법

■ **빠른 외곽선 표현**

- 수목이 완전히 성장했을때의 2/3~3/4 정도의 크기를 정한다
- 단순한 템플릿에 의한 한 개의 외곽선이나 또는 두 개의 외곽선이 빗껴나간 표현으로 할 수 있다.
- 흐린 보조선으로 외곽을 표시한 후 각이진 외형선이나 반원이 각에 의해 이용된 선으로 그릴 수도 있다.
- 흐린 외곽선을 따라 두 개의 물결모양선으로 그리거나 불규칙하게 부풀은 형상의 외곽선을 그리기도 한다.
- 하나의 흐린 보조선 주변을 프리핸드로 두 개의 외곽선을 빠르게 그린다.

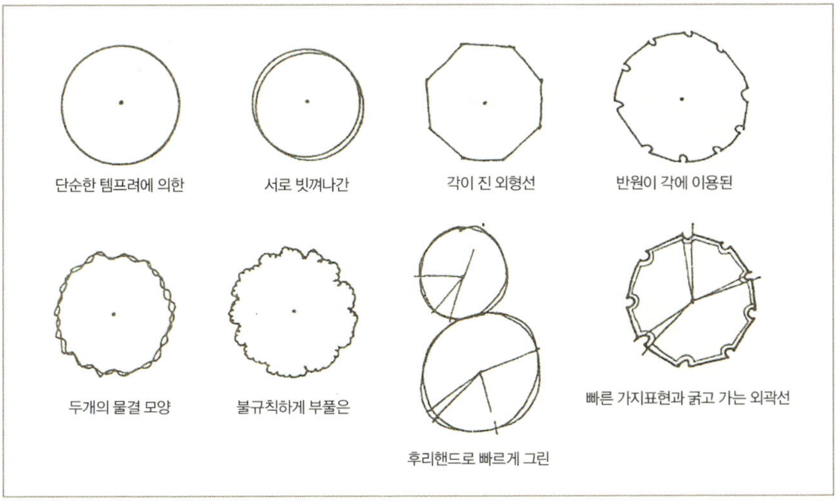

그림 4-1. 빠른 외곽선의 낙엽수 표현방법 (자료: 조경제도·표현II, 1994)

– 흐린 외곽선을 따라 빠르게 가지가 표현되고 굵고 가는 두 개의 외곽선을 그리기도 한다.
– W자형이 반복이용되거나 외곽선 주변을 물어낸 것과 같이 불규칙하게 그릴 수도 있다.

■ 잎의 질감에 의한 표현

– 수목을 위에서 내려다 본 표현으로 더욱 사실적이다.
– 흐린 보조선을 따라 잎을 반복하여 그려주고 구형을 나타내기 위해 그림자가 진 부분을 겹쳐 그리는 방법이 있다
– 흐린 보조선의 외곽선까지 굵은 가지만 표현한 후 부분적으로 잎을 그려나가는 방법도 있다.
– 어느 경우에든 잎의 표현은 꽃문양, 사각형의 연속문양, 점의 표현, 별문양, U자의 연결, 굵고 가는 선을 이용한 구겨진 형태, 원문양 등으로 표현 할 수 있다.

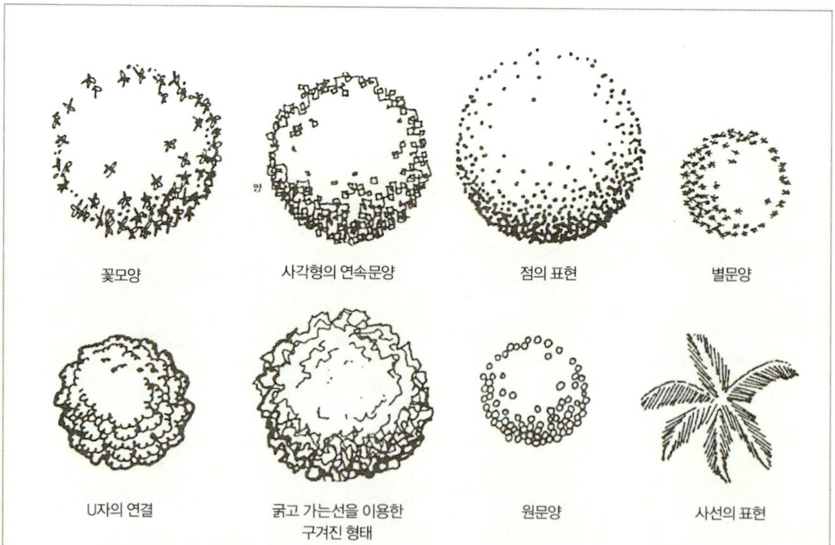

그림 4-2. 잎의 질감에 의한 낙엽수 표현방법 (자료: 조경제도·표현II, 1994)

■ 가지의 형태에 의한 표현

- 겨울의 인상을 나타내거나, 다른 수목 표현을 겹쳐 그릴 때 적당하다.
- 밑의 관목설명이나 다른 교목과 중복될 때에도 효과적이다.
- 대개 5개의 굵은 가지로 자연스럽게 구성한 후 외곽선으로 향할수록 가늘고 예각으로 나타낼 수 있도록 한다.
- 잔가지의 끝은 외곽선에 직각으로 닿도록하고 밀도가 높도록 그린다.
- 가지의 표현방법으로는 단순한 직선에 의한 방법, 각이진 선에 의한 표현, 번개모양의 표현, 완만한 곡선에 의한 표현, 불규칙적으로 울퉁불퉁한 선에 의 한 방법 등이 있다.

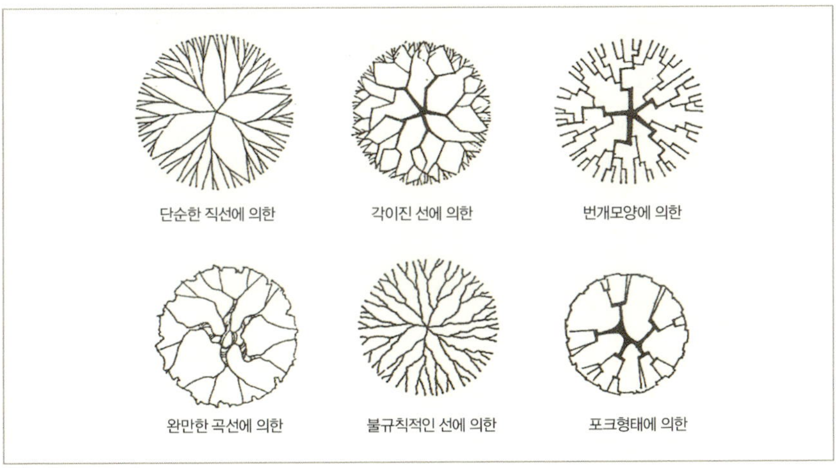

그림 4-3. 가지의 형태에 의한 낙엽수 표현방법 (자료: 조경제도·표현II, 1994)

4.2.2 상록수의 표현방법

■ 표현1

- 흐린 선으로 윤곽선을 그린 다음 중심점을 찍는다.
- 굵은 선으로 중심점에서 외곽선까지 4-5개의 선을 직각으로 긋는다.
- 가는 선으로 사이사이를 불규칙한 간격으로 외곽선까지 프리핸드로 긋는다.

■ 표현2

– 흐린 보조선의 윤곽선을 따라 연속적이고 불규칙적인 U자 형태를 그린 다음 중심점에서 윤곽선까지 긋는다.

– 또는 윤곽선을 따라깊고 얕은 U자형태를 그리기도 한다.

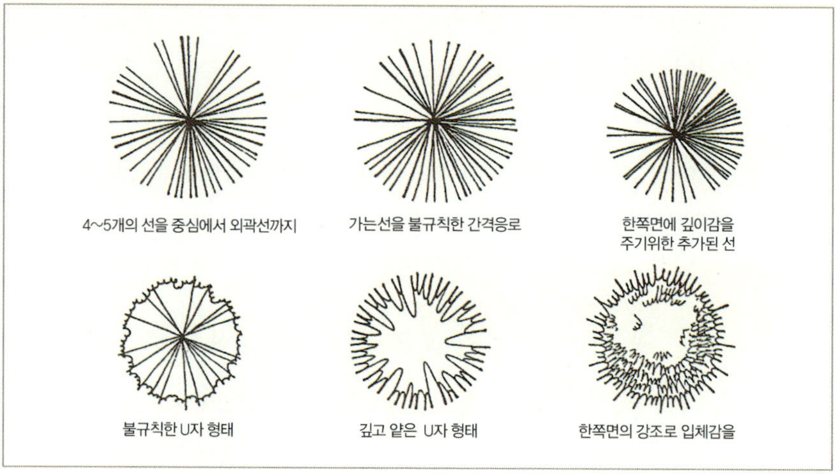

그림 4-4. 상록수의 표현방법 (자료: 조경제도·표현II, 1994)

■ 표현3

– 윤곽선을 따라 날카로운 U자형을 그린 다음 한쪽면에 더 많은 선을 표현하여 입체감을 나타낼 수 도 있다.

4.2.3 관목의 표현방법

■ 표현

– 흐린 윤곽보조선으로 원하는 양과 크기를 그린다.

– 윤곽선을 따라 굵은 외형선으로 그린다.

– 윤곽선이 각이진 선으로 표현되기도 한다.

– 윤곽선을 완만한 자유곡선으로 그리기도 한다.

– 두 개나 한 개의 불규칙한 곡선으로 마감할 수 도 있다.

– 상록과 낙엽의 표현은 교목에서의 표현과 같은 방법이다.

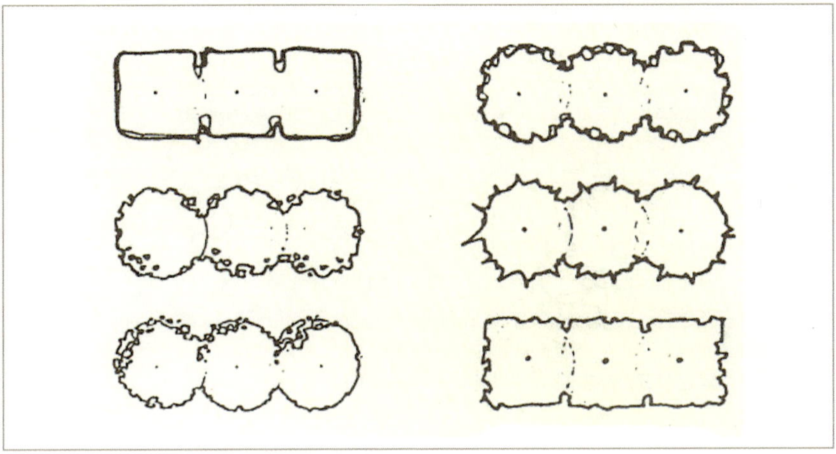

그림4–5. 관목의 표현방법 (자료: 조경제도·표현II, 1994)

4.2.4 수목의 겹침 표현방법

■ 표현

- 아래 관목의 표현은 수목과 같은 가지표현으로 하지말고 외곽선 표현으로 한다.
- 관목과 겹치는 부근의 교목가지표현은 그부분만 가는 선으로 하고 나머지 부분은 잔가지를 밀도 있게 그려준다.
- 교목과 관목의 표현은 너무 유사한 방법을 택하지 않는다.
- 질감과 가지표시로 된 관목은 교목과 함께 사용될 때 빽빽하고 복잡하게 나타나므로 피하도록 한다.
- 가능한 교목과 관목의 표현이 대비가 되도록 하여 두 가지 요소가 함께 설명될 수 있도록 표현한다.
- 상록끼리의 겹침에서는 겹치는 부분에서의 얕은 나무표현은 생략을 하여 입체감이 나도록 그려준다

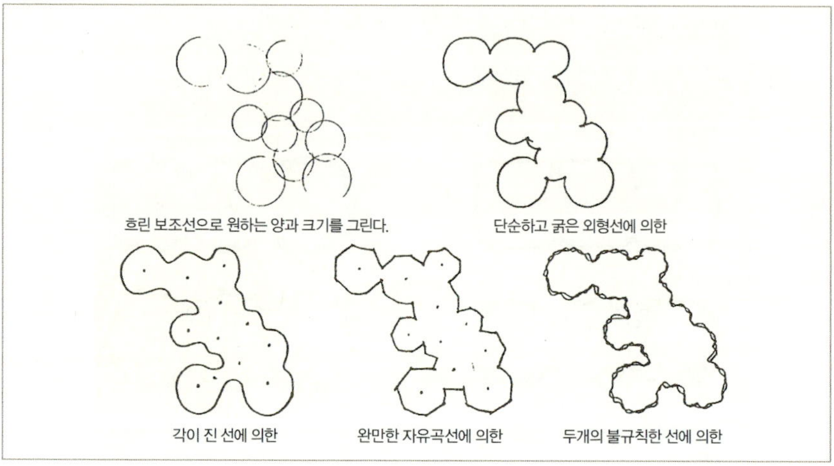

그림 4-6. 관목의 군식 표현방법 (자료: 조경제도·표현II, 1994)

4.2.5 그림자의 표현방법

■ 낙엽수의 그림자 표현

- 수목의 외관 형태와 같은 조건으로 보조선을 그린다.
- 그림자 공간을 채우는데 그 방법이 여러 가지가 있다.

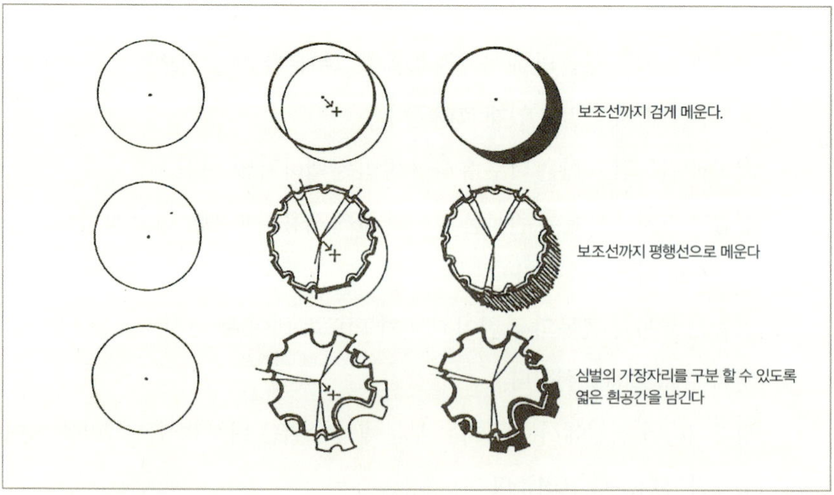

그림 4-7. 낙엽수의 그림자 표현방법 (자료: 조경제도·표현II, 1994)

– 우선 보조선까지의 평행선으로 메우는 방법.

– 교차선으로 메우는 방법

– 완전히 메우는 방법

■ 상록수의 그림자 표현

– 외관 형태와 같은 조건으로 보조선을 그린다.

– 그림자 공간을 채우는데 2가지가 있다.

– 침엽표시의 한계를 짓기 위해 원형보조선 내에 수관폭을 따라 한계선을 긋고 메우는 방법

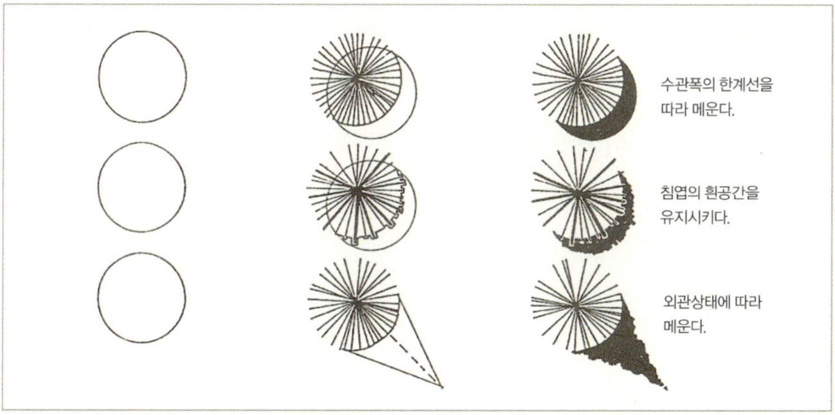

그림 4-8. 상록수의 그림자 표현 (자료: 조경제도·표현II, 1994)

그림 4-9. 마커와 색연필,파스텔 등을 이용한 수목의 평면 칼라링 사례 (자료: 조경제도·표현II, 1994)

그림 4-10. 수목의 칼라링 표현 및 평면 효과의 사례 (자료: 조경제도·표현II, 1994)

– 침엽 하나하나 마다 흰공간을 유지시키며 메워나가는 방법
– 외관의 상태에 따라 그림자에도 자연스럽게 표현한다.

4.3 심기기법

4.3.1 대칭형

원로 좌우에 흑송과 금송을 중심으로 한 기식수법을 대치시킴과 동시에 정원석(디딤돌)을 배치하여 흑송과 금송, 금송과 개비자가 대치되도록 한 배식 수법이다.

뒤쪽에는 산딸나무, 천선과나무, 무화과나무를 배경으로 하여 식재한다. 또 흑송, 금송의 아래에 죽절초, 자금우, 엽란, 은방울꽃, 애기나리, 머위 등의 내음성 지피식물을 식재하여 동양식정원이 되게 한다. 이외에 철쭉을 원로의 양쪽에 식재하여 봄이 되면 화사함을 곁들인다. 이 배식은 수목이 생육함에 따라 서로 잘 어우러져 자연스러움이 나타난다.

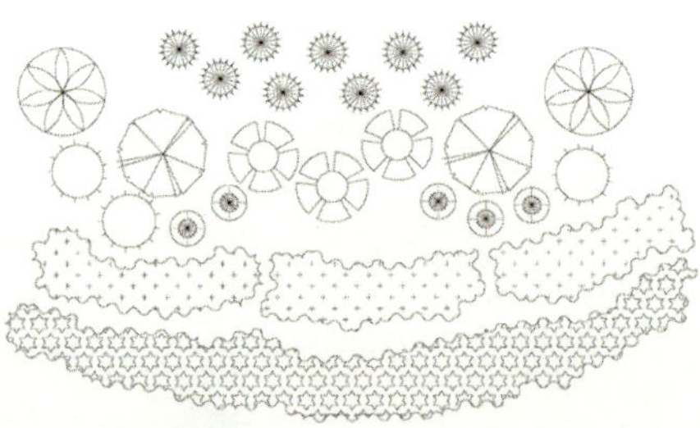

그림 4-11. 대칭형식재(자료: 조경배식의이해, 1998)

그림 4-12. 비대칭형식재 (자료: 조경배식의이해, 1998)

4.3.2 비대칭형

가운데는 가시나무, 상대편으로 단풍나무, 곁으로는 자목련, 앞으로는 철쭉, 향나무, 배경으로는 적송을 배치하는 수법으로 비대칭형 배식수법이라 할 수 있다.

4.3.3 램덤형

상층목으로는 편백, 화백의 침엽수를 비롯하여 상록 활엽수를 배치하고 중목으로 상록활엽수의 애기동백을 하목으로는 애기화백을 자유형으로 배식한다. 편백, 화백은 수형이 크고 부드러워 조경에 많이 사용되는 수종인데, 이 중 화백이 변종도 많고 수형이 다양하므로 편백보다 용도가 넓어 풍치림, 생울타리 등으로서 많이 사용되며 우리나라에서 편백은 추위에 약하므로 대구 이남의 남부지방에서 생육이 좋다고 할 수 있다.

그림 4-13. 램덤형 (자료: 조경배식의이해, 1998)

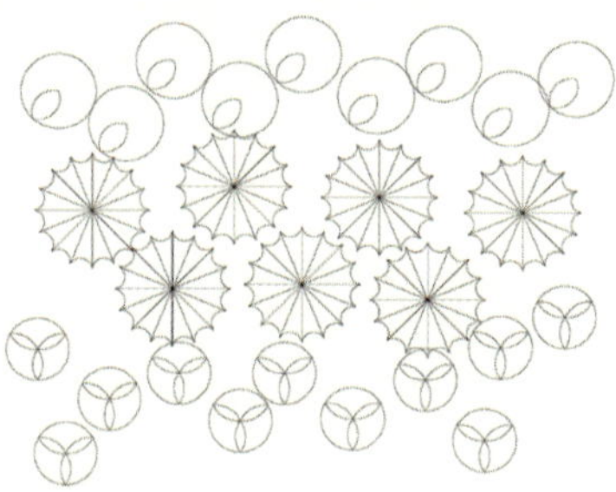

그림 4-14. 소나무형 주체 (자료: 조경배식의이해, 1998)

4.3.4 소나무형 주체

자연속에 있는 소나무림의 구성양식을 선택하여 식재에 의해 재구성한 예로 한국식 혹은 일본식 정원의 대표적인 배식 형태로 단순히 수목만으로 배식할 수도 있으나 수경관과 석재를 조합하여 조성하면 한층 더 동양적인 운치를 느낄 수 있다. 상목은 적송으로 하고 뒤쪽에는 상록성의 동청목을 주체로 밀식하여 배경이 녹색으로 형성되게 한다. 앞에는 매화오리, 사스레피나무를 분산시켜 심는다. 대체로 짙은 잎을 가진 상록수를 사용했기 때문에 어두운 느낌이 들므로 앞쪽으로는 철쭉을 심어 화사함을 느끼게 한다.

4.3.5 자연형과 인공형 수형의 대비

같은 수종이라도 전정 혹은 가지 정리하는 방법에 따라 인위적인 수형으로 만들 수 있으며, 이러한 행위가 전혀 가해지지 않은 그 수목 고유의 자연 수형은 형태적으로 전혀 달라 보는 사람으로 하여금 느끼는 정도도 확연히 달라지게 해준다. 여기에서는 이 점을 감안한 자연형 수형과 인공형 수형을 조합한 배식 예를 살펴 보았다. 중앙부의 원통모양의 큰 인공 수형과 그 양쪽모퉁이의 원추형 수형은 모두 금송이다. 가지를 다듬어 수형을 인위적으로 조작하기 쉬운 수종으로는 꽝꽝나무, 꽃치자, 철쭉 등이 있다. 뒤쪽의 넓은잎 삼나무와 고로쇠나무는 자연 수형으로 가꾼것을 사용한다. 좌우의 낮은 구릉이 되어 있는 부분에는 복숭아 등 대칭형으로 식재하여 전체의 경관을 유도하도록 하다 . 이외에 암석 주위에는 향기가 멀리까지 간다고 해서 불리워지는 천리향이나 양치류 등을 사용한다.

4.3.6 생장속도가 빠른 것과 느린 수종의 조합

배식할 때에 수목의 특성을 검토해야 될 사항은 매우 많지만, 그 수목의 생육속도가 빠르고 느린 정도를 아는 것도 매우 중요한 검토사항의 하나라고 할 수 있다. 수관 상하부가 겹쳐지는 경우 생장이 느린 것의 아래에 빠른 것을 심으면, 그 배식구조가 파괴되어 부적합하게 된다. 같은 종으로 나란히 심는 경

그림 4-15. 자연형과 인공형 수형의 대비
(자료: 조경배식의이해, 1998)

우와 정원 등에서 수목의 밸런스만 택해 식재하게 되는 경우에서도 수목의 생장이라는 사항을 고려하지 않으면 세월이 지남에 따라 배식의 균형이 파괴되는 경우가 종종 발생한다.

4.3.7 녹음 식재

수목을 배식할 때에 반드시 검토해야 하는 수목의 특성 중 하나는 수목의 내음성이다. 특히 건물의 북쪽과 같은 그늘지는 지역이나 상목이 있을 때 하목으로 식재해야 하는 경우에는 가장 중요한 사항이다.

4.4 배식설계

4.4.1 디자인의 원리

■ 형태

정원은 인공적인 건축공간에 자유곡선 형태의 식물을 배치하여 디자인하게 된다. 이러한 식물의 형태는 딱딱한 건축선을 완화시켜 공간을 부드럽게 해주는 역할을 한다. 그러나 지나치게 다양한 형태의 정원 요소들과 식물의 혼재는 오히려 무질서해 보이며 건축과 조화를 이루지 못하게 된다. 따라서 정원의 일부 요소는 건축물과 통일성을 갖는 형태로 도입하는 것이 바람직하다.

식물이 중심인 정원은 건축과 조화를 이루거나 식물간의 형태에 통일성을 줄 수 있는 디자인이 필요하다. 특히 정원의 다른 요소를 도입하지 않고 식물을 단독식재 할 경우 식물의 잎이나 가지, 줄기 등의 형태와 건축 공간의 인공적인 형태가 부분적인 통일성을 갖도록 하는 것이 좋다. 식물이 건축의 형태와 유사해 둘 사이의 통일성이 도드라지면 건축물의 형태가 더욱 강조되는데, 이와 어색하지 않게 정원

그림 4-16. 수목의 줄기는 건축물과 통일감을 주고 수간의 자연스런 형태는 건축의 딱딱함을 완화시켜 주어 조화를 이룸(자료: 실내·외정원디자인 2006)

그림 4-17. 잎이 작은 고운 질감의 식물들이 통일감을 주면서 색 대비로 조화를 이루고 있음 (자료: 실내·외정원디자인 2006)

에는 규칙적인 질서를 부여하도록 한다.

한편 건축물이 명확하게 인지되지 않는 정원에서는 식물이 전체 공간의 형태와 분위기를 좌우한다. 따라서 이런 공간에서는 식물이 건축의 영향을 적게 받기 때문에 설계자들은 몇몇 수종을 중심으로 형태의 기본 틀을 완성하면서 공간을 디자인해 나간다.

■ 색채

정원에서 식물의 색채는 녹색계통이 주조색을 이루고 강조나 대비의 효과로 난색 계통을 도입한다. 이러한 배색에 있어서 일정한 질서를 주었을 때 균형과 통일감을 줄 수 있으며 심리적 쾌감까지 불러 일으킬 수 있다. 식물배식에 있어서 색채의 질서를 찾기 위해서는 우선 적절한 면적의 비례를 찾아야 한다. 강조하는 색이 주변과 대비가 크고 지나치게 강조된다면 그 면적을 가급적 적게 하는 것이 바람직하다. 색상의 변화에 있어서 난색과 한색의 자극적 대비보다는 같은 난색이나 한색계통에서 명도나 채도의 차이를 주어 대비하는 것이 안정감을 준다. 색채는 단순히 색상만을 고려한 대비와 강조의 원리에서 벗어나 명도와 채도를 고려한 안정감 있는 색채의 조화와 통일감을 추구하는 것이 중요하다.

■ 질감

정원 조성시 도입되는 식물은 형태만큼 다양한 질감을 가지고 있다. 질감은 식물의 잎과 크기에 따라서 결정되며 이러한 질감의 차이는 대비나 강조, 통일감을 부여할 수 있는 중요한 미적 요소가 된다.

이러한 질감은 식물의 형태나 색채에 비해 시각적으로 덜 강조되어 디자인에 있어서 자주 결여되는 원리 중의 하나이다. 그러나 형태나 색채로 강조를 하고 질감으로 통일감을 주었을 때, 보다 안정적인 디자인의 형태를 찾을 수 있다.

질감은 위요된 정원 공간의 분위기를 좌우한다. 잎이 작고 고운 질감의 수종으로 조성된 정원은 차분하고 정적인 느낌의 분위기를 창출하며 반대로 잎이 크고 거친 질감의 수종으로 조성된 정원은 동적이며 불안정한 느낌을 준다. 따라서 일반 주택의 정원은 고운질감의 수종을 배경으로 하고 거친 질감의 수종을 독립식재하거나 강조식재로 활용하여 조성하는 것이 바람직하다.

4.4.2 전제조건

■ 식재설계는 공간별 수목의 기능적, 생태적, 심미적, 측면을 고려하고 환경친화적 설계를 위한 수목의 생태적 특성 및 수목간의 생태적 연관성에 대한 이해를 바탕으로 설계한다.

■ 설계대상지역의 토양 및 기후 등의 자연적 조건과 기존 식생, 각종 지하 매설물과 구조물, 토양의 오염상황 등을 포함한 식재여건에 대한 조사를 면밀히 하고, 부적기 식재에 대한 대비책을 수립한다.

■ 대상지내의 자생수목은 정밀조사 후 활용계획을 수립하고 지형조성공사 시행 전에 이식 · 보존하여 활용해야 한다.

■ 환경생태적으로 건전하고 지속가능한 개발을 유도하기 위하여, 수목은 주변 자연환경과 조화될 수 있어야 하며, 자연식생의 활용 및 보존을 적극 도입하여 조

성된 녹지공간이 친자연적 공간이 되도록 해야 한다.

■ 필요한 경우 조경공간은 독립된 생태계로서의 기능과 역할을 갖출 수 있도록 하며, 생태계 네트워크의 한 요소가 될 수 있도록 한다.

4.4.3 수목의 유형구분

■ 수목의 유형구분

수목은 자연적인 성상에 따른 기본유형으로 「교목/관목」, 「상록/낙엽」, 「침엽/활엽」, 「만경류」로 구분하며 식재설계를 위한 특수유형으로「조형목」과 「묘목」을 추가할 수 있다.

■ 교목

다년생 목질은 곧은 줄기가 있고 줄기와 가지의 구별이 명확하여 중심줄기의 신장생장이 뚜렷한 수목을 말한다.

■ 관목

교목보다 수고가 낮고 일반적으로 곧은 뿌리가 없으며, 목질이 발달한 여러개의 줄기를 이루는 수목으로서 줄기는 뿌리목 가까이 또는 땅속에서 갈라지며 주립상 또는 총상을 이루거나 중심줄기가 땅에 대고 기는 듯한 포복상의 수형을 나타내는 수목을 말한다.

■ 조형목

특정한 목적과 목표를 설정하고 전정 등 인위적인 방법으로 모양을 만들어 특수한 장소에 특수한 기능을 갖도록 식재되는 수목으로서, 성장과정과 식재과정 및 유지관리 과정에 일반수목과는 구별되는 특별한 수단이 필요한 수목을 말한다.

4.4.4 수목의 규격표시

■ 교목류의 규격표시

(1) 기본적으로 「수고(m)×흉고직경(cm)」으로 표시하며, 필요에 따라 수관폭, 수관의 길이, 지하고, 뿌리분의 크기, 근원직경 등을 지정할 수 있다. 근원직경으로 규격이 표시된 수목은 수종의 특성에 따른 「흉고직경–근원직경」 관계식을 구하여 산출하되, 특별히 관련성이 구해지지 않은 경우 R=1.2B의 식으로 흉고직경을 환산, 적용할 수 있다.

(2) 곧은 줄기가 있는 수목으로서 흉고부의 크기를 측정할 수 있는 수목은 「수고 H(m)×흉고직경B(cm)」 또는 「수고H(m)×수관폭W(m)×흉고직경B(cm)」으로 표시한다.

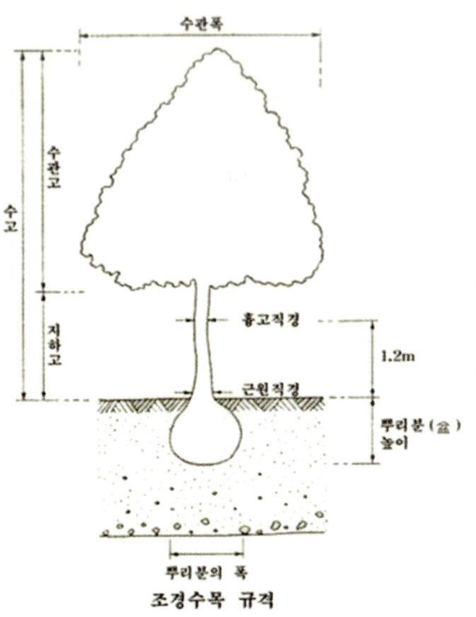

그림 4–18. 조경수목의 규격
(자료: 조경수목학 한국조경학회, 1989)

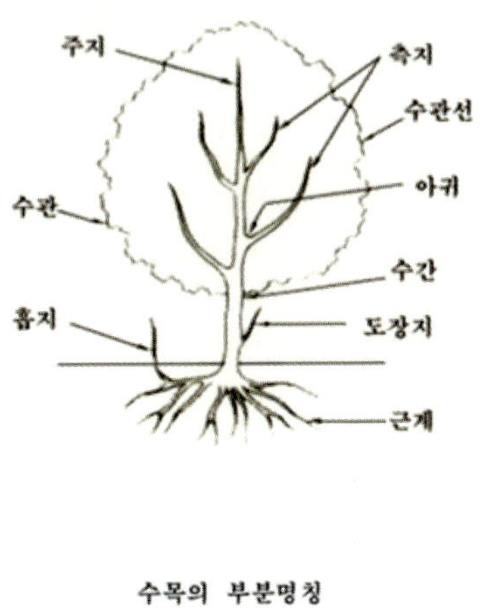

그림 4–19. 수목의 부분명칭
(자료: 조경수목학 한국조경학회, 1989)

(3) 줄기가 흉고부 아래에서 갈라지거나 다른 이유로 흉고부의 크기를 측정할 수 없는 수목은「수고H(m)×근원직경R(cm)」 또는「수고H(m)×수관폭W(m)×근원직경R(cm)」으로 표시한다.

(4) 주로 상록성 침엽수로서 가지가 줄기의 아랫부분부터 자라는 수목은「수고H(m)×근원직경R(cm)×수관폭W(m)」으로 표시한다.

■ 관목류의 규격표시

(1) 기본적으로「수고H(m)×수관폭W(m)」으로 표시하며, 필요에 따라 뿌리분의 크기, 지하고, 가지수(주립수), 수관길이 등을 지정할 수 있다.

(2) 일반적인 관목류로서 수고와 수관폭을 정상적으로 측정할 수 있는 수목은「수고H(m)×수관폭W(m)」으로 표시한다.

■ 만경류의 규격표시

(1)「수고H(m)×근원직경R(cm)」으로 표시하며, 필요에 따라「흉고직경B(cm)」을 지정할 수 있다.

■ 묘목의 규격표시

「수간길이」와「근원직경R(cm)」으로 표시하며, 필요에 따라 묘령을 적용할 수 있다.

■ 초화류의 규격표시

분얼로 표시하며 뿌리성장이 발달하여 뿌리 나누기로 번식이 가능한 초종에 적용한다.

4.4.5 식재밀도

■ 교목에 의한 식재밀도

교목의 식재는 성목이 되었을 때의 인접 수목간의 상호간섭을 줄이기 위하여 적정 수관폭을 확보한다. 이를 위한 목표 년도는 수고 3m, 수관폭 2m,의 수목을 기준으로 식재 후 10년으로 설정하며, 열식이나 군식에 적용한다. 열식 또는 군식 등 교목의 모아심기 표준 식재간격은 6m로 한다. 단, 공간조건과 수종에 따라 4.5~7.5m 범위에서 식재간격을 조정할 수 있다.

■ 관목

수관폭을 기준으로 20cm는 32주/m², 30cm 14주/m², 40cm 8주/m², 50cm 5주/m², 60cm 4주/m², 80cm 2주/m², 100cm 1주/m²를 표준으로 한다.

피복식재를 할 경우에는 표준겹침률 20%를 적용하되, 건물주변 등 중요한 지역에는 겹침률을 40%까지 상향 적용할 수 있다.

생울타리용 관목의 식재간격은 0.25~0.75m, 2~3줄을 표준으로 한다.

지피, 초화류의 식재간격은 0.14~0.2m, 식재밀도는 11~25본/m² 또는 25~49본/m²을 표준으로 한다.

4.4.6 식재설계

■ 전정(public area), 주정(private or living area) 및 측정(service area)으로 기능을 배분하며, 각 세부공간별로 기능에 맞게 설계되어야 한다.

■ 기초부분에는 관목류나 소교목류를 식재하여 건물 하단부의 거친 면을 가리도록 한다.

■ 전면부가 수목으로 건물을 지나치게 가리지 않도록 건물의 크기와 수목의 크기를 대비하여 적정한 수종을 선택하며, 식재지역이 음지인 경우에는 내음성이 강한 식물을 선발한다.

■ 외관상 보기 흉한 장소, 구조물 등을 은폐하거나 순화시키며, 필요한 경우 프라이버시가 확보되도록 한다. 각종 도입시설의 종류 · 위치 · 기능 · 규모 등은 주변 환경을 고려하여 결정한다.

참고문헌

- 김순자 · 김선혜(2006), 실내 · 외 정원 디자인, 도서출판 조경.
- 박인환 · 최상태(1998), 조경배식의 이해, 대우출판사.
- 심경구 외 11명(1989), 조경수목학, 문운당.
- 장태현(1994), 조경제도 · 표현II, 도서출판 조경.
- 한국조경학회(1999), 조경설계기준, 사단법인한국조경학회.

2장

정원 만들기와 재료

토양

선종성

조선대 시설관리처 조경총괄, 전북대 박사과정 수료

토양은 식물의 생육기반이기 때문에 식물이 건강하게 자라기 위해서는 토양의 입도, 투수성, 토양경도 등의 물리적 성질과 토양산도, 유기물 함량 등의 화학적 성질이 생육조건에 적합해야 한다.

이러한 조건이 갖추어지지 않으면 식물이 건강하게 자랄 수 없으므로 인위적으로 토양을 개선해 주어야 한다.

또한 인공 식재지반에서는 토양층의 깊이가 얕을 경우 식물생육에 지장을 초래하게 되므로 반드시 생존 및 생육을 위한 최소의 토심이상으로 토양층을 확보하도록 해야 한다.

5.1 토양의 성질

5.1.1 토양의 정의

토양은 암석의 풍화산물과 동식물의 유체가 혼합되어 기후, 지형, 생물 등의 작용을 받아 변화되어 특정한 층위의 단면 형태를 이루는 자연체로 엷은 층으로 지구표면을 덮고 있다.

토양은 공기와 수분을 알맞게 함유하고, 양분을 공급하고 기계적 지지 작용을 함으로써 식물생육의 장소가 되는 곳이다.

토양은 고유한 성질과 특성에 따라서 개별 토양으로 구분할 수 있다.

5.1.2 토양의 구성

토양은 고체(固相,solid component), 공기(氣相,air component), 물(液相,water compo nent)이 적적한 비율로 조성 되는데, 이것을 토양의 3상(三相)이라 한다.

고상 성분은 토양 광물입자와 유기물이다. 액상성분은 단순한 물이 아니라 여러 가지 물질이 녹아 있는 토양수로서 토양 용액이며, 기상성분은 토양공기이다. 이들 세 가지 성분이 알맞게 구성되어 있어야 식물생육이 좋다.

토양 삼상이 차지하는 부피의 비율은 상태에 따라 다르다. 유기물 함량이 많거나 경운하여 부드러워진 토양은 고상의 비율이 낮고, 다져진 토양은 높다. 기상 조건의 변화에 따라서 액상과 기상의 상대적 비율은 크게 달라진다.

부식이 많은 토양이나 토양입자가 서로 엉기어 입단으로 되어 있는 토양은 공극이 많아서 기상과 액상이 차지하는 부분이 커진다. 또한 점토분이 적고 모래가 많은 토양일수록 고상이 차지하는 비율은 커진다. 토양삼상의 비율은 식물 뿌리의 신장, 수분과 산소의 공급 등 식물생육과 중요한 관계가 있다.

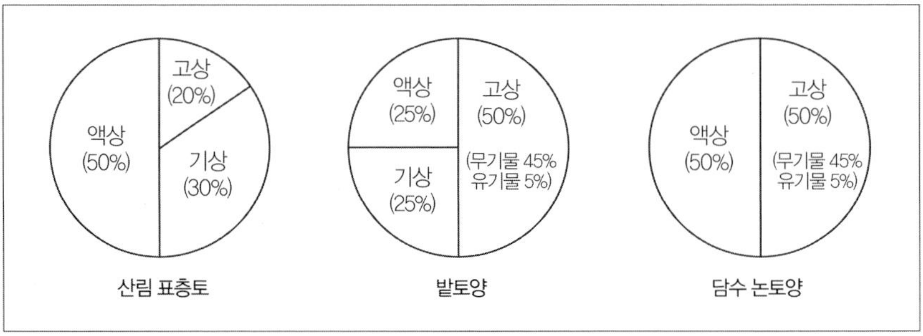

그림 5-1. 토양3상

5.1.3 토양층위

풍화 모재로부터 토양 생성작용을 받아 토양이 형성되면, 수직적 깊이에 따른 단면에서 어느 정도 명확한 층이 발달된다. 약어로 토층이라고 한다.

토층의 발달은 특히 배수가 잘 되는 토양에서 현저하다. 토양의 표층은 기후의 영향을 크게 받아 층위의 분화가 활발히 일어나며 유기물의 집적이 있을 때에는 더욱 활발하다.

토층은 크게 A, B, C층으로 나눈다.

A층은 표층토로 유기물인 섞인 층이며, 용탈이 일어나는 토층이다. B층은 집적층이며, C층은 모재층이다.

5.1.4 토양생성에 영향을 미치는 요인들

모재 : 화성암, 퇴적암, 변성암과 같은 주요 암석들이 풍화작용을 겪으면서 광물로 변환되며 최종적으로 토양을 구성하는 점토가 된다.
규소 함량이 높은 모재인 사암과 규암 그리고 입자의 크기가 굵은 암석인 화강암이 풍화되면 모래가 많은 사질 토양이 생성된다.
이들 사질 토양에는 활성이 낮은 석영이 많이 함유되어 있으며 염기성 암석의 풍화로 생성된 점토함량이 높은 토양에 비하여 비옥도가 낮다.
Ca, Mg 그리고 K의 함량이 높은 암석이 풍화되면 일반적으로 아주 비옥한 토양이 생성된다.

지형 : 지구의 표면의 높낮이, 기복, 굴곡 등 자연 그대로의 형태 지형은 융기와 같은 지각 작용, 물, 바람 그리고 빙하에 의한 자연 침식 퇴적 그리고 확산작용에 의해 생성 된다.

기후 : 기후 요인 중에서 온도와 강수현상이 토양생성에 큰 영향을 미친다.
온도와 물은 암석의 풍화과정에 직접 작용하기도 하며, 또한 식생과 지형에도 영향을 미쳐 간접적으로 토양생성에 작용한다.

식생 : 식물은 유기물의 공급을 통하여 토양생성과 발달에 기여한다.

시간 : 시간이 경과함에 따라서 토양에 기후, 식생, 지형 등 토양 생성인자들의 영향이 더욱 뚜렷이 나타나고 매우 특징적인 토양으로 발달된다.

■ **물리적 풍화** : 물리적 풍화작용은 암석과 광물의 화학적 조성은 변화시키지 않고 크기만 감소시키는 암석의 붕괴현상

1) 온도 : 가열과 냉각 : 암석의 불균일한 팽창과 수축
결빙과 해빙 : 암석 내부 균열 부분에 압력 생성
박리 : 암석의 표면층이 벗겨지는 현상, 결빙에 의해 촉진

2) 물 : 암석 표면을 때리거나 흘러가는 물에 의한 삭마작용

3) 빙하 : 빙하의 이동과정에서 암석 표면의 마모와 암석과 토양의 혼합 발생

4) 바람 : 삭마작용과 미세입자들의 운반작용

■ **화학적 풍화** : 암석 또는 토양이 일정한 화학적 변화에 의해 분해되거나 붕괴될 때 화학적 풍화가 일어난다.

1) 가수분해 : 물 분자가 반응물의 하나로 작용하는 복분해(複分解) 반응이다.

2) 수화작용 : 물 분자 자체가 직접 광물에 결합하는 반응이다.

3) 산 성 화 : 산이 생성되는 현상
(산은 1차 광물인 암석을 용해시켜 2차 광물의 생성을 유도한다)

4) 용 해 : 암석 또는 광물이 부분적으로 용해되며, 대개 산성화 작용과 관련된다.

5) 산 화 : 산소가 원소 또는 광물과 결합될 때 일어난다.
생성된 산화물은 원래 물질에 비하여 다른 물리화학적 특성을 가지게 된다.

■ **생물학적 풍화** : 미생물과 고등식물의 작용에 의해 암석 또는 토양 모재에 변화가 유발되는 과정이다.

■ **토양 유기물의 생성** : 미생물과 식물의 잔재들이 축적 분해되어 결국 토양유기물을 생성하게 된다.

5.1.5 토양단면

토양단면은 수평의 층위가 노출되도록 토양을 수직으로 절단한 것이다. 토양단면(그림5-2)은 다음과 같이 구성된다.

표 토 : 표토는 유기물이 물, 공기, 미생물, 식물영양물질 등과 함께 축적된 토양의 최상층부이다. 조경가는 집이나 건물주변의 공간 또는 상업지역이나 주거단지 내에 조성된 장식용 화분에 식물을 심을 때 그 생육매질로 표토를 이용한다. 표토를 "A"층이라고 부른다.

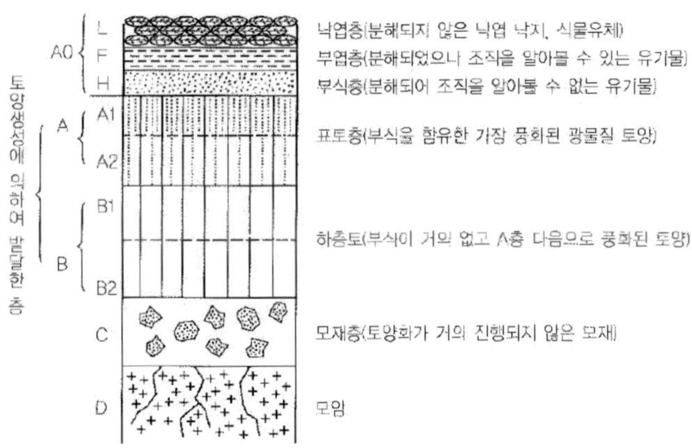

그림 5-2. 토양단면

하층토 : 표토 아래에 위치한 토층이며, 유기물과 영양소의 함량 및 미생물의 서식 밀도가 표토에 비하여 훨씬 낮다.

하층토는 비교적 이용하기 어려운 형태이지만 물과 양분을 예비로 저장하는 측면에서 중요하다. 하층토를 "B" 층이라고 부른다. 하층토는 다음과 같은 중요한 역할을 한다.

- 물을 예비로 저장 공급
- 식물의 큰 뿌리를 지지
- 건물부지 주변의 성토 재료
- 정화조 침출수 유실방지 재료
- 도로 건설 기반 자재
- 건설을 위한 성토 재료

모 재 : 모재는 토양생성의 시작단계에서 이미 부분적으로 붕괴되고 분해된 상태의 암석이다. 또한 이러한 모재층을 "C"층이라고 부른다. 모재층 아래에는 원래 암석층(R층)이 존재하며, 이 층도 풍화가 진행되면서 모재를 거쳐 결국 토양으로 발달한다.

■ 인공토양

지난 50여 년 동안에 중기계류의 생산과 함께 인간은 큰 용량의 흙을 쉽게 이동시킬 수 있게 되었으며, 이렇게 하여 지금 인위적으로 조성된 여러 가지 인공토양이 많이 존재한다.

도로개설을 위한 절토와 성토, 대형 건물과 주거단지의 개발, 채광, 매립 등의 과정에서 인공토양이 조성된다. 최신 기술을 이용하여 인위적으로 생성된 토양을 "기술에 의해 생성된 토양(technogenic soils)"이라고 부른다.

• 비산회(Fly Ash) –토양 대용제

화력발전소에서 발생되는 비산회는 지표 채광지역의 훼손 토지를 개량하는데 이용된다.

식물영양분과 중화능력을 갖춘 비산회는 표토 대용제로 활용하기에 적합한 물질 중의 하나이다. 비산회는 주로 마사 크기의 다공성 구형입자로 되어 있으며, 물을 흡수하여 식물이 흡수 이용할 수 있는 형태로 보존할 수 있다.

광산 지역의 훼손된 토양은 배수가 지나치게 잘 되므로 쉽게 건조해진다. 이런 토양을 개량하는데 비산회를 사용하면 토양의 물 보존기능을 크게 향상시킬 수 있다.

조경공사에 이용되는 비산회는(a)고농도의 붕소, (b)유기물의 부족, (c)높은 침식성, (d)유해원소인 비소 또는 셀레늄 함유 등의 문제점을 가지고 있다. 비산회의 이런 문제점은 붕소 내성식물을 심거나 아니면 붕소가 용탈되기까지 일 년 정도 기다려서 해결할 수 있으며, 유기물을 비산회에 혼합하여 사용하고 침식의 우려가 없는 평탄지에 사용하거나 적절한 침식방지 대책을 함께 사용함으로써 해결할 수 있다.

5.2 토양의 물리성

5.2.1 토성

정 의 : 토양은 모래, 미사, 점토 등 크기가 다양한 입자들로 구성되어있으며 토성은 이들 입자의 구성 비율에 따라서 토양을 분류한 것이다.

종 류 : 모래, 미사, 점토의 함유량에 따라서 다루어진다.

1) 모래 : 크기가 가장 크며 입자 지름은 0.05~2mm 거친 질감을 가지며 모양은 모난 구형 또는 입방체이다.
2) 미사 : 중간크기로 입자 지름은 0.002~0.05mm 모래와 점토사이 중간 정도 질감과 기타 특성을 가진다.
3) 점토 : 크기가 가장 작으며 입자 지름은 0.002mm이하 고운 질감을 가지는데 모양은 얇은 판상의 조각으로 보인다.

토성등급 : 모래, 미사, 점토의 함량을 알면 토성삼각도로부터 개별 토양의 토성을 결정할 수 있다.

5.2.2 토양 구조(배열상태)

1) 집괴 : 일정한 형태를 가지지 않지만 토양입자들이 함께 뭉쳐진 덩어리이다.
2) 괴상 구조 : 모양은 불규칙하나 대개 6면체로 되어 있다.
3) 판상 구조 : 판같이 편편한 모양을 가진다.
4) 원주상 구조 : 기둥모양의 구조 수평면이 둥글게 발달한 구조
5) 각주상 구조 : 기둥 모양의 구조이며 수평면이 평탄하고 각진 모서리를 가진다.
6) 입상 구조 : 둥근 입자모양의 구조
7) 분상 : 작고 둥근 다공성 입자구조

5.2.3 토양의 문제

5.2.3.1 산성토양

토양산도가 pH5.0이하인 강산성 토양에서는 칼슘(Ca)등의 염기 용탈이 심해져 양분이 결핍되고 토양생물의 활성이 감퇴되어 질소고정작용도 부실해지며 유해이온이 증가한다.

토양의 산성화는 강수로 인한 염기류의 용탈과 과다한 산성비료의 사용 때문이므로 석회질비료나 유기질비료를 사용하여 칼슘 같은 염기류를 보충해 주면 좋다.

토양의 산도에 대한 적용은 식물에 따라서 다른데, 철쭉류, 소나무류, 난 등은 산성토양에 잘 적응하는 식물종이다.

＊산성 선호 식물을 위한 산성토양의 조성

댕강나무, 진달래, 동백나무, 개오동나무, 감귤나무, 아욱메풀, 치자나무, 글라디올러스, 무궁화, 수국, 호랑가시나무, 노간주나무, 쥐똥나무, 풍나무, 인동나무, 목련, 홍가시나무, 참나무, 산딸기나무, 철쭉, 조팝나무, 버드나무, 등나무 같은 식

물은 산성 토양에서 잘 자란다.

– 토양반응이 충분하게 산성이 아니며 잘 자라지 못한다.

침엽수의 낙엽, 전나무 껍질, 옥수수 속대 등은 천연적으로 산성을 띠는 유기물이다.

5.2.3.2 알칼리성토양

알칼리성 토양은 해안지대의 임해매립지나 건조지대의 내륙지방에서 염류의 집적으로 중성이나 알칼리성을 띠는 토양을 말한다.

토양이 pH7.5이상으로 너무 높거나 나트륨(Na)이 우세한 양이온으로 되면 염류토양이 되어 수분이나 양분의 흡수가 저해되기 때문에 식물생장에 좋지 않은 영향을 끼치게 된다.

석고나 석회석 분말을 첨가하거나 황의 분말을 사용하여 개량할 수 있지만 과다한 비용이 들게 된다.

일반적으로는 물을 공급하여 배수를 좋게 하며 맹암거를 설치하여 배수시키면 토양 내의 과잉염류를 용탈하는데 효과적이다.

알칼리성 토양에는 내염성이 강한 이팝나무, 양버즘나무, 중국단풍, 팽나무 등을 심으면 좋다.

5.2.3.3 영양결핍현상

식물은 생육에 필요한 영양소를 토양으로부터 흡수하게 된다.

특히 질소(N), 인산(P), 칼리(K)같은 주요 영양소의 공급과 미량원소의 공급을 적절히 해 주어야 한다.

만약 이러한 영양소가 부족하거나 과다할 경우 이로 인한 피해가 발생할 수 있으며, 피해의 원인이 되는 영양소를 공급해 주거나 제거해 주는 등 적절한 조치를 해 주어야 한다.

5.2.3.4 토양의 무게(입자밀도)

토양 고상의 단위부피당 당 무게를 입자밀도라 한다.

대부분 일반 광물질 토양의 입자밀도는 약 2.65g/㎤ 이다.

유기질 토양(유기질 함량이 20% 이상)은 보통1.1~1.4g/㎤ 사이의 입자밀도를 가진다. 광물질 토양에 비해 약 반 정도이다.

5.2.4 토성의 변경

5.2.4.1 토성의 중요성

토성은 공기와 물의 공급측면에서 식물생장에 근본적으로 영향을 끼친다.

공기와 물이 토양 중으로 유입되는 과정(침투성 : infiltration)과 토양 중에서

이동과정(투과성 : permeability)이 얼마나 원활하게 일어나는 가는 매우 중요하다.

결과적으로 식물생장에 적합한 토양에는 적당한 통기와 배수를 위한 충분한 모래, 구조의 안정성을 위한 약간의 점토, 물과 영양분의 보유를 위한 상당한 양의 유기물이 함유되어 있어야 한다.

5.2.4.2 토양의 용적밀도

토양의 용적밀도는 고상과 공극을 합한 토양의 단위부피당 무게로 측정한 밀도이다.

– 용적밀도는 토양의 특별한 특성

* 토양 별로 용적밀도는 다음과 같다.

  사질 표토 1.2~1.88g/㎤

  식질 표토 1.0~1.68g/㎤

  하층 토양의 경우는 대개 2.0g/㎤ 보다 더 큰 용적밀도를 가진다.

* 기계 또는 쟁기나 삽 등의 도구를 이용하여 경운작업을 하면 토양구조가 느슨해져서 용적밀도가 작아진다.
* 공극 발달 정도는 토양 구조(토양입자의 배열)의 영향을 많이 받으며 용적밀도에 반비례 한다.
* 식물 뿌리는 토양 공극을 따라서 성장하며, 토양 내에서 공기와 물도 주로 토양 공극을 통해서 이동한다.

5.2.5 토심

토심은 깊이에 따라 다음과 같이 분류한다.

매우 얕다	25cm이하
얕다	25~50cm
적당하게 깊다	50~90cm
깊다	90~150cm
매우 깊다	150cm이상

5.2.5.1 토심의 변경

토심은 풍화과정이 진행되면서 토양이 발달할수록 깊어진다.

경사면에서는 표토가 쉽게 계속 유실되므로 토심이 얕으며 경사지 하단의 평탄지에는 경사면에서 유실된 토양이 퇴적 되므로 토심이 깊다. 토심이 가장 깊은 토양은 주로 퇴적현상이 많이 일어나는 하천주변에 분포한다.

5.2.5.2 토양층의 확보

조경수는 뿌리를 깊이 내리는 것과 얕게 내리는 것이 있어서 전자는 심근성수종, 후자는 천근성 수종이라 한다.

심근성 수종은 토양층이 깊은 곳에 식재해야 하고, 천근성 수종은 상대적으로 얕은 곳에도 식재가 가능하다.

교목은 관목류에 비해 큰 뿌리분을 붙일 필요가 있으므로 자연적으로 식재지의 토양의 유효심도가 깊어야 한다.

토양층의 깊이가 얕거나 인공지반인 경우에는 토양층의 깊이에 대한 제한을 받게 되는데, 이 경우에도 식물생존과 생육에 최소 심도를 고려해 식재하면 나무의 생

표 5-1. 식물생육에 필요한 토양의 최소심도

종 류	생존최소심도	생육최소심도
잔디·초본	15cm	30cm
소관목	30cm	45cm
대관목	45cm	60cm
천근성교목	60cm	90cm
심근성교목	90cm	150cm

육을 계속시킬 수 있다.

최소심도는 생육에 필요한 수분과 양분을 확보할 수 있는 동시에 근계의 생육이 가능한 깊이를 말한다.

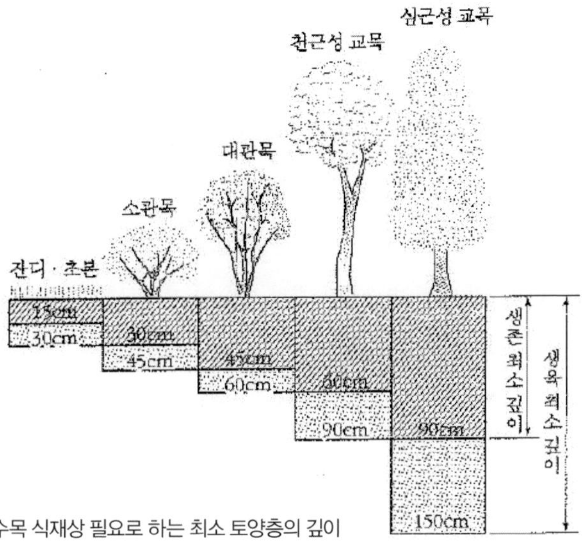

그림 5-3. 수목 식재상 필요로 하는 최소 토양층의 깊이

5.2.5.3 토심의 중요성

토심은 토양의 물과 양분 보유능력을 결정하는 요인으로 식물뿌리의 발달에 영향을 미친다. 토양의 물 함량은 토심에 따라 크게 달라진다.

물은 토심이 30cm, 60cm, 90cm라 하더라도 밑바닥 15cm 깊이 토양 중의 물함량은 전체 토심과 상관없이 거의 동일하다

5.2.6 토양 통기

호흡 : 식물을 포함하여 모든 생물은 에너지를 얻기 위해 호흡을 하며, 이 과정에서 산소를 이용하고 이산화탄소를 배출한다.

체내 유기영양물질 + O_2 → CO_2 + H_2O + 에너지

분해 : 산소는 또한 유기물의 분해과정에도 이용된다.

식물 또는 동물잔재 + O_2 → CO_2 + H_2O + 에너지 + ….

■ 토양 통기성의 중요성

기체는 농도가 높은 곳에서 낮은 곳으로 확산작용에 의해 이동한다.

토양 속에는 대기와 마찬가지로 질소, 산소, 이산화탄소 등의 기체가 존재한다.

토양생물의 호흡과 분해로 인해 토양 공기 중에는 대기에 비하여 산소는 적고 이산화탄소는 더 많다. 따라서 토양공기와 대기 사이의 기체교환은 건강한 식물 생장을 위해 중요한 요소이다.

통기가 잘되는 토양에서는 토양공기와 대기 사이의 기체 교환이 활발하므로 이산화탄소의 과잉축적이 일어나지 않으며 뿌리 기능이 정상적으로 유지된다.

건조한 토양에서는 이산화탄소와 산소의 이동이나 교환이 쉬우며 반면 수분함량이 지나치게 많거나 담수상태의 토양에서는 기체의 교환이 극히 불량해진다

■ 토양의 불균질성과 통기성

토양의 구조나 다른 특성들이 균질하지 못하므로 전체적으로 통기가 잘되는 토양이라도 그 내부에는 부분적으로 기체의 교환이 매우 불량한 곳이 있을 수 있다.

농기계나 차량의 빈번한 출입으로 부분적으로 토양이 다져진 곳이나 점토가 축적된 곳에서는 공극이 없어지거나 막혀서 통기가 불량해진다.

대부분의 토양에는 생물학적 활성이 높은 표토(A층), 점토가 축적된 하층토(B층) 그리고 기반암석으로 부터 최근 발달된 모재층(C층)이 존재하며, 이들 3가지 층위는 상당히 다른 특징들을 가지며 통기성도 크게 다를 수 있다.

■ 토양 통기성의 계절적 변이

강우량이 많은 계절에는 토양수분 함량도 높아지며 따라서 통기성이 불량해지면

서 토양공기 중의 산소 함량은 낮아지고 이산화탄소 함량은 높아진다. 반대로 건조한 계절에는 산소 함량이 증가한다.

▪ 고등식물과 미생물에 대한 토양 통기성의 영향

고등식물이나 미생물들은 뿌리성장, 물과 영양분의 흡수를 위해 산소를 필요로 한다.

통기성이 불량하면 독성물질이 토양에 축적되고 뿌리의 양분 흡수기능이 저해되어 비록 적당한 양의 양분이 토양에 존재하더라도 식물은 양분 결핍현상을 보이게 된다.

▪ 토양 다짐현상

토양이 다져지는 현상은 토양에 압력이 가해지면 언제든지 발생할 수 있다.
토양이 어느 정도 다져지는 지는

(1) 압력의 크기

(2) 압력 지속기간

(3) 압력이 가해지는 주기 등에 따라 결정된다.

• 토양 다짐현상의 예방

1) 젖은 토양을 갈지 않는다.

2) 토양 구조가 느슨하게 파괴된 상태에서 작업을 하지 않는다.

3) 가능한 한 토양이 건조할 때 조경관리 일정을 잡는다.

4) 식재 지역으로부터 멀리 떨어진 통로로 다닌다.

5) 크고 부드러운 저압력 타이어를 장착한 경량차를 이용한다.

6) 하중의 분산을 위해 토양 위에 두껍고 거친 피복 재료를 덮는다.

▪ 불량한 토양 구조의 개선

1) 다져진 토양은 건조할 때 파쇄하거나 깊게 갈고, 그 다음에 평탄하게 고른다.

2) 토양 구조를 개선하는 데는 유기질 재료를 첨가하는 것이 효과적이다. 토양온도가 높을수록 유기물의 분해가 매우 빠르므로 기온이 높은 지역일수록 유기물을 많이 투입해야 한다.

3) 토양을 더 보충해야 되는 곳에서는 원래 토양보다 더 거친 토성의 토양을 사용해야 한다.

4) 다져진 토양 위에 성토를 할 경우에는 미리 다져진 부분을 파쇄해야 한다. 그렇지 않으면 성토 후 토양의 통기성과 배수성이 나빠서 문제가 될 수 있다.

• **통기성 향상을 위한 토양개량**

대규모 토양의 통기성을 개량하는 것은 불가능하지만 화분용 토양은 개량제를 첨가하여 통기성을 개선할 수 있다.

토양 부피의 25~50%에 해당하는 양의 개량제를 첨가해야 효과를 볼 수 있으며, 모래를 이용할 때는 45% 이상 첨가해야 한다.

펄라이트나 버미큘라이트와 같은 무기재료도 통기성 개량제로서 효과를 볼 수 있다.

피트모스, 피트, 톱밥, 나무껍질, 분뇨, 퇴비와 같은 유기성 재료도 통기성 개량을 위해 토양에 처리할 수 있다.

유기물은 시간이 지남에 따라 분해 소실되는 결점이 있다.

질소의 부동화에 따른 식물의 질소결핍현상을 초래할 수 있으므로 유기물 시용시 질소 비료를 함께 처리해야 한다.

• **토양경운**

식물은 심기 일주일전에 깊게 경운하고 부식토를 섞은 다음 잘 혼합해야 한다.

즉, 식물이 잘 자랄 수 있도록 부드럽고 배수가 잘되며, 영양이 충분한 토양을 미리 마련해야 한다는 뜻이다. 경운에 필요한 도구 및 기계종류(삽, 경운기, 트랙터 등)

• 도구

둥근(막)삽, 쇠스랑, 경운기, 살수시설

• 재료

퇴비, 비료

• 경운의 주의사항

흙을 경운하기 전에 날씨가 맑은지, 토양의 수분은 적당한지를 확인해야 한다.

경운에 적합한 흙의 수분함유 상태: 흙이 지나치게 젖어있다면 적당한 상태로 건조시켜야하며, 지나치게 건조해서 흙이 단단하다면 물을 충분히 뿌린 후 무른 상태로 만들어서 경운한다.

흙의 수분함유 상태를 정확하게 측정하기 위해서는 함수율을 분석하여야 하지만, 간단하게는 손으로 흙을 쥐어 뭉쳐지고 부서지는 정도로 판단할 수 있다.

• 기존 수목 주변의 경운

이미 심어져 있는 수목주변을 경운할 때는 뿌리에 너무 가깝게 경운하여 뿌리가 잘리지 않도록 하고 지나치게 깊지 않게 해야 한다.

• 마른 점토질 흙의 경운

점토질이 많은 흙이 말라 있을 경우에는 경운이 쉽지 않다.

이 때는 경작하기 2~3일 전에 물을 뿌려서 충분히 흙을 적신다음 작업을 하면 쉽게 경운할 수 있다.

• 토양의 유출을 줄이기 위한 경운

표면이 단단하고 경사진 토양은 장마철에 비가 많이 오게 되면 쉽게 유출현상이 일어나므로 이에 따른 토양의 유실과 침식이 심해진다.

미리 흙을 일구어 표면을 거칠게 하면 표면수가 지하로 스며들 수 있으므로 토양의 유실과 침식을 방지하고 식물생육에 필요한 토양수분을 확보할 수 있다.

• 삽을 이용한 경운

삽으로 경운을 할 경우에는 둥근삽(막삽)을 사용하는 것이 좋다.

둥근삽은 끝이 뾰족해서 흙속으로 삽이 쉽게 들어갈 수 있도록 되어 있기 때문에 단단한 땅을 경운할 때 사용하며, 아울러 밑부분이 오목해서 흙을 효율적으로 퍼 올릴 수 있으므로 경운을 하는데 효과적이다.

또한 경운을 할 때 삽으로 흙을 파서 완전히 뒤집으면, 흙속의 잡초, 낙엽 등의 이물질이 토양 내 수분과 공기의 유통을 방해하게 되므로, 흙을 파서 옆으로 밀어놓는 것이 좋다.

• 깊게 경운하기

삽으로 깊게 경운을 할 때는 흙을 두층으로 깊게 파서 유기물과 흙이 적절히 혼합되도록한다.

– 화단의 흙 파기(경운)

넓이 30~50cm, 깊이 20~30cm 정도로 흙파기를 한다. 흙 파기의 규격은 작업자에 따라서 달라질 수 있다.

– 첫 번째 구획의 토양개량제 혼합

토양개량제를 깊게 파낸 곳의 흙과 혼합한다. 위층 터파기가 끝나면 토양개량제를 더한 후 아래층의 흙과 고르게 혼합되도록 삽으로 섞는다.

– 옆 구획의 흙파기

옆 구획의 흙을 파서 토양개량제와 혼합한 상태로 바로 전 구역의 흙 위에 올린다.

– 두 번째 구획의 토양개량제 혼합

토양개량제를 두 번째 구역의 흙과 혼합한다.

– 화단 전체 흙 파기 및 토양개량제 혼합

이러한 과정을 반복하면서 화단 전체의 흙을 토양개량제와 혼합하면서 경운한다.

5.2.7 토양 수분

▪ 식물생장과 관련된 토양수의 종류

- **영구위조점** : 습윤한 토양으로부터 물이 점차 제거되면 식물이 더 이상 물을 흡수 할 수 없어 완전히 시드는 상태
영구위조점 상태에서 토양에 남아 있는 모든 물은 매우 강한 힘으로 토양에 흡착되어 있어서 식물이 흡수할 수 없는 것이다.

- **포장용수량** : 포화상태인 토양을 방치해 두면 중력의 힘에 의해 일부의 물이 아래로 빠져 나간다. 2~3일 지나 배수가 거의 끝난 시점의 토양 수분 함량을 포장용수량이라 한다. 포장용수량은 중력보다 큰 힘으로 토양에 흡착 보유되어 있는 물이다.

- **중력수** : 토양은 포화상태 또는 물 과잉상태이며 포장용수량 이상의 물을 중력수라고 하며 중력의 작용으로 토양에서 쉽게 빠져나간다.

▪ 유효수분

식물이 흡수 이용할 수 있는 물은 영구위조점과 포장용수량 사이에 해당하는 물이며 유효수분이라고 한다.

토양수분 함량을 포장용수량 상태(식물이 물을 가장 많이 이용할 수 있는 수분상태)로 조절할 수 있는데, 토양을 물로 포화시킨 후 토양에 흡착 유지 될 수 없는 과잉의 물을 중력에 의해 배출되도록 하고 나면 토양은 포장용수량 상태로 된다.

■ 식물과 미생물에 대한 물의 영향

물은 식물의 많은 대사과정에서 필요하며 다양한 기능을 한다.

1) 식물이 생장과 번식을 위해 그들 스스로 식량인 탄수화물을 합성하는 과정인 광합성에 필요함.
2) 물은 영양분을 식물뿌리가 흡수할 수 있도록 용해시키는 용매로 작용
3) 식물체 내에서 영양분을 용액상태로 유지시켜 식물의 각종 조직과 기관으로 수송할 수 있게 한다.
4) 잎에 있는 기공을 통하여 증산되면서 식물체의 온도를 조절
5) 세포 내에 흡수되어 식물의 외형유지와 신초나 뿌리의 신장에 중요한 팽압을 유지하는 기능을 한다.

과잉의 중력수는 식물에 이용될 수 없을 뿐만 아니라 만약 3~4일 이상 토양에 중력수가 계속 존재하면 산소공급 부족으로 식물이 해를 입게 된다.
수문학적인 원리에 의하면, 이런 조건에서는 토양층과 모래 또는 자갈층 사이에 불연속 경계면이 생겨 정상적인 배수가 일어나지 못한다. 토양층이 먼저 물로 포화될 때까지 모래 또는 자갈층으로 물이 흘러 들어가지 않는다.
이런 결과가 되면 뿌리가 분포하는 토양층이 물로 포화되어 혐기성 상태로 되며 식물은 산소의 부족상태를 겪게 된다.

• 식재 또는 이식에 있어서 물의 중요성

1) 잔디파종
2) 교목, 관목 , 꽃의 식재

■ 토양 내의 물 이동

1) 모세관 이동 : 토양의 작은 모세관 공극은 식물이 이용할 수 있는 상당한 양의 물을 보유한다.

2) 포화 흐름 : 모든 토양 공극이 물로 가득 채워졌을 때, 물은 포화흐름에 의해 이동 한다.

3) 불포화 흐름 : 대공극은 공기로 채워져 있고 주로 모세관공극에 물이 채워진 토양에서 물은 불포화 흐름으로 이동한다.

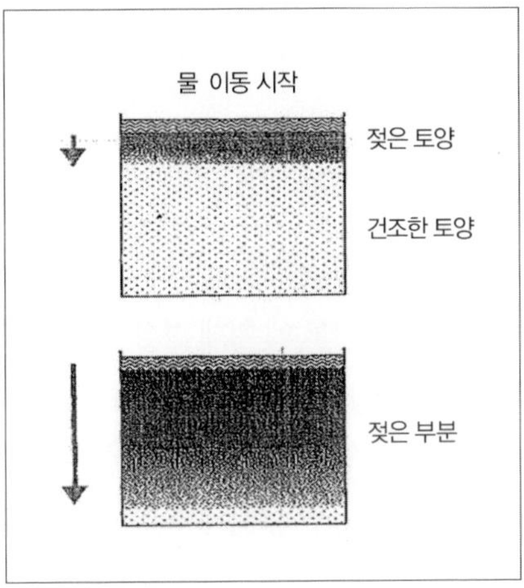

그림 5-4. 물의 포화흐름

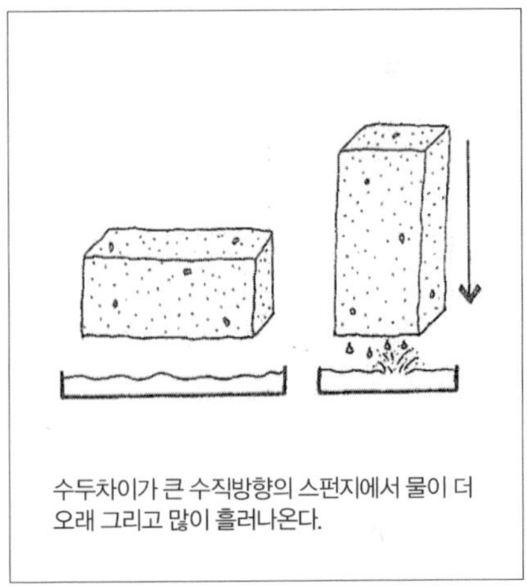

그림 5-5. 수두차이에 따른 물의 흐름

■ 토양의 인위적 배수

1) 암거 배수 : 지하 일정 깊이에 물을 빨아들이는 통로나 관로를 설치하여 배수 하는 방식

2) 건물주변의 배수 : 경사지 아래에 지하 벽이 있는 구조물을 건설할 경우, 토양 중의 물이 벽에 큰 압력을 가하지 않도록 배수시설을 갖추어야 한다.

3) 토양 내부 배수의 장점

■ 자연습지

어떤 토양들은 자연적으로 수분 함량이 매우 많은 습지상태로 존재하며, 소택(bog), 늪(swamps) 또는 습지(marshes)등으로 구분하나 지금은 통틀어서 자연습지로 분류한다.

습지는 산성광산폐수를 무독화 하여 정화시킬 수 있는 것으로 밝혀지고 있다.

5.3 토양의 화학적 특성과 식물의 생장

5.3.1 토양 반응(pH)

■ pH의 정의

토양 반응이란 토양이 산성, 중성 또는 알칼리성을 띠는지를 나타내는 것이며, 토양 속에 존재하는 산의 양(산도) 또는 염기의 양(알칼리도)에 의해 결정된다.

토양 반응은 pH값으로 표시하며, 다음 식과 같이 토양 중의 수소이온(H^+)농도의 역수의 로그 값이다. $pH = \log 1/[H^+] = -\log[H^+]$

중성인 순수한 물에는 산인 수소이온(H^+)과 염기인 수산이온(OH^-)이 각각 1×10^{-7}M씩 존재한다. 이 경우 수소이온의 농도 자체로 물의 반응을 표시하면 0.0000007 또는 간단히 표시해도 1×10^{-7}로 나타낼 수밖에 없다.

그러나 pH로 표시하면 간단히 7이라고 나타낼 수 있어 매우 편리하다.

중성 용액의 pH는 7.0이며, pH가 7보다 작으면 산성이고 7을 초과하는 pH는 알칼리성이다.

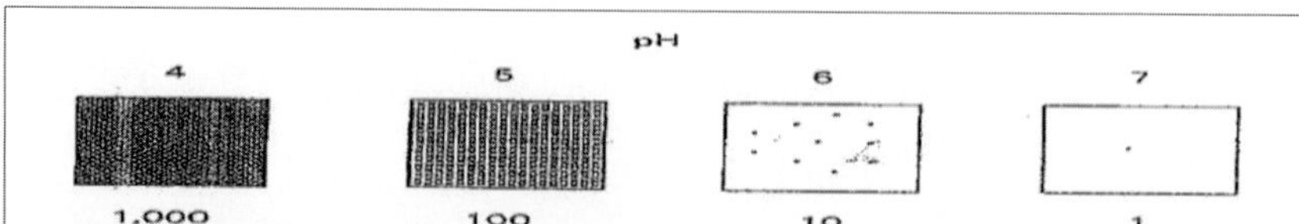

그림 5-6. 산도의 상대적 비교. pH는 수소이온 농도의 대수 값이므로 7의 산도를 1이라고 하면 pH 4의 산도는 1,000이 된다.

표 5-2. 토양 반응(pH)의 범주

토양 반응	pH 범주
극 산성	〈4.5
아주 강한 산성	4.5 – 5.0
강한 산성	5.0 – 5.5
중간 정도의 산성	5.5 – 6.0
약한 산성	6.0 –6.5
중성	6.6 – 7.3
약한 알칼리성	7.4 –7.8
중간 정도의 알칼리성	7.9 – 8.4
강한 알칼리성	8.5 – 9.0
아주 강한 알칼리성	〉9.0

▪ 식물과 미생물에 적합한 pH범위

어떤 식물들은 pH4.5 정도의 강한 산성 토양에서도 견딜 수 있으며, pH8.3의 알칼리성 토양에서 살 수 있는 식물도 있다.

그러나 대부분의 식물과 미생물이 성장하고 활동하는데 적합한 pH의 범위는 6과 7이다

표 5-3. 토양 반응(pH)의 범주

토양 pH	적응수종
4.0 ~ 5.5	호랑가시나무, 4.0~5.0 대왕송, 4.0~5.8 철쭉류, 진달래, 4.5~5.4 동백나무
5.0 ~ 6.0	때죽나무,배롱나무,수양버들,치자나무,태산목,느티나무,수국,나무딸기,소나무, 반송,곰솔,금송,독일가문비,전나무,삼나무,히말라야시다,편백,화백,유카
5.5 ~ 7.5	황매화,죽도화, 5.0~6.5 가시나무,꽝꽝나무,개나리 5.5~6.5 귤, 5.5~7.3 향나무류,측백나무류
6.0 ~ 7.0	덜꿩나무, 낙상홍, 벚나무, 산사나무, 백합나무, 명자나무, 쥐똥나무, 줄사철나무, 꽃아까시나무, 나무수국, 장미, 은행나무, 주목, 6.0~6.5 사과나무, 배나무, 복숭아나무, 포도나무, 감나무, 밤나무, 유자나무, 뽕나무

토양 pH	적응수종
6.0 ~ 7.5	양버즘나무,마가목,무궁화,매자나무,병꽃나무,인동덩굴,수수꽃다리,회양목,돈나무,소귀나무,아왜나무,포도나무,무화과,서양측백
6.0 ~ 8.0	회화나무,네군도단풍,오동나무,꽃개오동나무,아까시나무,은백양,등나무,댕강나무,칠엽수,녹나무,피라칸다

■ 토양 pH와 양분의 유효도

토양에서 식물 양분의 유효도는 pH의 영향을 많이 받는다.

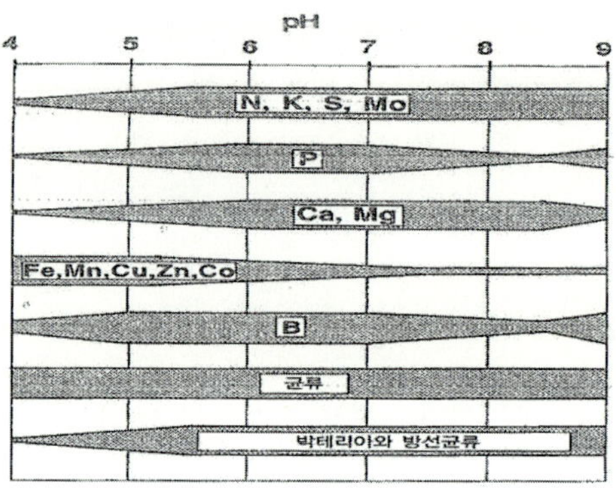

그림 5-7. 토양 pH에 따른 식물양분의 유효도. 식물에 대한 양분의 유효도와 토양미생물의 활성을 토양 pH에 따라서 막대의 폭으로 표시하였다.

- 토양에서 산을 생성하는 요인

알루미늄의 가수분해, 유기물의 분해, 관수와 용탈, 산성비료의 사용, 식물 뿌리의 작용 등을 통하여 산이 생성된다.

■ 알루미늄의 가수분해

토양 중에는 알루미늄 함량이 높으며, 알루미늄은 물과 반응하여 가수분해 된다. 결국 알루미늄이 가수분해되면 토양을 산성화 시킬 수 있다.

■ 유기물의 분해

유기물이 분해되는 동안 유기산이나 무기산을 포함하는 여러 종류의 산이 생성된다.

■ 강우와 관수에 따른 용탈

용탈은 토양에서 배수가 일어날 때 염기(+로 하전된 이온)가 물과 함께 제거되는 현상

강우량이 많은 열대지방의 토양은 대부분 이런 과정을 통하여 산성화 된다.

■ 산을 생성하는 비료

일부 비료의 경우 토양에 혼합했을 때, 해리과정이나 미생물에 의한 분해과정에서 H+이온이 생성된다.

H+이온은 그 자체가 토양을 산성화시키며 또한 염기의 용탈을 유발하여 토양 산성화를 촉진시킨다.

■ 식물 뿌리의 작용

식물이 양이온을 많이 흡수할수록 특히 뿌리 근처토양이 산성화 된다.

■ 화학물질 또는 화학비료를 이용한 산성 토양 조성

황, 황산철, 황산알루미늄, 황산, 암모늄 함유 비료

5.3.2 염기의 생성 요인

많은 식물들은 약산성 또는 중성 근처의 토양에서 잘 자란다. 그러므로 산성토양을 중성쪽으로 개량해야 하는 경우가 많이 생긴다.
토양은 석회첨가, 암석이나 점토의 풍화, 그리고 관수 등을 통하여 염기가 공급되면 중화될 수 있다.

- **석회첨가**
- **암석과 점토의 풍화**
- **관수**

5.3.3 건조지역에서 알칼리도의 교정

건조지역에서는 염을 외부로 씻어내기에는 강우량이 부족하므로 토양에 염이 축적될 수 밖에 없다. 토양에 염 농도가 높으면 식물이 시들고 생장이 억제된다.

- **염 류 토양** : pH7.0~8.5정도이며 나트륨 함량은 15% 이하이다.
- **나트륨 토양** : 나트륨 함량이 15% 이상이며 pH가 10에 가깝다.

5.3.4 토양산성화의 원인

토양의 산성화 : 수소이온농도의 상승으로 인해 알칼리, 알칼리 토금속이 상대적으로 감소하는 현상

원 인

– 산성암 풍화물이 주토양의 모재(母材)가 됨

- 집중 강우와 산성 빗물에 의한 염기류(알칼리 금속류)의 용탈(溶脫), 세탈(洗脫)
- 토양 생물과 뿌리의 호흡, 유기물의 분해로 생성되는 이산화탄소의 증가
- 침엽수의 낙엽에 의한 산성 부식물의 생성
- 황(S)함유 광물의 산화적 풍화작용으로 산의 생성
- 산성물질, 산성비료의 연용(연용)에 의한 산성물질의 집적

침엽수의 낙엽에 함유되어 있는 산성 부식물의 주성분은 테르펜(terpene)이다. 이 테르펜이 토양을 점진적으로 산성화 시킨다. 따라서, 소나무 재배지에서는 토양의 산성화에 따른 대책에 관심을 기울여야 한다.

산성 비료는 NPK 중심의 복합비료와 같은 화학비료를 가리킨다. 화학비료는 토양 중에서 질산, 황산과 같은 산성물질로 남아 있게 되어, 지속적인 화학비료의 사용은 토양의 산성화 촉진과 그에 따른 미량원소의 불용화를 일으켜 토양수명의 단축을 초래하게 된다.

덧붙여서, 화학비료를 부득이하게 사용해야 할 경우, 1년생 농작물용이 아닌 다년생 조경수용을 사용해야 하며, 재배목의 특성에 따라 N, P, K의 양은 조절되어야 한다.

즉, 개화와 결실이 이루어지는 조경수는 인산(P)의 비중이 중요하지만, 소나무와 같이 근균(根菌)의 형성이 중요한 조경수는 인산의 함량이 낮추어 주어야 한다.

그러나, 토양의 산성화를 막고 미생물 번식을 도울 뿐만 아니라 토양의 물리적 성질을 개선하여 공극률을 높이고자 한다면, 화학비료의 사용은 자제해야 하며 완전 발효된 퇴비를 사용해야 한다. 악취가 나거나 수분의 함량이 높은 퇴비는 오히려 해롭다.

참고로, 농작물용 비료를 시비하게 되면, 농작물에 맞춘 성분비료로 인해 나무가 많이 이용하지 않는 양분들이 토양 내 산성물질로 과다하게 집적되어 오히려 해롭다.

산림용 고형(고형) 복합비료는 속효성이며, 수목용 복합비료는 완효성이기에 비

료의 유효성분 용출기간이 약 3~4배 길고, 유실량도 적다.

소나무에 화학비료를 시비하는 것은 바람직하지 않다. 질소(N)는 줄기와 잎의 길이생장을 촉진하는 양분이다. 소나무는 병충해에 취약한 수종이며, 때문에 가지와 잎이 과도하게 신장 성장을 하게 되면, 세포의 연질화(연질화)가 이루어져, 즉 튼튼해야 할 세포 조직이 엉성하게 변하여 오히려 내병성과 내충성이 약화된다. 또한, 지나치게 도장한 줄기와 가지는 소나무의 관상미를 떨어뜨린다.

그림 5-8. 산림용 고형비료

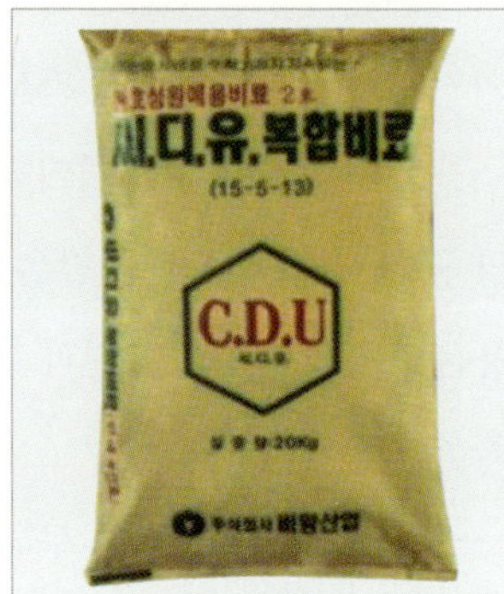

그림 5-9. 수목용 완효성 복합비료

5.3.5 산성 토양의 폐해

수목 생장에 대한 토양반응(pH 값으로 표시)의 영향도 미리 조사 검토할 사항의 하나이다.

우리나라의 토양반응은 극심한 산성, 알칼리성을 보이는 지역은 극히 적은 면적이나 전체적으로 약산성화 되어 있고 모재 등 지역조건에 따라 다소간의 차이가 있으므로 반응을 조사하고 수종(樹種)의 적합 pH를 적용시키고 석회자료를 시용하여 교정하는 것이 유리할 것이다.

토양 산성화의 폐해는 나무나 식물의 부적합 pH에 의한 직접적인 생장억제작용과 간접적으로 토양성질의 불용화로 구분된다. 토양성질로서는 산성화되면 인산, 칼슘(Ca), 마그네슘(Mg),칼리(K)등 염기의 용탈이 촉진되어 결핍을 초래하게 되며, 그와 관련하여 구조가 붕괴되어 공극률이 낮아지고 투수성, 통기성이 나빠지는 것을 들 수 있다.

또 산성 조건에서는 유용세균의 활동은 억제되므로 유기물의 분해, 유효 질소의 공급성 등이 억제되므로 토양산성화의 부정적 효과가 매우 광범위에 걸쳐 일어남을 유의해야 된다.

5.3.6 산성 토양의 개량

산성토양은 소석회, 탄산칼슘 등을 시용하여 pH를 높여 주어야하며 유기물 함량이 부족한 토양은 부숙 톱밥퇴비 등의 유기질 비료를 시용하여 토양 물리성을 개량하고 유기물도 보충 해주도록 해야 하며 그 밖에 질소, 인산, 칼륨 등은 시비량의 증감을 통하여 〈표5.5〉과 같은 목표치로 교정해야 한다.

산도 pH5.0이하의 산성토양에서는 토양중의 Al과 Fe등이 유효인산과 결합하여 인산결핍을 일으키기 쉬우며, 산도를 pH5.5~6.5범위를 개량목표로 서서히 교정시키되 석회를 과다하게 시비하면 철의 흡수가 되지 않고 잎에 황화 현상이 일어나 생장의 둔화를 초래하므로 토양산도와 토성에 따라 살포량을 산정한다.

또한 일시에 토양 pH 상승은 부작용이 발생할 수 있으므로 1회에 pH0.5씩 상승되도록 살포량을 조절하고 가급적 마그네슘이 함유된 입상소석회를 사용하며 살포전에는 반드시 전문가의 기술 지도를 받아 실시한다.

한편 토양산도가 pH7이상의 알칼리성 토양의 개량은 산 처리, 유황 등으로 산도를 교정해야 하나 식재수목의 피해가 있을 수 있으므로 반드시 전문가의 도움을 받아 개량해야 한다.

표 5-4. 토양 pH개량 비료의 알칼리 함량

종류	석회고토	소석회	생석회	용성인비	규산
함유성분(%)	53(고토15)	60	80	40~50	40

표 5-5. 토양 pH 1단위 중성화 석회량(kg/10cm/10a. 진 등, 1994)

토성	부식함량(%)			
	5이하(결핍)	5~10(풍부)	10~20(매우풍부)	20이상
사토	56	113	150~225	–
사양토	113	169	225~300	–
양토	169	225	300~375	–
식양토	225	281	375~450	–
식토	281	338	450~525	–
부식토	–	–	–	450~750

※ 석회요구량 산정방법

석회소요량 = C × (A−B) × D/10

- C : pH1을 중성으로 변화시키는데 필요한 탄산석회량
- A : 개량하고자 하는 pH(KCl)
- B : 개량 전의 pH(KCl), D는 개량할 토양의 토심

예) 부식이 있는 pH4.4의 토양을 pH5.4(토심 12cm)로 개량하고자 할 경우의 탄산칼슘량 : 225Kg × (5.4−4.4) × 12/10 = 270Kg/10a

표 5-6. 토양의 분석항목별 적정함량

분석항목	토성	산도 (pH)	유기물 (%)	전질소 (%)	유효인산 (mg/kg)	C.E.C (cmol+/kg)	치환성 양이온(cmol+/kg)				전기 전도도 EC(ds/m)	NaCl (%)
							K+	Na+	Ca2+	MG2+		
적정함량	SL ~L	5.5~ 6.5	3.0 이상	0.25 이상	60~ 200	12~ 20	0.25 0.50	0.10~ 0.50	2.50~ 5.00	1.50 이상	0.40 미만	0.05 미만

■ 우리나라 토양의 상황

* 연도별 밭 토양의 화학성(평균)

(농과원, 1999)

연도	pH(1:5)	유기물 (g/Kg)	유효P_2O_5 (mg/Kg)	K	Ca	Mg
				(Ex. cmol+/Kg)		
64-68	5.7	20	114	0.32	4.2	1.2
76-80	5.9	20	156	0.47	5.0	1.9
85-88	5.8	19	231	0.59	4.6	1.9
92	5.5	24	538	0.64	4.2	1.3
97	5.6	24	577	0.80	4.5	1.4

* 연도별 시설재배 토양(평균)

(농과원, 1999)

연도	pH(1:5)	유기물 (g/Kg)	유효P_2O_5 (mg/Kg)	K	Ca	Mg	염
				(Ex. cmol+/Kg)			(dS/m)
76-79	5.8	22	811	1.08	6.0	2.5	-
91-93	6.0	31	861	1.07	6.9	1.9	1.9
96	6.0	35	1093	1.27	6.0	2.5	2.9

화학비료의 과다 사용으로 인해 산성 토양의 개량이 안 되고 있으며, 인산은 과잉상태이다. 하지만, 앞에서 보았듯이 산성토양에서는 인산의 유효도가 떨어진다. 참고로, 인산은 미생물에 의해 용해되며, 미생물의 대표적인 예가 소나무의 공생균이 된다.

공생균은 토양 중 인산을 용해하여 소나무 뿌리로 공급한다. 인산은 실제로 동물에게 해로운 성분이며, 토양 내 인산의 함유량이 높게 되면 공생균의 발생이 억제된다.

그리고, 시설 재배지에서는 염류의 집적도가 높아지고 있다.

■ 조경 수목 식재지의 문제점과 대책

대규모의 신도시 조성, 매립지 등에서는 건축부지와 식재기반 조성을 위해 필요한 흙을 외부에서 반입하는 경우가 많다. 이때 사용되는 흙은 주로 인근 산에서 굴착기를 이용하여 채취하거나 공사장 터파기에서 나오는 것이 대부분이다. 따라서 양분의 보고인 유기물층과 표토층이 대부분 제거되고 토양구조가 파괴되며, 모래가 많이 섞인 심토층과 풍화가 덜된 단단한 모재층이기 때문에 산림토양과 달리 토양의 물리성과 양분조건이 좋지 못하다. 또한 식재기반을 조성하면서 중장비로 매립하거나 복토하여 토양답압이 되고, 특히 건물 주변에서는 공사할 때 발생하는 여러 가지 이물질이 혼입될 가능성이 많아 자연토양과는 다른 복잡한 양상을 가진다.

대단위 신도시 건설이나 매립지는 과거 논과 밭 등 경작지였던 곳에 가로수 또는 조경 수목을 식재하는 경우가 많아 배수불량으로 인한 수목생장이 불량해지는 경우가 많다.

질적으로 낮은 위치에 있거나 지하수위가 높아 토양이 과습하여 수목생장이 불량해지는 곳도 적지 않다.

과습한 토양에서 자라는 나무는 잎이 누렇게 변하면서 마르고 어린가지가 고사하며, 겨울철 동해피해를 받게 된다. 또한 하천물이 범람할 때 생긴 하상부지 토양이나 각종 공사 시 발생되는 건축폐자재 등에 오염되어 알칼리성 토양이 많이 나타나는 곳도 있어 결국에는 수목의 활력을 떨어뜨리고 고사에 이른다.

한편 식재기반 조성과 수목식재를 담당하는 주체가 서로 달라 여러 가지 문제점이 발생하기도 하는데, 대부분 식재기반 조성은 토목공사를 담당하는 부서에서 실시하고 수목식재는 조경담당 부서에서 토양에 대한 정보를 알지 못하는 상태에서 작업이 이루어진다. 최근 조성되는 곳은 논이었던 지역, 해안매립지 등 근본적으로 수목이 잘 자라지 못하는 환경인 곳이 점차 많아지고 있다.

공사할 때 발생되는 이물질이 섞이거나 외부에서 반입되는 흙이 오염되어 수목생장에 나쁜 영향을 미치는 경우도 생긴다.

이런 토양의 문제점을 수목식재 할 때 알게 되어 추가 복토나 치환토로 인해 식재

시기가 늦어지거나 수목이 반입된 상태에서 장기간 가식했다가 식재하는 경우도 발생하기 때문에 하자 발생률이 높아져 손실을 입게 된다.

따라서 수목을 식재하기 전에 식재지에 대한 토양조사를 반드시 실시하고 식재 기반조성은 지표면에서 1m만이라도 조경담당 부서에서 실시하는 방안의 검토가 필요하다.

조경설계 시 식재지의 토양분석을 의무화하고 그 결과에 따라 대책이 적극적으로 명시될 필요성을 느낀다. 대체로, 한국에서는 토양개량 비용이 조경계획 단계에서부터 조경시공비에 포함되어 있지 않기에 이와 같은 현실의 근본적인 문제점을 되짚어 보게 된다.

그동안 실시되어 온 많은 조사연구 및 결과들은 조경수 식재 후 수세약화 및 고사의 절대적인 원인이"부적절한 토양환경"에 있었음을 밝혀주었기 때문입니다.

물론, 토양 분석과 토양개량은 조경수 재배가 이루어지는 경작토양에서도 역시 중요한 점이라고 생각합니다. 비배관리, 병해충관리에 앞서 근본이 되어야 할 일은 "토양분석과 산성토양의 개량"이라고 생각합니다.

■ 조경수 토양에 대한 이해

조경수 토양은 토양 분류체계(생성론, 형태론)에 있어서 특정부류에 속하는 것은 아니며 토양을 형식이나 재배 식물의 종류에 따라 일반적으로 분류하는 밭 토양, 수원지(과수, 차나무 재배지)토양, 산림토양 가운데 조경수가 별 문제 없이 재배될 수 있는 토지의 토양에 대한 지침이 될 것이다.

따라서 조경수 전반이나 나이, 모재, 지형, 기후조건의 차이에 따라서 지역 토양의 적합성을 검토하여 선정하거나 개량의 내용을 결정하게 된다.

일반적으로 조경수는 다년생으로서 일년생 보통 작물에 비하여 적합성의 범위가 넓고 둔한 편이라 할 수 있으며 토양 특성의 감응도 완만하게 나타나는 것이 보통이며, 대책의 효과도 완만하게 나타나게 된다.

보통 토양의 비옥도는 토양의 물리적, 화학적 특성과 생물학적 활성의 종합적 상호관계의 결과인 것이나 식물의 종류에 따라서 어느 특정인자의 영향력에 다소 간의 차이가 있어 적지의 판정에 어려움을 초래하기도 한다.

토양은 모든 식물에 대하여 단순한 공간을 제공하는 것만이 아니고 그 안의 상태와 내용물에 따라서 뿌리와 지상부의 생장이 결정되는 기반인 것이다.

자료 : 임선욱(서울대학교 명예교수), 조경수 관리기술 중 조경수의 토양, 서울대학교 식물병원 83쪽

참고사항

식재지 수분 증발억제제와 함께 뿌리 발달을 촉진하고 싶다면, 우선적으로 지표면 위에 피복재 처리, 즉 멀칭을 해야 한다. 보수성을 위해 통기성과 배수성이 불량한 논흙과 같은 점토질 토양을 혼용하는 것은 부정적인 결과를 낳기 쉽다.

멀칭은 근원직경의 생장 또한 촉진하는 긍정적인 효과 또한 제공한다.

단, 멀칭은 5cm 이내로 해야하며. 그 이상 두껍게 하면 통기성을 오히려 저해된다.

참고로, 소나무 재배시 통기성이 불량한 비닐멀칭은 잡초제거 및 양분 세탈방지의 장점보다 오히려 여러 가지 단점들이 더 많다.

농림부는 보조금 지원정책에서 탈피하여 농업경쟁력을 높이는 방향으로 재원을 활용하는 방안을 추진하려고 하고 있다. 그 중 첫 번째 대상은 화학비료에 대한 보조금 지원을 없애는 것이다. 화학비료의 남용(한국은 일본보다 평균 2배 이상의 화학비료를 사용)은 건강한 토양관리를 위하여 바람직스럽지 않은 현상이다. 그러한 문제를 해소하기 위하여 화학비료 보조금을 더 이상 지원하지 않기로 한 농림부의 정책은 시사하는 바가 크다.

참고문헌

- 김호준 저 (2011), 원색수목환경관리학. 그린과학기술원.
- 류순호 (2000), 토양사전. 서울대학교 출판부.
- 서울대학교 (2010), 식물병원 조경수 관리기술.
- 이상석 (2006), 정원만들기, 일조각.
- Robert F. Keefer(2008), 장병관 · 정종배 옮김, 조경가를 위한 토양학 핸드북, 태림문화사.

정원석

박신화

㈜은산 과장, 전북대 박사과정

6.1 정원 바닥의 포장종류

정원을 만들때 바닥 포장의 종류는 자연석을 이용한 디딤석, 나무토막을 이용한 침목, 콘크리트, 벽돌, 조약돌과 콩자갈, 맷돌 디딤석, 샌드스톤, 잔디블럭, 판석 등이 있으며 사람이 직접 밟는 곳으로 시선이 먼저 집중되고 감각이 잘 전달 되므로 재료의 질감과 패턴에 대해 신중히 고려할 필요가 있다.

6.1.1 디딤돌 놓기

디딤석 놓기란 보행을 위하여 정원의 잔디 또는 나지 위에 설치하는 것으로 보행의 편의를 도모하고 나아가 지피식물의 보호기능과 시각적으로 아름답게 하고자 하는 돌놓기이며, 보통 한 면이 넓적하고 평평한 자연석이 많이 쓰이며 모양이 자연스럽고 미끄럼이 적어 바닥포장재로도 많이 쓰인다. 디딤돌은 크고 작은 것을 섞어 직선보다는 어긋나게 배치하며 돌 간격은 보행폭(성인남자 약 60~70cm, 여

그림 6-1. 디딤돌 놓기 시공사례

자 45~60cm)을 고려하여 빠른 동선이 필요한 곳은 보폭과 비슷하게, 느린 동선이 필요한 곳은 35~50cm 정도로 시공한다. 디딤돌을 정원에 앉힐 때 돌의 좁아지는 방향과 보행방향이 일치하도록 하여 방향성을 주는 것이 좋다.

시공 방법

① 디딤돌을 놓을 자리를 표시한다.

② 느린 보행 폭을 기준으로 35~50cm 정도로 간격을 잡는다.

③ 디딤돌은 앞뒤의 것과 나란히 놓지 않고 좌우로 약간씩 어긋나게(양발 사이는 15cm 정도) 놓아 걷기에 편하도록 한다.

④ 디딤돌은 지면보다 약 3~5cm 높게 앉히고 윗면이 수평이 되도록 자리 잡아 놓는다.

⑤ 디딤돌 주위를 흙으로 채우며 다짐봉으로 단단히 다져 움직이지 못하게 한다.

⑥ 지반이 약한 경우, 디딤돌이 얇은 경우 또는 불안정한 경우에는 시멘트모르타르나 콘크리를 바닥에 깔고 디딤돌을 놓는다. 모르타르 또는 콘크리트 사용할 때에는 7일 정도 양생한다(조경기능사 문제해설. 2003).

아래 그림은 디딤석 놓기의 여러형태들이다. 개인의 취향과 정원조성의 여러 여건을 고려하여 배열하면 된다.

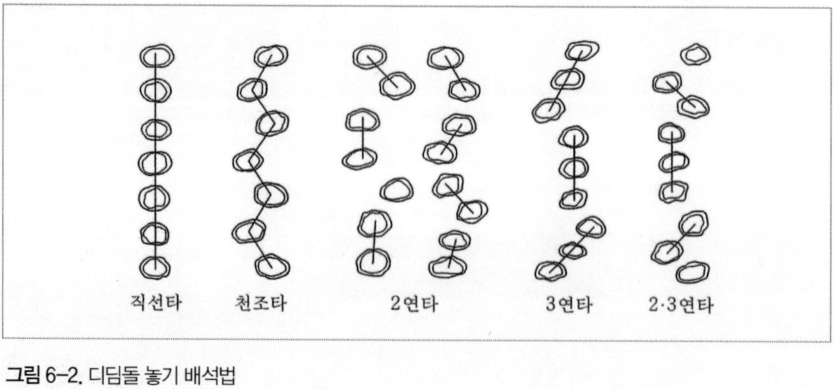

그림 6-2. 디딤돌 놓기 배석법

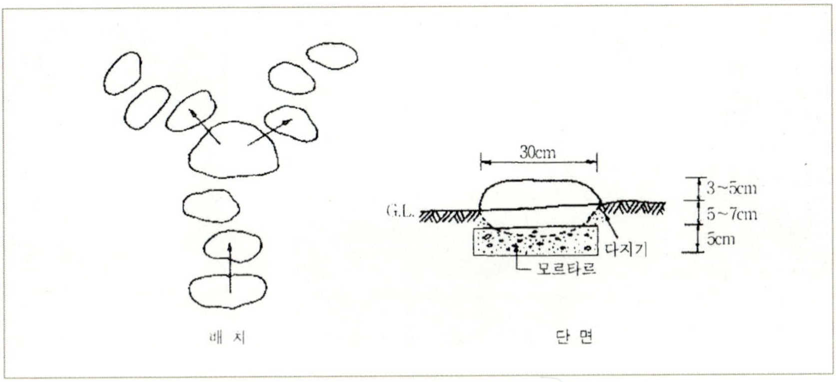

그림 6-3. 디딤돌 놓기 배치 및 단면도 (자료: 조경기능사 문제해설.2003. 기문당)

그림 6-4. 디딤돌놓기 시공사례 (자료: 정원가꾸기,주택문화사)

6.1.2 판석포장

판석포장이란 두께가 15cm미만으로 폭이 두께의 3배 이상인 두께에 비해 넓이가 큰 돌을 말하며 구들장 같은 것이 그 예이다. 화강암이나 점판암을 자연스런 모양 또는 규칙적인 모양으로 재단하여 사용하며 표면의 마감종류에 따라 다양한 질감과 광택을 연출할 수 있는 장점이 있고, 일반적으로 판석포장은 보도블럭과는 달리 두께가 얇고 작기 때문에 가로방향으로 작용하는 힘이 약해 모르타르로 고정

그림 6-5. 판석포장 시공사례

시키는 것이 원칙이다. 판석을 배치할 때, 정형적인 것은 설계도면에 따라 일률적으로 배치하게 되지만, 자연형인 경우는 큰 것을 놓아 전체적인 균형을 잡은 후 큰 것 사이에 작은 것을 채워나가 배치한다. 외관이 자연스럽고 면이 평평한 석재로 정원 진입로나 동선 등 바닥포장용으로 많이 쓰이는 포장형태이다.

시공 방법

① 포장 구역을 측량하고 말뚝을 박아 각 포장 재료의 높이를 표시한다.

② 도면대로 필요한 깊이로 판 후 원지반을 다지고, 이어서 잡석을 넣고 단단히 다진다.

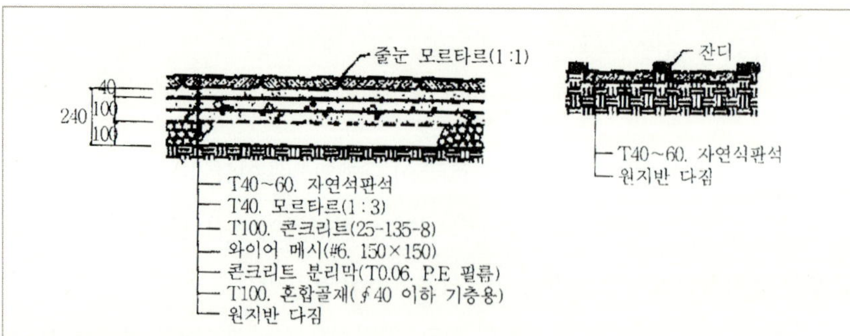

그림 6-6. 판석포장 단면 (자료: 조경기능사 문제해설. 2003. 기문당)

③ 포장 지역에 거푸집을 설치하여 콘크리트의 높이를 표시한 후 1:3:6의 기초 콘크리트를 5cm 정도 친다.

④ 가장자리는 화강암의 경계석을 설치한다.

⑤ 판석은 미리 물을 축여 놓는다.

⑥ 포장면의 높이대로 기준실을 설치한다.

⑦ 시멘트 모래를 1:1~1:3의 비율로 건비빔하여 두었다가 물을 부어 반죽하여 판석 밑에 채운다.

⑧ 판석을 기준실에 맞추어 설계된 모양대로 놓는데, 이 때 큰 것부터 놓고 사이사이에 작은 것을 놓는다.

⑨ 판석을 깔았을 때 십자(+) 줄눈은 피하고, Y자 줄눈이 되도록 한다.

⑩ 판석을 깔고 2~3회 고무망치로 두드려 뒷면에 모르타르가 고르게 채워지도록 한다.

⑪ 모서리 등 판석크기가 안 맞는 곳은 절단기로 잘라 크기를 맞춘다.

⑫ 줄눈의 너비는 1~2cm로 하고 줄눈 깊이는 판석면과 같거나 1cm 이내로 한다.

⑬ 판석에 묻은 모르타르와 조잡한 줄눈은 모르타르가 굳기 전에 정리한다.

⑭ 모르타르가 충분히 굳을 때까지 양생 재료를 덮고 최소한 2일간 물을 뿌려 주면서 충분히 보호 양생시킨다(조경기능사 문제해설.2003).

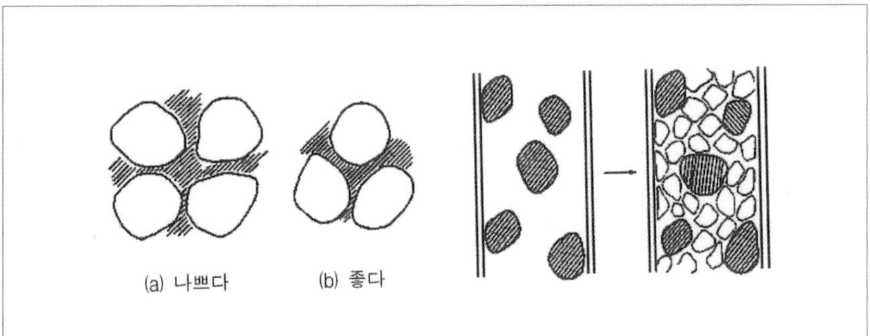

그림 6-7. 판석포장 줄눈과 배석 (자료: 조경기능사문제해설. 2003. 기문당)

그림 6-8. 판석포장 시공사례 (자료: 주택조경설계집)

6.1.3 콩자갈 깔기

콩자갈 깔기의 특성으로 다양한 색상과 형태(자연골재 15가지 색상과 컬러스톤 12가지로 각종 로고, 패턴, 문자의 자유연출)로 사용이 가능하고 시공이 간편하다. 또한 내구성과 강도가 높다는 것을 들수 있으며 투수성이 강해 보행시 물이 튀지 않고 정원내 배수로 형성에 도움이 되며 다양한 시각적인 디자인을 연출하는 바닥 포장재로 미끄럼 방지효과의 기능을 가지며 변색되지 않아 내염성이 우수하고 정원 조성시 바닥포장재 뿐만 아니라 장독대 바닥에 깔아서 사용할 수도 있으며 공원, 공공장소 보행및 산책로, 수영장바닥, 건물주변, 옥상정원 등에 이용된다.

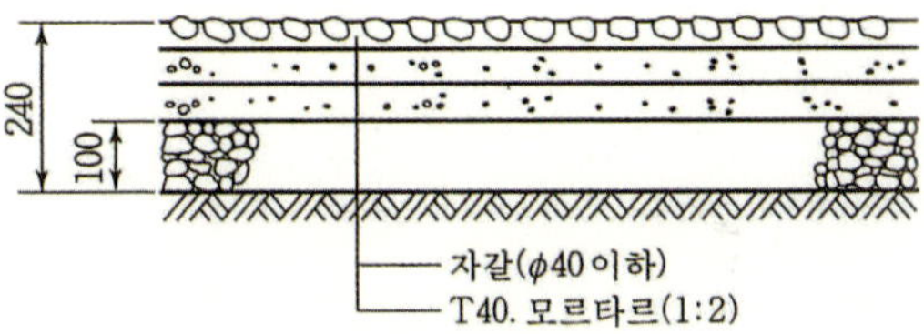

그림 6-9. 콩자갈 깔기 시공단면의 예 (자료: 조경시공학. 2006. 문운당)

그림 6-10. 콩자갈 깔기 시공사례

6.1.4 잔디블럭 포장

잔디블럭 포장은 콘크리트 또는 PE제품으로서, 잔디블럭 포장시 운반 및 취급시 손상이 없어야 하며 결함이 있는 것을 사용하지 않도록 주의를 기울여야 한다.

잔디블럭 포장시 잔디식재 부위를 결정하고 시공해야 하며, 연약지반, 지하수 용출 등으로 인한 침하나 주차장이 예상되는 구간에 대해서는 맹암거를 설치해 주어야 한다. 정원조성시 잔디블럭 포장은 녹지공간을 확보하고 환경 친화적 기능과 우천 시 빗물을 쉽게 흡수하고 침투시킬 수 있으며 포장의 보수 및 복구가 편리하고 여름철 지열을 저하시키는 기능을 갖고 있으며 진출입로나 주차장 포장으로 많이 이용되고 있다.

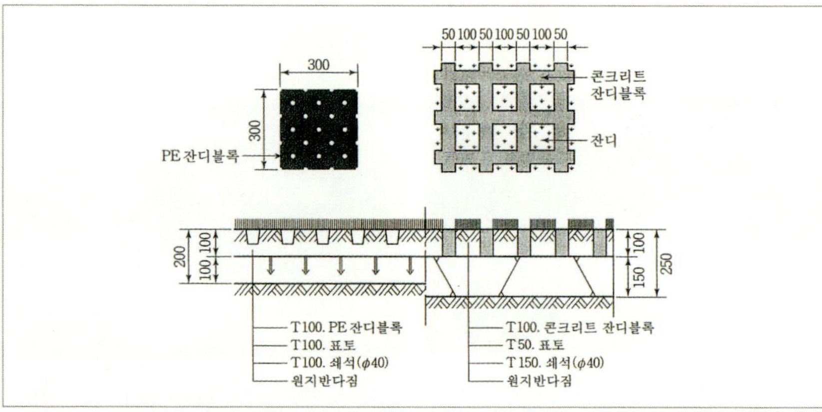

그림 6-11. 잔디블럭포장 시공단면의 예 (자료: 조경시공학. 2006. 문운당)

그림 6-12. 잔디블럭 포장시공사례

그림 6-12. 잔디블럭 포장시공사례

6.1.5 샌드스톤 포장

샌드스톤은 모래가 퇴적되어 만든 암석이다. 수중이나 육상에서 퇴적된 모든 퇴적암을 샌드스톤이라고 하며, 인도사암이라고 한다. 표면의 자연스러운 요철과 무늬를 통해 아름다운 시각효과와 강석이 약해 가공법이 수월해 건축용으로 많이 쓰이며 국내에서는 고급주택에 많이 쓰이고 있다.

그림 6-13. 샌드스톤 시공사례 (자료: 주택조경설계집)

6.2 정원담장 종류

담은 공간을 분리하기 위한 효과적인 수단으로 울타리와 유사한 기능을 갖지만 시각적, 물리적으로 강한 차단효과를 가지며, 규모가 크므로 시공을 위해서는 많은 비용과 시간이 필요하다. 담과 유사하게 구조적 안정성을 유지하기 위하여 특별한 시공기술이 요구되는 것으로 옹벽이 있지만, 옹벽은 배면의 토압과 수압에 견디어내고 물의 배수를 위한 기능을 수행해야 하는 반면, 담은 넓은 수직면을 갖게 되므로 풍압에 저항할 수 있어야 하며, 담의 전도를 방지하기 위하여 중간에 측지를 세우거나 단면의 변화를 주어 저항력을 높일 수 있다(조경시공학.2006).

6.2.1 자연석 무너짐쌓기

암석이 자연적으로 무너져 내려 안정되게 쌓여 있는 것처럼 시공하며, 가장 일반적인 자연석 쌓기 방법이며 정원조성시 비탈면 연못의 호안이나 흙의 붕괴를 방지하여 경사면을 보호하고 주변경관과 시각적으로도 조화를 이룰 수 있도록 자연석을 설치하는 방법이다.

시공방법

① 맨 밑에 놓는 기초석(밑돌)은 약간 큰 돌로 지표면에 20~30cm 정도 깊이로 묻히도록 앉히고, 흙을 채우면서 주변을 잘 다져주어 고정시킨다.

그림 6-14. 자연석 무너짐쌓기 시공사례

② 그 다음 중간석을 쌓아 가는데, 서로 맞닿는 면은 서로 잘 물려지는 돌을 쓴다. 앞줄의 자연석과 좌우의 자연석이 서로 잘 물리도록 하는 것을 이맞춤이라 하고, 앞돌과 충분히 겹치게 한다.

③ 크고 작은 자연석을 서로 어울리도록 섞어가면서 쌓는다.

④ 대체적으로 상부로 갈수록 비교적 작은 돌을 쓴다.

⑤ 시각적으로 노출되는 부분은 자연 상태의 면(보기 좋은 부분)이 되도록 한다.

⑥ 특별히 정한 바가 없거나 높이가 낮은 경우는 메쌓기 하되 돌의 뒷부분에는 굄돌 및 사춤돌을 써서 튼튼하게 한다.

⑦ 맨 위에 상석은 비교적 작은 것으로 한다. 필요에 따라 윗면을 평평하게 하거나 자연스러운 높낮이가 되도록 마무리 한다.

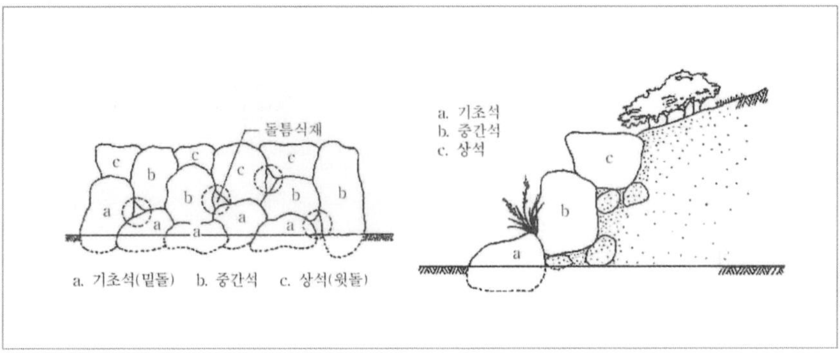

그림 6-15. 자연석 무너짐쌓기 입면도 및 단면도 (자료: 조경시공학. 2006. 문운당)

⑧ 돌만으로 된 단조로움을 없애고 돌과 돌 사이의 빈 공간을 메워 시각적으로 운치 있게 하고자 빈 틈에 양질의 흙을 넣고 회양목이나 철쭉 등의 관목류나 초화류 등을 식재하는데 이를 돌틈식재(돌틈식생)라 한다(조경기능사 문제해설.2003).

아래의 왼쪽 그림과 오른쪽 그림에 초화류와 철쭉류의 돌틈식재의 예도 보여주고 있다.

그림 6-16. 자연석 무너짐쌓기 시공사례 (자료: 전원속의 내집)

6.2.2 계단돌 쌓기(자연석 층계)

그림 6-17. 계단돌 쌓기 시공사례 (자료: 전원속의 내집)

계단돌 쌓기는 경사지에 자연석을 쌓아서 계단을 조성하는 것이며 보행에 적합 하도록 비탈면에 일정한 간격과 형식으로 지면과 수평이 되도록 하며 노상토의 기울기가 심하여 해당 토양의 안식각 이상으로 구조적인 문제가 발생할 염려가 있는 경우 콘크리트 기초 및 모르타르로 보강한다. 정원 입구의 담장 역할로 인위적인 소재의 담장 보다는 자연스럽고 정서적인 소재의 쌓기 방법이다.

그림 6-18. 계단돌쌓기 시공사례

6.2.3 호박돌 쌓기

호박돌 쌓기는 자연스런 멋을 부드럽게 표현코자 할 때 주로 쓰이며 깨지지 않고 표면이 깨끗하며 크기가 비슷한 것으로 선택한다. 호박돌은 안정성이 없으므로 찰쌓기를 하는데, 뒷길이가 긴 것을 쓰고 굄돌을 잘 해야 하며 불규칙하게 쌓는 것보다 규칙적인 모양을 갖도록 쌓는 것이 보기에 좋고 안정성이 있다. 돌을 서로 어긋나게 놓아 +자 줄눈이 생기지 않도록 하며 쌓기 중에 모르타르가 돌의 표면에 묻지 않도록 주의하고, 돌틈 사이에서 흘러나온 모르타르나 튀어나온 모르타르는 굳기 전에 깨끗이 제거한다. 색상이 변하지 않고 시공이 간편하며 수미가 잘 되어 미끄러우며 이끼가 끼지 않고 재질이 단단하여 강도가 높고 환경친화적 순수자연석이며 기계화된 장비를 사용하지 않고 손으로 정다듬하여 전통양식으로 쌓거나 붙이는 방식이다. 건축물의 내외벽, 담장 조경용, 공업용, 자연석 망태용으로 이용되고 있다.

그림 6-19. 호박돌 쌓기 시공사례

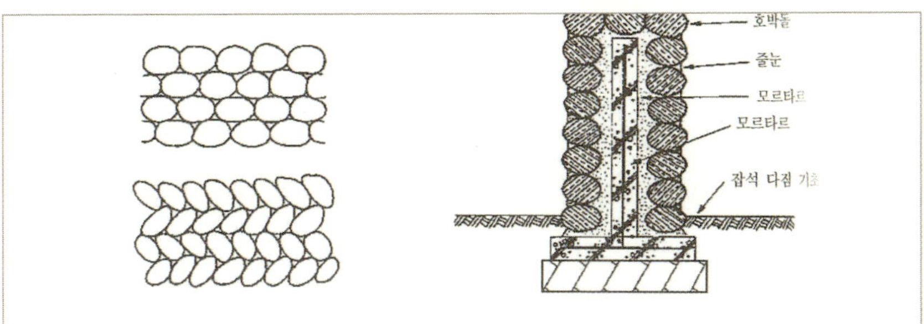

그림 6-20. 호박돌 쌓기 입면도 및 단면도 (자료: 조경기능사문제해설 2003.기문당)

시공방법

① 호박돌을 쌓을 자리에 잡석다짐을 하고 콘크리트 기초를 한다.

② 호박돌은 온전한 것으로 크기가 비슷한 것을 사용한다.

③ 규준틀을 설치하고 기준 실줄에 맞춰 호박돌을 찰쌓기 한다.

④ 호박돌의 모양을 잘 살펴서 안정된 곳에 한 번에 놓아 호박돌 표면에 모르타르가 묻지 않도록 한다. 불안정하면 괨돌을 받쳐 주고 쌓는다.

⑤ 하루에 쌓는 높이는 1.2m 이하로 하고 절대 안정을 유지한다.

⑥ 시멘트 모르타르가 호박돌 표면에 묻으면 즉시 닦아내고, 줄눈의 모르타르가 튀어나온 부분은 모르타르가 굳기 전에 파내어 정리한 후 양생한다(조경기능사 문제해설.2003).

그림 6-21. 호박돌 쌓기 시공사례

6.3 정원조형물 종류

6.3.1 석등 및 석탑

정원만들기의 완성된 모습은 수목을 식재하고 잔디를 식재하면 마무리 단계이다. 여기에 조형물을 더하면 한층 더 멋스럽고 여유로운 정원생활을 즐길 수 있을 것이다. 정원 조형물로는 의자와 테이블, 석등과 석탑, 물확과 수반 등이 있으나 석재 재질의 석등과 석탑은 유지 관리면에서 영구성이 있다.

그림 6-22. 석등 및 석탑 시공사례

그림 6-23. 석등 및 석탑 시공사례 (자료: 정원가꾸기)

6.3.2 경관석 놓기

그림 6-24. 경관석 놓기 시공사례

경관석은 경관적 가치 및 상징성 부여를 위해 단독 또는 무리지어 경관석을 설치해야 한다(조경공사 표준시방서.2008). 단독으로 놓을 때 (경관석 홀로놓기)에는 그 위치, 높이, 길이, 기울기 등을 고려하여 그 경관석의 아름다움이 감상자에게 충분히 느껴지도록 하며 경관석을 어울려 짝지어 놓을 때(경관석 짜임)에는 중심이 되는 큰 주석과 보조 역할을 하는 보다 작은 부석을 잘 조화시켜야 한다. 수량은 일반적으로 3,5,3 등의 홀수로 만들며, 돌 사이의 거리나 크기 등을 조정 배치하여 힘이 분산되지 않고 짜임새가 있도록 하며 경관석을 놓은 후에는 주변에 적당한 관목류, 초화류 등의 경관석이 한층 돋보이도록 하는 것이 좋다.

시공방법

① 경관석을 무리지어 놓게 될 공간 중 가장 중심적인 장소를 정한다.

② 이 자리에 경관석 중 가장 크고 잘 생겼으며, 안정감이 있는 선돌(입석:立石)을 중심적으로 선택하여 놓는다. 이 때, 중심석의 밑부분은 땅 속에 깊이 묻어 움직이지 못하도록 한다.

③ 중심석보다 높이가 낮은(중심석의 2/3) 둥근 돌(환석:丸石) 또는 선돌 모양의 부석(副石)을 중심석 앞쪽의 오른쪽이나 왼쪽에 놓는다.

④ ③항의 부석보다 높이가 낮은(중심석 높이의 1/2이하)둥근 돌이나 평석 모양의 또 다른 부석의 반대쪽 앞에 놓는다.

⑤ 중심석과 부석, 부석 간의 거리와 각도는 전체적인 미적 사항(비례,균형,조화, 리듬 등)을 고려하여 배치한다.

⑥ 경관석을 5개 또는 7개 짜임으로 놓을 때도 위의 사항과 같은 방법의 부등변 삼각형의 꼴로 배치한다(조경기능사 문제해설.2003).

3석조를 조합는 경우에는 삼재미(天地人)의 원리를 적용하여 중앙에 천(중심석), 좌우에 각각 지, 인을 배치한다.

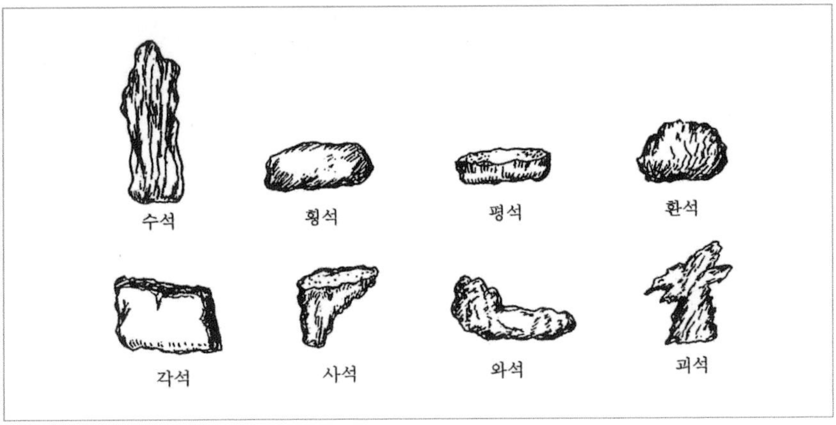

그림 6-25. 경관석의 기본형태 (자료: 조경시공학. 2006. 문운당)

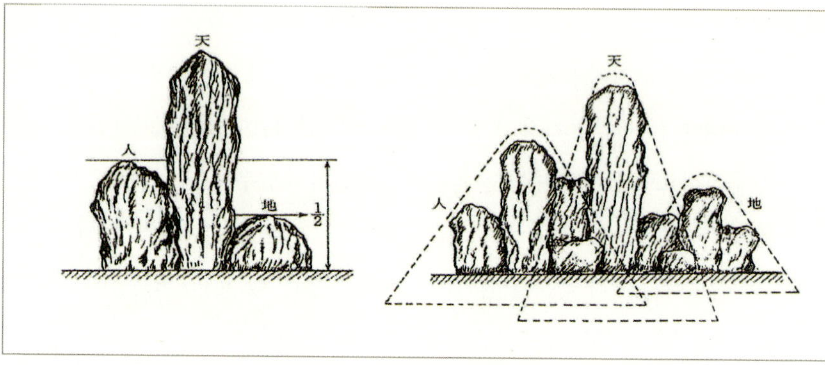

그림 6-26. 경관석의 삼재미(天地人)의 조합 (자료: 조경시공학. 2006. 문운당)

그림 6-27. 경관석 놓기 시공사례 (자료: 정원가꾸기, 주택문화사, 주택조경설계집)

6.3.3 화강석 테이블

영구성을 가지고 있는 화강석 테이블과 의자는 정원에서의 쉼터기능과 수목과 잘 어우러지는 조형물로써의 기능을 가지고 있다.

그림 6-28. 화강석 테이블 시공사례 (자료: 정원가꾸기, 주택문화사)

6.3.4 물확

정원의 스타일은 꽃과 나무의 종류에 따라 좌우되지만 이에 못지않은 효과적인 요소가 바로 소품이다. 특히 한국적인 스타일은 우리의 정서에도 가장 적합하고 주위에서 쉽게 구할 수 있으며 특별한 꾸밈없이 소박면서도 그 나름대로 멋이 있는 돌로 만든 절구인 물확은 요즘 많은 이들이 가꾸고 싶어하는 정원 스타일이기도 하다.

그림 6-29. 물확 시공사례 (자료: 정원가꾸기, 주택문화사)

그림 6-30. 물확 시공사례

참고문헌

- 월간 전원속의 내집. 정원가꾸기(2011), (주)주택문화사.
- 온형근.조경기능사문제해설(2003), 기문당.
- 최용빈.주택조경설계집(2008), 한국전원문화연구소.
- 한국조경학회.조경공사 표준시방서(2008), 건설교통부.
- 한국조경학회.조경시공학(2006), 문운당.

연못

박지현

꽃이 부르네 화원 대표, 전북대 석사과정

물은 인간의 생명을 유지 하는데 없어서는 안되는 기본 요소이며, 자연현상을 유지하는데 매우 중요한 자연 자원임에도 불구하고 인간은 살아가면서 지구상 어디에나 존재하는 물을 우리 주변에서 너무나 쉽게 보고, 접할 수 있기 때문에 정작 그 중요성에 대해 인식하지 못하고 생활하는 것이 일반적이다. 또한 물은 모든 설계요소 중에서 가장 매혹적이고 가장 흥미를 돋우는 것 중의 하나이다. 인간은 본능적으로 물에 대해 공간적이며, 그 시각적인 면에 관심을 가진다. 매우 실질적인 관점에서 본다면 인간은 공기와 음식 그리고 안식처럼 생존을 위해 물을 필요로 할 것이다. 생활을 유지하기 위한 물의 필요성 이외에도 사람들은 정서적으로 물에 대해서 그것의 빛, 소리 또는 레크리에이션을 위한 동기와 같은 이유로 매력을 느끼고 있다. 물에 단순히 이끌리는 것 이외에도 인간은 물과 교감하려는 본능적인 강한 욕구를 가지고 있다. 인간은 물을 만지거나 느끼고자 하는 깊은 욕구, 또는 유희나 레크리에이션을 위해서 물에 폭 빠져들고 싶어하는 욕구를 가지고 있다.

물은 또한 치유적인 효과도 가지고 있다. 물은 시각 및 청각을 포착하고 유지시키기 때문에 최면을 걸 수 있다. 인간의 감정에서 물소리는 매우 효과적이다. 이러한 특성 이외에도 물은 또한 로맨틱한 특성을 뚜렷이 가지고 있다. 오랫동안 많은 노래와 시, 소설, 영화에서 물은 중요한 배경 뿐만 아니라 로맨틱한 주제로서 사용되었으며, 줄거리에서 기본이 되는 요소로 사용되었다.

물을 이용한 수경공간이 공공의 장소에서 본격적으로 나타나기 시작한 것은 산업혁명이후 도시화가 시작되고 절대왕권 시대가 붕괴되면서 나타나게 되었으며, 도시의 환경이 더욱 복잡하게 변화되고 오염정도가 심각한 현실에서 수경공간의 조성은 도시속의 자연적 요소로서 도시민들에게 신선한 청량감과 자연적 정서를 제공할 수 있게 해 주었으며, 자연과 예술의 조화를 느낄 수 있는 환경요소로서 그 요구도가 높아지고 있다.

물은 이용하는데 있어서 적용할 수 있는 일반적 원칙은 첫째 물은 액체이기 때문에 그 자체로는 형태가 없으므로 외부의 힘에 의해 형태를 취할 수 있으며 둘째, 물은 그 자체로는 움직이지 않으며 기본적으로 중력에 의해서 작용하거나 어떤 인위적인 힘에 의해서 움직이게 된다는 것이다.

물은 세계의 각 지역별로 기후, 종교 , 사회 역사적 배경에 따라 다르게 이용되어 왔다. 물은 건조한 지역에서 관개를 위한 수단으로 사용되었지만 점차적으로 연못, 분수, 수로 등 경관연출요소로서 인식되었다.

메소포타미아와 이집트에서 이슬람의 종교적인 특성 때문에 단순히 기하학 형태의 연못이나 수로가 사용되었으나, 페르시아에서의 물의 역동성을 강조하였고, 물에 인위적인 힘을 가하는 기술이 발달하였다. 이러한 물을 다루는 기술은 이탈리아와 유럽으로 전파되었다. 르네상스 시대 초기에는 물이 조각상으로 장식된 간단한 수반의 형태였지만, 16세기경 로마에서는 빌라 에스테와 같이 경사지를 이용한 수경관을 연출하였고, 후기에는 점차적으로 프랑스의 베르사이유의 연못이나 영국의 캐널과 연못 등으로 발전하였다.

서양과 마찬가지로 동양에서도 물을 정원의 구성요소로 이용하였다. 우리나라에서는 주로 물을 연못으로 만들어 이용하였으며, 종교적인 수행이나 명상 마을의 정화를 위해 도입하였고 대로는 향연을 위한 공간으로 활용하기도 하였다 오늘날 만들어지고 있는 수경관은 지역적 제한을 뛰어넘어 연출기법과 시설이 다양화되었고, 과거와는 달리 인공화된 수경시설 시스템으로 공원, 정원, 건물조경에 도입되기도 하며, 최근에는 생태계 복원을 위한 중요한 수단으로 인식되고 있다.

연못은 그 유래가 대단히 오래된 것으로 동양의 조경에서는 매우 오래전부터 이용 되었다. 중국에서는 신선설에 의해 중도식 정원 조경에 이용된 기록이 있으며, 서양에서는 쓸모없는 습지를 이용하기 위해 연못이 만들어지기도 하고, 네덜란드 같은 나라에서는 육지가 해면보다 낮으므로 배수를 하기 위해 연못을 만들기도 하였다. 이와 같이 연못은 세월이 흐르는 동안 제 기능을 떠나서 감상을 목적으로 경관의 대상이 되는 연못으로 발전되어 오늘날에 이르렀다. 연못의 위치를 선정할 때는 조경부지의 면적이 넓거나 한적한 곳으로 잘 보이는 곳을 선택하여야 한다.

또한 조경부지가 전체적으로 수목을 식재하기 너무 곤란할 때 배수의 효과를 얻기 위해서 지면보다 1m 낮게 파고 다시 거기서 연못을 파서 배수의 효과를 얻기 위한 방법으로 침강지(沈降池)를 만들기도 한다.

물은 외부환경의 설계와 관리면에서 조경가들이 이용하는 물리적 설계요소로서 매우 다양한 성격을 지니고 있다. 물의 경관에서 순수한 미적요소로 이용되고, 공기를 식혀 주거나 소음의 완충작용을 하며, 토양의 관계용수로 이용되거나 레크리에이션의 수단으로서 제공되기도 한다.

7.1 물의 이용

물을 이용한 수경의 연출은 미적 측면에서 사람들에게 많은 감흥을 가져다 주고, 또한 외부공간에서 사람들에게 다양한 위락적 체험을 가능하게 하며 작은 생태계를 이룰 수 있다.

7.1.1 심리적 효과

설계가는 물을 시각적 요소로 고려하지만 그 이상의 심리적 효과도 주게 된다. 사람들은 생명체를 구성하고 유지하는 요소로서 물이 갖는 심리적인 효과를 인식하게 되며, 물의 소리나 시원함, 그리고 촉감을 통하여 감정을 느끼게 된다. 물이 공간의 주요한 초점으로 인식되면서 동시에 공간에 연속성을 부여하게 된다. 조용한 물의 흐름이나 잔잔한 연못은 침착함과 고요함을 주지만 폭포나 빠르게 흐르는 물은 흥분감과 극적인 연출을 가능하게 한다. 또한 수경에 의해 만들어지는 소리는 사람들에게 침착함이나 흥분감을 주고, 때로는 소음을 상대적으로 감소시키기 위한 수단이 될 수 있다. 이 밖에 에어레이팅과 같은 물의 분사에 의한 증산작용을 통하여 냉각효과를 일으키고 공기를 정화하는 기능을 한다.

7.1.2 위락적 이용

물은 심미적인 감상뿐만 아리라 직접적인 접촉이나 레크레이션의 기회를 제공하게 되는데 도섭지, 수영장, 연못 등의 수경시설을 이용하여 수영, 낚시, 배타기 등 다양한 위락활동의 매체로서의 역할을 수행하게 된다.

7.1.3 생태적 효과

물은 생태계 구성의 기본 요소인 동시에 시작점이다. 물을 이용한 자연형 연못은 다양한 수생동 · 식물의 생존에 적합한 환경을 제공하고 인근 생태계에 긍정적인 효과를 가져다 주는 생태계의 거점이 될 수 있다. 또한 우수의 일시적인 유출에 의한 토양수분의 고갈을 방지하여 토양 생태계 및 자연 생태계에 복원에 기여할 수 있다.

7.2 수경관의 전통적 고찰

자연환경 중 풍광, 풍수가 뛰어난 수공간(계곡, 계류, 폭포, 하천)을 중심으로 간접적으로 수경요소를 차경하여 접할 수 있는 공간을 조성하였으며, 정자에서 감상할 만한 경치나 시의 소재가 될 만한 것을 8가지 선정하여 8경을 두는 곳이 많았다. 이는 자연에 있는 물을 즐기고 그 곳에서 생활 철학도 깨달으며 마음의 안정과 평화를 찾는 전통적 수경공간이다.

우선 한국에서의 물의 이용에 대해서 설명하기 이전에 전제조건으로 언급되어야 할 부분이 있다. 동문선(同文選)에 나온 "손비서냉천정기문"에서는 "아무리 인위적으로 조성한 정원이라도 천연의 모습 그대로를 찾을 수도 없거니와 깊숙하고 기이하게 빼어난 천연의 형상만은 못하다"고 하였다. 이는 한국인의 미적태도가 인공미보다는 자연미가 훨씬 더 미적으로 우세하다는 태도를 가지고 있음을 나타내는 것이다. 따라서 울타리가 쳐진 정원속에 물을 도입하더라도 자연스럽게 인간이 손에 대지 않는 것처럼 산수화의 분위기를 나타내도록 조성하였다.

특히 우리민족은 수경을 선호한 민족으로 크게는 주자(朱子)의 무이구곡(武夷九曲)을 지향했었고, 단지(團地) 스케일에서는 궁궐조경에서의 명당수(明堂水)나 사찰조경에서의 성(聖)과 속을 구분하는 계류 혹은 별서정원에서의 풍류성 계류 등을 활용했으며, 작게는 방지(方池), 곡지(曲池), 유상곡수지(流觴曲水池)로 조성했으며, 그것도 모자라 수경도입이 곤란할 곳에서는 석연지(石連池), 돌확(石槽)을 배치할 정도로 물과 가까이 하려 했었다.

그럼에도 불구하고 요즘 국내적으로 소규모 수경시설에 대한 인식이 미흡하여 사업의 효율성, 경제성, 관리성 측면에서만 판단함으로써 수경의 도입 자체가 정책결정 단계에서부터 배제되는 근시안적 경향이 많았다. 이제 장기적인 안목을 가지고 도시민의 자연동경(Attachment to nature)차원의 사회적 욕구와 도시에 쾌적한 청량감을 주는 환경성 차원에서 그 중요성이 재인식 되어야 할 시점에 와 있다.

이렇듯 문화의 발달과 더불어 도시화가 가속화되면서 자연을 갈구하는 인간의 욕망은 인공적으로 폭포나 계류 등을 만들어서 가까이에서 즐기고자 하는 단계로 접어 들었고, 최근 인간과 자연이 공존하는 환경친화적인 도시로 만들고 지금 당장 일시적인 성장이 아니라 지속적인 성장을 도모하여 오늘을 사는 우리 뿐만 아니라 앞으로 태어날 우리의 후세를 위해서 보다 많은 '녹지공간 확보와 물을 이용한 친수공간의 조성'을 해야 한다는 명제 하에 추진 중에 있다.

■ 전통정원의 수공간

우리나라의 수경관은 궁원을 제외하고는 산이나 계류 등을 배경으로 발달하였기 때문에 자연과 항상 접해있고 경관이 수려한 곳이 많아 인공적 수법이 발달하지 않고 자연과 더블어 그 속에 몰입하는 자세가 보이며 자연주의 사상이 뿌리 깊게 내려 인공적이라 하더라도 자연 그 자체로 보이게 하였다.

수경관의 최초 기록은 "동사강목(東史綱目)" 이 문헌에는 "백제 진사왕 7년에 궁실을 중수하고 못을 파고 산을 쌓아 화초를 심고 아름다운 새를 길렀다" 라는 기록이 있다.

■ 미륵사지

전북 익산에 위치한 미륵사지는 백제 무왕 재위 (600~641) 중에 창건된 것으로 알려진 사찰이다. 미륵사는 3금당 3탑식 사찰이며 지당은 남문지에서 남쪽으로 30m 거리에 있다. 지당은 동서 172m 이며 남쪽은 노출되는 지안의 형상으로 보아 남북 약 100m 이상 되는 것으로 보인다. 지안은 자연경사면을 이루고 있으며, 호안시설이 없는 토안(土岸)으로 보인다.

지당 중앙부분에는 남북으로 둑시설이 노출되었는데, 길이가 약 7.6m 이며 폭은 2.78m 이고 바닥에서의 높이는 약 88㎝ 이다. 이 중앙둑 서쪽에도 동서방향으로 시설된 둑이 발견되었는데, 길이가 4.3 이고 폭 2.5m 이며 높이는 80㎝ 이다.

입수구는 지당의 동쪽에서 확인되었는데, 적갈색과 황갈색 점토층을 폭 1.2m, 깊이 1.4m 정도 굴착하여 만들었으며, 입수로는 S자 모양으로 굴곡을 주어 물이 선형으로 입수되도록 하였다.

7.2.1 수경의 이용과 형태

동서양의 물의 표현양식은 사상적 근원의 차이만큼이나 확연히 구별된다. 자연 속에서의 형태는 대개 동양권에서 이용한 것이고, 인공적 형태는 서양에서 유래된 것이 대부분이다. 이러한 차이점은 사상적으로 동양의 일원론(도가의 자연합일 사상, 신선사상)과 서양의 이원론(르네상스 시대의 인간중심적 사고)으로 설명할 수 있다. 동양에서는 가치의 척도를 정신적인 면에 두었기 때문에 자연의 형태에서 나타나는 계류를 선호하였으며, 구체적인 형태보다는 잠재된 의미를 중시하였다. 서양에서는 인간의 의지 표현의 형태를 인위적으로 만들었으며, 물의 이용은 분수의 형태로 발달하였다. 그 형태도 규칙적이고 대칭적이며 정형적인 형태가 대부분이다.

표 7-1. 물의 이용에 관한 형태적 분류

형태	내용
자연속에서의 형태	계류, 하천, 강, 바다, 호수, 폭포, 못(潭), 소(沼), 물웅덩이, 큰물결(樓) 등
인공적인 형태	연못, 분수, 캐널(Channel), 캐스케이드(Cascade), 물무대, 물계단(Water Step), 워터체인(Water chain), 인공폭포, 수반(水盤), 수막(水膜) 등
형태가 가미된 형태	참여하는 분수, 곡수연(曲水宴), 동적예술(Kinetic Art) 등

7.2.2 동서양 물의 이용

조경에 쓰이는 연못의 형태를 보면 서양식과 동양식으로 분류할 수 있다. 서양식 연못은 도안구성이 기하학적으로 되어 있으며, 정원에서 연못은 인간의 심장과 같은 것으로 매우 중요시되고 있다.

동양식 연못의 형태는 그 도안구성이 자유롭고 추상적인 것으로 신선설과 불교적 색채를 띤 내용을 가진 것에서부터 시작된 형태가 많다. 표현방법은 축산의 형태에서 산의 유수를 강조하는 방법과 물이 고여 개울의 형태를 표현하는 방법 등이 있다.

표 7-2. 동서양에 있어서의 물의 이용상 차이점

형태	동양	서양
가치의 척도	정신적	물질적
선호된 형태	계류, 불규칙적, 비대칭, 자연석	분수, 규칙적, 정형적, 인공적
작정자(作庭者)	문인(文人), 산수화가	전문가
수경의 활용	소극적, 상징적	적극적, 표현적

7.3 물의 이미지와 특성

물은 인간에게 심리적 감동을 유발하는 디자인 요소로서 작용하고 있는데, 그 주요 원인은 흐르고, 비치고, 투명한 물리적 특성이 가져다 주는 물의 이미지와 물의 주변공간과 관계를 통한 공간적 형상화에 기인한 것이다.

7.3.1 물의 이미지

예로부터 조경에서는 물을 사용하는 방법을 여러 가지로 고안하고 있는데, 크게 정적인 이용법과 동적인 이용법으로 나눌 수 있다. 사람의 마음을 강하게 움직이는 물과 그렇지 않은 물이 있다. 오늘날의 도시나 건축을 볼 때, 광장, 가로, 몰(mall) 또는 실내화된 광장 같은 대공간에 물을 끌어들인 예가 많이 있다. 그러나 페이리파크나 헤네랄리페와 같은 소재인 물을 사용하면서도 물이 갖는 매력을 전혀 살리지 못하고 있는 곳이 너무나도 많다. 물의 효과를 살리기 위해서는 설계상

잊어서는 안 될 원리가 있을 것이다.

그러면 우리들의 마음을 움직이는 물은 도대체 어떤 것인가? 우리들은 물에 대하여 어떤 이미지를 갖고 있는가? 그 중에서도 마음을 강하게 움직이고 건축 속의 드라마를 만들어 내는 물의 이미지는 무엇일까? 그리고 그들의 이미지가 조경 · 건축을 구성하는 물리적 요소에 기인하는 것이 있다면 그들의 직접적 · 간접적인 요인은 무엇일까? 또 물의 이미지가 선명한 인상을 주기 위해서는 물리적 요소를 어떻게 조작할 것인가? 그를 위한 연출목표를 어디에 두면 좋을 것인가? 조경소재로서의 물에 대한 새로운 시각에서의 이해가 필요하다. 물의 이미지와 감동은 여러 가지 수경형성에 기본이 되며, 환경조경 설계, 시공시 고려되어야 할 물리적 특징이다.

■ 조형성(plasticity)

물은 그 자체로서는 형태를 만들 수 없기 때문에 물의 형태는 물을 담는 용기의 형태에 의해 결정된다. 따라서 동일한 양의 물 일지라도 용기의 크기와 형태, 색채 및 질감에 따라 변화될 수 있다. 그러므로 수경시설의 설계에서 용기를 설계하는 것은 매우 중요한 의미를 가지게 된다.

■ 유동성(motion)

물은 중력작용에 의해 높은 곳에서 낮은 곳으로 흐르게 된다. 이와 같이 유동체로서의 물은 계곡이나 하천, 목포 및 용천수에서와 같이 흐르고 낙하하면서 사람들에게 역동적인 강한 시각적 자극을 주게 된다.

■ 음향성(sound)

물은 움직이거나 다른 물체와 부딪칠 때 소리를 내는데 그 유량과 유동정도에 따라 다양한 소리를 내어 시각적 측면을 보완하거나 소음을 약화시키고, 인간의 감정에 영향을 주어 긴장감을 완화하기도 하면서 흥분과 생동감을 주기도 한다. 이러한 음향성으로 인하여 물은 외부공간에서 시각적 효과만 가지고 있는 다른 디자인 요소에 비해 훨씬 자극적인 요소가 될 수 있다.

■ 반영성(reflectivity)

물의 또 다른 시각적 특성 중 하나는 주위 환경을 투영한다는 점이다. 정적인 상태의 물은 지형, 식생, 하늘, 건물, 달빛, 사람 등 주위 환경을 거울과 같이 반영함으로서 조도(照度)에 따라 부드럽거나 무거운 느낌으로 변환되어 환상적인 분위기를 주기도 한다. 특히 바닥면이 어두울 경우 그 효과는 더욱 커지게 된다.

■ 수평성(horizontality)

물이 가두어진 상태가 되면, 중력의 평형에 의해 수평면을 형성하게 된다. 수평면은 그 규모에 따라 달라지지만 바다와 같은 장대한 경관에서는 장대한 경관을 연출하기도 하고 주변 경관에 대한 기반면으로 작용하기도 한다.

■ 투명성(transparency)

수경시설에 사용되는 오염되지 않는 물은 투명함을 지니고 있어 맑고 깨끗한 인상을 준다.

물체로부터의 빛이나 색체를 투과시켜 명료한 상이나 색의 조화를 얻을 수 있고 투명성은 반영성과 동시에 작용하게 되면 더욱 다양한 연출효과를 얻게 된다.

■ 변화성(changibility)

물은 온도변화에 따라 액체, 고체, 기체로 달라지게 되며, 자연계에서는 얼음, 눈, 비, 안개, 이슬 등의 다양한 형태로 나타나는 변화 무쌍한 속성을 가지고 있다. 과거에는 액상의 물 자체만으로 수경을 연출해 왔으나 최근 들어 분무식 안개 분수 등도 제품화 되어 기체 상태의 수경효과를 연출하기도 한다.

7.3.2 물의 공간적 특성

공간속에서의 물의 특성은 공간의 방향에 관한 것, 공간의 한정에 관한 것, 그리고 공간의 통합에 관한 것으로서의 물의 물리적 특성에 대한 이미지에 기초하고 있으며, 동시에 공간질서를 나타낸다.

■ 방향성

물의 유동성 특성에 의해 일정 방향으로 유동하는 물은 공간에 방향성을 주는 선으로서의 이미지를 준다.

■ 기반면

물은 수평성에 의해 공간에 수평면을 제공하여 기반면을 구성하게 되며, 그 공간에 안정감을 부여한다.

■ 넓히는 면

수평면은 넓히는 면으로서의 이미지를 주며, 특히 관찰자의 시계를 넘는 수평면은 공간을 넓히는 면의 효과를 높여준다.

■ 병치면

물은 연속체로서 마디가 없고 스케일감을 주지 않으므로 두 공간에 개재하는 수평면이 두 공간을 병치하는 면이 된다.

■ 깊이를 갖는 것

인간은 물에 대해 깊이를 갖는 것으로서의 이미지를 가지게 된다. 깊게 보이는 물이 공간과 함께 지각될때 그것은 가라앉히는 작용을 한다.

■ 한정하는 것

물은 접근하기 곤란한 것으로써의 이미지를 줄 수 있으며, 이러한 물이 공간의 일부를 점하고 있을 때 그것은 공간을 한정하는 것으로 작용한다.

■ 분리하는 것

접근이 곤란한 물이 공간을 가로질러 배치되어 있을 때 그 물은 공간을 분리하는 것이 된다.

■ 초점

공간내 놓여진 물은 강력한 시각요소로서의 초점을 형성하고 공간을 한곳으로 모으는 역할을 하게 된다.

■ 축선

가늘고 긴 형태의 풀이나 수로는 공간의 축선으로 작용하여 공간의 구획과 공간의 대칭성을 연출하게 된다.

■ 연결선

두 공간에 결쳐 선상 혹은 수평면 상의 물이 지각될 때 공간을 연결하는 선으로 인식된다.

7.4 친수공간 조성

7.4.1 개념

친수공간은 자연을 풍부하게 하고 아름다운 경관을 창출해 내는 동시에 사람들의 생활의 장소로서 대로는 문화와 놀이의 장소이자 휴식의 장소로서 그 기능을 가지고 있다.

'친수'란 먼저 '물과 가까이 한다' '물에 접한다'라는 협의의 개념으로 정의할 수 있다. 인간이 생활속에서 하천, 실개울, 호수, 분수, 연못 등 물 환경에 쉽게 다가가서 느끼고 즐기고 이용한다는 개념으로서 수공간이 지금까지 치수, 이수, 저수, 용수의 목적뿐만 아니라, 물과의 접촉을 회복하려는 '친수'가 중요한 과제로 대두되고 있다. 광의의 개념으로는 수공간의 환경적 측면으로서 수경관과 다양한 생물과의 공존의 등의 개념을 포괄하고 있다. 수변식생과 동식물의 서식공간을 보존 및 복원하고 자연환경을 회복하며 쾌적한 생태적 경관을 조성함으로서 자연과 공존하는 도시환경 창조를 의미한다. 친수활동이란 하천공간의 산책, 스포츠, 물놀이 낚시 등의 레크리에이션이나 경관을 통하여 심리적, 정서적 만족감이 얻어지는 활동을 의미한다. 친수공간은 친수활동을 위한 공간, 생태계의 보전을 위한 공간, 경관을 통한 심리적 정서적 만족을 제공해 주는 공간을 의미한다.

7.4.2 구성요소

친수공간은 물질로서의 물과 이것을 담는 공간 그리고 물과 공간이 만든 자연 등 3개의 요소로 구성된다.

■ 물

물은 수공간의 가장 기본적인 구성요소로서 수질, 수량, 수면, 유속 운동 등에 의해 경관을 특징 지을 수 있으며, 이들은 유수기능과 연계하여 유역의 토지이용과 깊이 관계를 맺고 있다. 유역의 개발에 따라 수질은 오염되고 유량도 바뀌며, 특히 삼림이 벌채되면 보수기능이 저하되어 강우 후에 일시적 유출하는 유량이 평준화 되지 않게 되었다. 또 댐의 건설로 인해 유량이 현저하게 감소되기도 하며 취수에 의해 하천의 본질이 보상받기도 한다.

■ 공간

친수공간은 기본적으로 오픈스페이스로서의 특징을 지니면 특히 도시에서는 귀중한 공개공간과 레크레이션 활동을 위한 공간으로 주목을 받는다.

■ 자연

물과 공간은 자연을 형성한다. 특히 동식물로 구성된 생물적 자연은 수공간과 인간생활을 연결시키는 요소로서 중요하다.

7.4.3 수공간의 연출 기법

물이 가지고 있는 다양한 특성은 인간의 시각, 청각, 촉각에 작용하여 공간을 다양하게 변화시키는 특성이 있다. 그러나 물 자체만이 그런 기능을 발휘하는 것이 아니라 다른 소재와 융합하여 형태를 가질 때 그 효과를 발휘하게 될 수 있다. 수경연출을 위해서는 그런 특성과 심상(心象, image)에 대한 이해가 선행되어야 할 것이다.

물은 물리적 특성과 더불어 주변공간의 상호작용에 의해서도 인간의 심리에 영향을 준다. 공간과의 상관성에 따른 심상은 공간질서에 직접 기인하는 동시에 물리적 공간요소를 조작함으로써 형성시킬 수 있기 때문에 수경 디자인의 나아갈 방향을 제시하는 근거로 작용하다. 이러한 공간속에서의 물의 심상은 첫째, 공간의 방향에 관련된 것으로서 방향선, 기반면, 넓히는 면, '병치면' 및 '깊게 하는 면'이 해당되며, 둘째, 공간의 한정에 관한 것으로서 '한정하는 것'과 '분리하는 것'이 해당되고, 셋째, 공간의 통합에 관한 것으로 '초점' 축선 및 결선 등으로 구분 될 수 있다. 이러한 물의 공간적 심상은 물의 물리적 특성에 대한 심상에 기초하고 있으므로 공간질서를 동시에 나타낸다.

■ 수경시설 설치 방법

표 7-3. 물리적 환경 조성에 관한 기준

구분		물리적 환경 조성에 관한 기준
물의 연출 기법	수경 연출 요소	– 낙수 유수, 정지수, 분수 등의 물의 움직임을 최대한 이용하는 물의 연출 – 물의 높이 방향, 수량 또는 떨어지는 물의 높이, 폭, 물의 형태 등 에 따라 요소를 조합하여 다양하게 연출 – 물의 형태를 수반 또는 구조물의 끝처리에 따라 다양하게 연출 시킬 수 있는 수구형 분수 이용
	물의 연출 형태	– 노즐의 종류 및 방향 등에 의한 다양한 형태의 표현 – 여러가지 형태의 분수를 조합하여 연출 – 물의 분출형태를 흥미롭게 표현하는 컵형, 스프레이형, 공작형 등 다양한 형태의 도입
수경의 형태	평면	– 수경평면형태의 디자인 시각 수경별로 조화를 이루는 형태의 연출 – 부정형이나 형태를 규칙적으로 변화시키거나 독창적인 형태의 연출
	입면	– 물에 의한 수경의 연출보다는 구조물이나 조형물과 함께 어우러진 수경의 연출 – 수직적 요소의 도입
구성재료		– 인공재료와 자연재료를 적절히 이용 – 콘크리트의 사용을 줄이고 사용할 때는 노출을 적게 함 – 다양한 재료의 사용 요구
경관구성		– 물이 분출되지 않을 때를 대비하여 의미있는 공간으로서의 연출 – 분수의 가동 중지시 구조물의 자체 형태의 의한 경관 조성 – 겨울에 시각적 흥미를 일으키는 수경조형물이나 수경을 도입한 효과적인 경관 연출 – 계획에서부터 고려된 수경의 또 다른 기능의 효과를 줄 수 있는 방안 연구 접근성
접근성		– 수경공간 이용자를 물속으로 자연스럽게 유인 할 수 있는 방법 연구 – 깊고 넓은 형태의 연못보다는 얕고 좁지만, 자연스럽게 친밀감을 가질 수 있는 형태를 연출

표 7-4. 이용자 형태 및 선호에 따른 시설 기준

구분		시설 기준
이용자 형태	동기여부	– 휴식을 위하여 수경시설을 찾고자 하는 이용자의 요구를 만족 시킬 수 있는 공간 연출
	욕구충족	– 이용자의 시각적, 청각적, 촉각적 욕구를 충족시킬 수 있는 공간 연출
	사계절 이용	– 사계절 모두 수경공간을 이용할 수 있는 시각적 흥미 부여
선호도	주변환경 및 분위기	– 수경시설과 주변과의 조화, 청소 및 시설관리를 철저히 하고 수경시설 이외의 기타 편의 시설물 설치
	수경공간 형태	– 물의 연출형태와 연못의 형태를 다양하게 하고 주변 장소와 조화를 이룰 수 있도록 유도 – 식재 및 주면 시설물의 조성에 관심을 둔 디자인
	인지도	– 시각적 흥미를 끌 수 있는 구조물이나 조각물을 설치하고 다양한 물과 연못의 연출

■ 수경용수

수경시설을 설계하기 위해서는 물의 수리 특성을 이해하여야 하고 물의 연출을 위해 사용되는 적정한 수량이 확보되어야 하며, 물의 이용목적에 부합되는 수질을 유지하기 위한 방법이 강구되어야 한다.

수경용수는 호수, 하천, 지하수, 상수 등 다양한 공급원으로부터 얻을 수 있으나 일반적으로 도시지역은 상수, 비도시지역은 지하수를 사용하게 된다. 최근에는 우수를 집수처리하여 연못이나 폭포 및 수로에 사용하는 중수를 이용하는 추세가 늘어나고 있다. 이러한 물은 이용목적에 맞는 적정의 수질을 가지고 있어야 하는데 수경 용수에 대한 수질 기준은 용도, 목적, 유입수의 사용조건 따라 〈표 7-5〉 기준을 참조하여 적용한다.

표 7-5. 수경용수의 수질 기준

물의 사용조건	기본의 수질 항목					구분
	pH	BOD (mg/l)	SS (mg/l)	투시도 (m)	대장균 군수 (MPN/1000ml)	
물놀이를 전제로 한 수변공간	5.8–8.6	3이하	5이하	1.0	1000이하	풀, 유영 친수 용수
물놀이를 전제로 하지 않은 수변공간	5.8–8.6	5이하	15이하	0.3	–	친수용수 경관용수
감상을 전제로 한 수변공간	5.8–8.6	5이하	15이하	0.3	–	경관용수

만약 유기물이나 광물질이 지나치게 많아 수질이 기준에 부적합하거나 장래 오염될 우려가 있는 경우에는 별도의 수질 정화 대책이 필요하다. 예를 들어 연못의 경우 낙엽과 유기물에 의한 부영양화로 물속에 용존산소량이 부족하면 부패하게 된다. 호기성 박테리아가 생존하기 위해서는 생물학적 산소요구량이 8ppm 이상이어야 하므로 강제순환에 의한 산소공급 자연수와 지하수의 공급 등의 조치가 필요하며, 또한 폐수 및 농약으로 인한 오염, 분진과 쓰레기의 집적을 완화하기 위한 수질 정화 조치가 필요하다.

이러한 수질 정화방법에는 물리적, 화학적, 생물학적 처리방법이 있으므로 수경시설의 수질 유지, 기기 및 배관의 보호, 수경시설의 기능 유지, 외관보호를 위해 적정한 방법을 선택하여야 하며, 원수의 수질, 보유수의 수량, 수경시설의 규모, 목적, 주변환경, 그리고 유지목표 수질을 검토하여야 한다.

■ 수경연출 기법

물은 바다, 강, 계류, 운하, 관개수로, 호안, 축수지, 연못 등을 비롯하여 분수, 벽천, 캐스케이드, 수반 등이 도시수경(waterscape)을 구성한다.

흔히 수경이라 하면, 수경시설의 일부로서 물을 강조하기 위해 여러 가지 구조물을 배치하는 것을 총칭하는데, 주로 연못, 유수, 폭포, 분수, 수반 등의 자연물로서가 아니고 인공적으로 만든 것을 말한다. 스포츠, 위락 등을 위한 옥외공간을 추구하는 인간에게 도시 하안이나 하구안 등지가 흥미와 관심의 대상이 됨과 마찬가지로 철로, 고속도로, 고가도로, 공항, 항만 등 대규모 커뮤니케이션의 결점이 되는 시설용지로서도 적지로 인식되어 현재 도시의 하안은 높은 가치를 지닌 반면 지나친 남용으로 제기된 문제가 심각하게 대두되고 도시개발의 주 대상이 되고 있다.

자연계에서 관찰되는 수경의 양태는 첫째, 연못이나 바다 및 호소와 같이 정적인 양태의 평정수형(平靜水型, static form), 둘째, 눈이나 비 또는 폭포와 같이 떨어지는 형태의 낙수형(落水型, falling form), 셋째, 하천 개울과 같이 흐르는 유수형(流水型, flowing form), 마지막으로 수증기, 용천(龍泉) 등에서 볼 수 있는 뿜어

오르는 양태의 분수형(噴水型, spouting form)으로 구분 할 수 있다.

이러한 자연계에서 볼 수 있는 수경의 양태를 기본으로 하여 수경관의 연출효과를 물의 운동성과 수경 구조물에 담겨져 있는지의 여부에 따라 구분하며 용기에 담겨진 물, 흐르는 물, 떨어지는 물, 분사하는 물로 세분할 수 있다.

표 7-6. 물의 양태별 특성

구분	종류	공간성격	이미지	물의 운동	음향
평정수	연못, 호수, 풀, 샘	정적	평화로움	고임(정지)	작다
유수	강, 하천, 수로	동적	생동감, 율동	흐름+고임	중간
분수	조형분수, 분수	동적	소생, 화려함	분출+떨어짐+고임	유동적
낙수	폭포, 벽천캐스케이드	동적	강인함	떨어짐+흐름+고임	크다

7.5 연못의 설계

연못은 수경연출을 위한 대표적인 요소로서 안정감과 풍요로움을 느끼게 한다. 아울러 잔잔한 수면을, 주변의 경관을 반사나 투영시킴으로서 고요함을 연출하고 수면의 파동과 물의 움직임은 생명감을 부여하며 수생식물과 물고기를 길러서 흥미를 높일 수 있다.

자연의 연못은 지형, 수문, 토질, 강우 등의 요인이 복합적으로 작용하여 오랜 시간에 걸쳐 만들어진 것이며, 외부에서 어떤 인위적인 힘이 가해지기 전에는 스스로 유지해 나가는 능력을 가지고 있다. 그러나 인위적으로 조성되는 연못은 단시간에 조성되므로 주변의 자연환경과 조화를 이루기 힘든 경우가 많고 더구나 연못이 만들어지기 어려운 조건에서는 이를 개선하기 위한 다양한 공법을 불가피하게 사용하여야 한다.

7.5.1 부지조성 설계

연못은 물을 담기 위한 그릇이므로 만들고자 하는 형태와 부지의 지형을 면밀히 검토하여야 한다. 연못의 형태는 대부분 부지의 지형에 영향을 받게 되므로 지형 조건을 검토하여 연못의 바람직한 형태를 결정하여야 한다. 만약 지형과 어울리지 않는 연못의 형태를 설계하게 되면 대규모의 토공사가 불가피하고 많은 비용이 발생하게 되면 자연환경을 파괴하게 된다.

부지조성 설계를 위해서는 제일 먼저 부지내부와 주변의 수문 현황을 면밀히 검토하여야 한다. 이와 동시에 미기후, 토양 및 토질에 대한 분석이 이루어져야 한다. 연못조성 대상인 부지나 부지주변에 수계가 발달되어 있다면 설계가는 이것을 활용하기 위한 방법이나 차단하기 위한 방법을 생각해야 하며, 기존 수로의 변경이 불가피하다면 수로변경으로 인하여 발생될 문제에 대안을 강구하여야 한다.

연못을 위한 부지는 물을 가두기 위해 습지 또는 점토가 많은 토질을 가진 지역이 바람직하며 만약 부지가 투수성이 높은 토질로 되어 있다면 물을 안전하게 담기 위한 방수 및 구조체가 도입되어야 한다.

일반적으로 연못의 깊이는 1.5m 이내로 평지나 경사형으로 조성하는 것이 바람직하다. 그것은 연못의 깊이가 깊을수록 수질을 깨끗하게 유지하기 어려우며, 동시에 연못에 많은 물이 담기게 되어 연못의 바닥이나 토양 부위에 높은 압력이 가해져 연약한 지반인 경우 지반 침하가 발생 될 수 있고 높은 수압으로 인한 누수가 발생될 수 있기 때문이다.

7.5.2 급수 및 배수

■ 급 · 배수시설

연못의 급수는 하천, 계곡, 우천시 유입수에 의해 이루어지며, 지하수나 상수를 인위적으로 공급할 수도 있다. 어떤 경우이든지 수질과 수량이 기준에 적합하여야 하며 가능하다면 자연스럽게 급수와 배수가 조화를 이루는 것이 바람직하다. 연못에 설치되는 배수시설은 연못으로 유입되는 물의 타단과 연못 내부 및 연못 하부의 물의 배수를 위해 설치된다. 연못을 조성하기 위하여 발생한 절개지나 지형 조건으로 인하여 연못 안으로 물이 유입될 가능성이 있을 경우에는 이것을 차단하기 위한 배수시설을 설치하여야 한다. 적정한 수질을 유지하도록 관리를 위해 배수드레인과 적정 수위 이상의 과다한 물을 배수시키기 위해 오버플로우를 설치해야 하는데, 오버플로우의 높이는 목표기준 수면의 높이와 같게 해야 한다. 연못 하부의 물은 연못의 방수층이나 구조체 하부에서 발생되는 물을 맹암거를 이용하여 유출시키기 위한 것으로 이렇게 함으로써 구조체의 파괴나, 지반침하를 줄일 수 있다.

■ 에어벤트(air vent)

에어벤트는 면적 1000㎡ 이상의 대형 연못에서 방수층 아래에 설치되어야 한다. 방수층 아래에 모인 각종 퇴적물이나 유기물은 부패되어 가스를 발생시키게 되며, 가스의 압력으로 방수층을 밀어내거나 깨뜨리게 되어 구조적으로 심각한 문제를 야기할 수 있다. 이와 같은 발생 가스를 유출시키기 위해서는 직경 75~100mm의 P.V.C 관을 사용하는 것이 바람직하며, 가스 배출구는 시각상 좋지 않으므로 눈에 잘 띄지 않는 곳에 배치하는 것이 좋다.

7.6 연못의 시공

7.6.1 토공사의 순서와 방법

연못은 물을 담기 위한 것이므로 우선적 기존지형에 대한 수계분석을 해야 한다. 물은 중력방향으로 흐르는 성질이 있어 스며들 곳이 있으면 조그마한 틈으로

그림 7-1. 세종특별자치시 호수공원

도 빠져 나간다.

따라서 전체 부지 중 가급적 습지 또는 점토가 많은 토질을 선택하고 공간 계획상 부득이 토질 자체가 입자 공극이 큰 사질토양 같은 경우이며, 부지조성 토공사시에 표토를 제거한 후 점토 또는 양질토를 연못조성 계획부지에 집적하여 두는 것이 좋으며, 되메우기 토량을 고려하여 작업에 지장이 없는 곳에 집적해야 한다.

연목의 깊이는 1.5m 이내에 시공하는 것이 바람직하나 그 깊이가 깊을수록 수질보존 청정도 유지가 유리하다.

아울러 수압에 의한 방수층 하부지반의 외부에 별도의 수계가 발생하여 연약한 지반이 될 수 있으므로 설계시에 지질 조사가 충분하지 못 할때에는 시공자는 터파기 후에 반드시 연약한 지층과 수계가 발생할 지역(절토지역 또는 성토지역)을 확인하여 잡석다짐과 맹암거 및 유공관 설치를 반드시 해야 한다.

그리고 바닥 고르기 및 다짐은 토사 전압 다짐 99%이상이 되어야 하므로 대형연못일 경우 룰러 다짐을 중형 연못은 콤팩터 다짐을 해야 하며, 공사기간의 여유가 있을 때는 다짐 후에 물다짐 또는 강우에 의한 다짐 등 자연다짐을 오래하면 매우 좋은 기반조성을 할 수 있다. 특히 경사면이 발생한 지역이나 굴곡이 심한 지역은 다짐을 철저히 하여야 한다.

바닥 공사 완료 후에 바닥은 매우 중요한 경관 요소가 되는 동절기에 배수를 하였을 경우라든가 깊이가 얕은 곳에서의 바닥 모양을 감상할 수 있다. 그리고 양어를 할 경우에는 고기가 월동을 할 수 있도록 1.5m 이상의 박스형태의 고기집을 만들어 주어야 한다. 바닥 마감은 여러 형태가 있는데 막자갈과 모래는 수질의 정화작용과 아울러 방수층을 보호하는 역할을 할 수 있으며, 에폭시 페인트(철근 콘크리트) 청색 등을 사용하는 방법이 있다. 그러나 수심이 1.5m 이상일 경우에는 우리나라의 수질은 녹색 플랑크톤 등과 물의 혼탁도에 의해 비교적 짙은 청록색을 띠므로 방수층 바닥을 그대로 보존하는 것도 좋다.

연못을 만들 때 주의할 것은 물이 샐 우려가 있어 기초공사를 잘 하여야 한다. 물이 새지 않게 하기 위해서는 연못부지보다 더 크게 파고 사방과 바닥을 전부 시멘트콘크리트를 하고 방수액을 사용한 다음 다시 시멘트를 바르고 그 안에 연못의 형태를 잡아서 만든다. 연못은 1.5㎡ 이상의 넓이로 깊이는 60㎝ 이상 150㎝ 정도가 좋다. 면적은 조경부지 전체 면적의1/9 이상을 넘지 않도록 함이 균형된 조화를 이룬다. 연못의 수면은 지표에서 6~10㎝ 정도 낮게 하는 것이 좋다. 수련을 가꾸고자 할 때 에는 넓이 0.7㎡ 에 대해서 한 포기를 심도록 할 것이며, 송판(松板)으로 50㎝ 각, 30㎝ 깊이의 상자를 만들어 여기에 심어서 윗 가장자리 까지의 깊이는 20~25㎝ 정도 되는 것이 알맞다. 또한 연못에는 겨울이나 청소할 때 물을 뺄 수 있도록 배수공을 만들어야 하며, 윗 가장자리부터 약 10㎝ 되는 곳에 여분의 물이 빠져 나갈 수 있도록 일류구(溢流口, overflow)를 만들어 비가 올 때에도 언제나 일정한 수위를 유지할 수 있도록 해 두어야 한다. 금붕어, 잉어, 비단잉어 등을 기르는 연못은 수련지와 겸하기도 한다. 과식, 양어수의 과밀, 급격한 온도변화, 거친 관리 등이 고기를 죽이는 실패요인이다. 자연 서식처는 결코 지나치게 먹이를 주지 않고 과밀하지 않다는 점 등 자연 서식처는 생태적 균형을 이루고 있음을 인식해야한다.

7.6.2 수공간 시공 사례

연못의 공간은 정원이 크든 작든 공간을 생기 있게 만들고 사람들의 시선을 끄는 중요한 역할을 한다. 수공간 조성시에는 전체적인 정원디자인에 자연스럽게 어울리도록 해야하며, 무엇보다 정원의 규모에 맞아야 하며 또한 기후특성을 감안하는 것과 비용이나 관리 차원에서 부담스럽지 않아야 한다.

연못의 조성에 있어 먼저 어떤 형태의 짜임새를 가지고 만들어진 정원의 전체적 형태를 고려해 정형식 정원의 경우 연못을 원형이나 사각형으로 만들고 벽천이나 분수는 기하학적인 형태로 만들 수 있으며, 비정형식 정원의 경우 자연의 경관을 모방하거나 재현하는 것으로, 땅 가름과 동선, 수로 등 선형은 자연곡선을 살리는 연못이나 폭포의 조성으로 자연스런 형태를 만든다. 연못의 공간은 하나의 장식 조형물로서 기능하기도 한다

■ 자연스러운 형태의 운림산방의 운림지

수생식물을 식재하고 자연소재로 호안을 처리하여 자연스러운 느낌이 물씬 풍기는 생태 하천으로 자리를 잡아가고 있다. 가장자리가 석재로 장식된 작은 연못에는 연꽃을 식재하였다. 전남 진도 운림산방(雲林山房)은 대화맥의 산실이다. 세계 유일한 일가직계 4대의 화백이 200여년 동안 이어지고 있는 운림산방은 조선조 후기 남종화의 거봉이었던 소치선생의 화실 주변에 연지를 조성하고 원형섬에 백일홍을 심었으며, 첨철산 주위에 수많은 봉우리가 어우러진 깊은 산골에 아침 저녁으로 피어오르는 안개가 구름숲을 이룬 모습을 보고 운림산방이라 이름 지었다.

그림 7-2. 운림산방

■ 기하학적 형태인 2013 순천만 국제정원 박람회장 호수공원

그림 7-3. 순천만 국제정원 박람회장 호수공원

세계적인 정원 디자이너 영국의 찰스 젱스가 디자인한 순천호수정원은 산과 호수가 원래부터 그곳에 있었던 것처럼 자연스러운 형태로 전체적으로 6개의 언덕과 호수, 데크로 꾸며 마주보고 보행할 수 있도록 만들었다. 원뿔형 모양으로 물이 공급되는 곳에 아름다운 윤상형 보도를 두고 그 주변에는 수변식물과 식물을 심어 딱딱함을 부드러운 느낌으로 완화시킨다.

■ 별서(別墅)의 소쇄원

그림 7-4. 소쇄원의 오곡수

소쇄원은 양산보가 1530년 경에 전남 담양 계류변에 조성한 조선시대의 대표적인 별서이다.

또한 부용동정원은 전남 완도군 보길도에 있는 고산 윤선도(孤山 尹善道)의 부용동정원은 1637년에 조성된 별서로 세연정지역, 낙석재지역, 동천석실지역으로 구성되어 있다. 이중 인공섬이 가장 짙은 세연정지역 수경관을 살펴보면, 세연정지역은 세연정(洗然亭)을 중심으로 계류를 이용하여 자연적인 계담과 인공적인 방지방도로 구성되어있다.

동쪽에는 동대와 서대 춤을 추던 무대의역할 물의 속도를 조절하고 방향을 유도하는 기능과 낚시 등의 기능도 지니고 있다.

그림 7-5. 안압지 전경

■ 경주 안압지(雁鴨池)

삼국사기에 따르면 안압지는 674년 궁안에 못을 파고 무산이십이봉(巫山十二峰)을 본딴 석가산 石假山을 만들었으며 화초를 심고 진금기수 珍禽奇獸를 길렀다고 전해진다. 신라가 안압지를 조성할 당시의 시대적 배경은 신라가 백제와 고구려를 통합할 때이다. 문무왕이 삼국통일을 끝내면서 막강한 국력을 바탕으로 하여 패전국의 기술자와 노동력을 동원하여 만든 정원으로 추측된다. 전체범위는 동서 20m, 남북 180m 3개의 섬이 배치되어 있다. 좌측 섬은 중국, 우측 섬은 일본, 작은 섬은 제주도를 표시, 못 가운데에 정자형(井字形) 목조물을 못바닥에 박아서 그 속에 연(蓮)을 식재한 것으로 보여진다. 낮은 곳에 연못을 만들어 물을 모으고 이것을 경관적으로 이용하는 조경기법은 전통적으로 우리에게 익숙한 방법이다.

■ 경복궁의 향원정(香遠停)

경복궁 후원의 중심이 되는 곳에 마름모꼴의 방지(方地)와 둥근 섬이 있고 섬 위에 아름답게 단청을 한 2층의 누각인 향원정이 있으며, 섬과 연결하는 다리가 놓여 있다. 향원지의 수원(水源)은 북서쪽 모서리의 냉천(冷泉)이 힘차게 솟아오르는 곳에 정석(井石)을 놓고 만든 열상진원(冽上眞源)이다. 주염계의 애련설에 근거하여 군자(君子)를 상징하는 연(蓮)이 식재되었던 것으로 보여지는데, 이것은 향원정의 명칭이 애련설의 향원익청(香遠益淸)에서 유래되었다는 사실을 통해서 알 수 있다.

그림 7-6. 향원정

■ 대아수목원내 수생식물원 데크 동선

대아저수지 맑은 물, 사계절 꽃과 나무가 어우러진 숲길을 거닐며, 싱그런 자연의 향기를 느낄 수 있는 대아수목원은 전북 북부지역인 완주군에 위치하고 있어 전국 어디서나 접근이 용이하고 자연경관이 수려하며, 산림자원의 체계적인 수집, 증식 보전으로 다양한 식물 유전자원을 지속적으로 확보하고, 이용자중심의 산림문화, 교육 체험 공간 확충으로 고품질 서비스를 제공하고 있다. 수생식물원은 인공연못으로 왕버들, 연꽃, 꽃창포 등 14종 4,100여 점의 식물들이 단장하고 있다.

그림 7-7. 대아수목원내 수생식물원

■ 덕진공원의 연못 연화교와 연화정

전주 도심에 있는 덕진공원은 분홍빛 연꽃과 연꽃향이 가득한 덕진호반이 만들어진 유래는 서기 901년 후백제를 건국한 견훤이 도서방위를 위해 늪을 만들었다는 설과 동국여지승람에 전주가 3면이 산으로 둘러쌓인 분지로, 북쪽만 낮게 열려있어 당의 기운이 음지인 서북쪽으로 빠져 나가는 것을 막으려고 못을 팠다고 전한다. 거대한 연못은 여름이 되면 장엄한 홍련의 바다가 된다. 전체 99,174㎡의 연못면적 중 42,975㎡의 연꽃 자생지는 넓은 연잎으로 가득차며, 그 사이사이로 홍련이 스치는 바람에 넝실넝실 춤을 추는 모습과 연못내 가득한 황홀한 연꽃향은 찾는 이용객으로 하여금 탄성이 절로 나오게 한다.

■ 한국도로공사 수목원의 습지원

한국도로공사 수목원은 공기업에서 운영하는 유일한 수목원이다. 이곳은 고속도로를 건설하면서 불가피하게 훼손되는 자연환경을 복구하기 위해 조상한 비영

그림 7-8. 덕진공원의 연화정

리 수목원이다. 이에 따라 1974년 10만여 평 부지에 조경용 수목과 잔디를 재배하여 고속도로 건설구간에 공급해 왔으며, 수목원내 다양한 식물종의 보존, 증식, 보급, 연구에 최선을 다하고 있다. 이처럼 한국도로공사 수목원은 자연과 인간이 공존하는 생태문화를 지향하는 연구 공간이자 교육장이다. 3,200여 종의 다양한 꽃과 나무가 빚어내는 한국도로공사 수목원의 아름다운 경관은 이용자들의 쉼터로 자리매김하고 있다. 습지원 7,050m²의 면적에 수생식물인 창포, 백련, 검정말, 생이가래 등 170종이 식재되어 있어 수질정화와 아름다움을 주고 있다.

그림 7-9. 한국도로공사 수목원의 습지원

참고문헌

- 서울특별시(1998), 물을 이용한 친수공간 조성 기본 및 실시설계, p7-11.
- 서울특별시(1999), 자연계곡수를 이용한 수경시설 조성 기본 및 실시설계, p36-37.
- 주택문화사(2003), 테마가 있는 정원가꾸기 33, p94-95.
- 정운익(2009), 수경시공의 현황과 문제점, 조경생태시공, 여름.
- 찰스 젱스(2013), 자연의 축소판에서 경관을 즐기다, 환경과 조경.
- 최기수외(2009), 조경구조학, 일조각, p435-438.
- 한국조경학회(2013), 조경시공학, 문운당, p334.

정원수

안형민

(유)내장조경 대표, 전북대 이학석사

인간이 수목을 처음 이용한 역사는 고대 이집트에서 기원전 2000년경에 흙에 붙어 있는 상태로 수목을 옮겼다는 기록으로 알 수 있다(2011.조경수식재관리기술, 이경준.이승제). 수목은 인류의 역사와 함께 긴 세월을 거치면서 없어서는 안 될 동반자가 되어 왔다. 우리나라에서 조경수의 관심은 1990년대 부터 경제발전과 국민소득이 향상되면서 높아지기 시작하였다. 조경수의 의미란 조경에 사용되는 나무 즉 수목을 뜻한다. 녹음수, 정원수, 관상수 등과 같이 쓰이는 곳에 따라 명칭이 달라지기도 한다. 또한 생김새에 따라 달라지기도 한다. 수목의 키에 따라 교목 또는 관목 나눌 수 있고 잎의 모양으로 침엽수 또는 활엽수로 나눌 수 있다. 조경을 목적으로 사용되는 목본류와 초본류를 합쳐 말하며 좁은 의미에서는 조경용에 이용되는 목본류 만을 의미한다. 초본류와 목본류의 차이는 잎과 줄기로 구분하지만 초본류는 줄기가 연하고 부드러우며 대부분 1~2년생 식물이다. 목본류는 줄기가 단단하고 여러 해 동안 사는 식물을 뜻한다.

그림 8-1. 초본류

그림 8-2. 목본류

목본류과에 속하는 조경수는 크게 교목과 관목으로 나눌 수 있다.

그러나 식물 육종방법이 발전됨에 따라 교목인 수종이 왜성형, 수양형, 포복형 등으로 나타나기도 하며 관목인 수종이 교목성인 직립성으로 개발되기도 한다(2008.조경수 국내외 연구동향과 개발방향, 박형순). 교목이라 함은 해마다 다시 자라나는 목본성 식물로 자신을 지탱하는 목질조직으로 된 하나의 줄기를 가지고 있으며 크기는 불과 몇 cm에서 100여m에 달한다. 잎이 매년 떨어지는 것을 낙엽수, 겨울에도 떨어지지 않고 1년 이상 가지에 달려 있는 나무를 상록수라고 하지만 환경에 따라 변하는 종류도 있다. 소나무과의 식물처럼 잎이 뾰족한 나무를 침엽수, 상수리나무나 무궁화처럼 잎이 넓은 나무를 활엽수라고 한다. 활엽수는 상록성인 것과 낙엽성인 것의 두 가지가 있는데 각각 상록 활엽수 낙엽활엽수라 한다. 하지만 대표적으로 은행나무, 낙우송, 메타세쿼이어 같은 수목은 낙엽침엽수에 속한다.

그림 8-3. 침엽수

그림 8-4. 상록활엽수

그림 8-5. 낙엽활엽수

8.1 정원수의 이식

수목의 이식에서 중요한 점은 자라던 수목을 이식함에 있어, 잘려진 뿌리 등 엄청난 스트레스를 극복하고 새로운 식재환경에 새뿌리를 내려 얼마나 빠르게 활착 하느냐에 있다고 할 수 있다. 수목의 이식을 잘 하기 위해서는 수목 뿌리분이 들어갈 식혈부의 토양이 건전해야 하고 뿌리의 발근을 촉진하는 유 · 무기 영양물질을 공급해야 한다.

특히 수목 이식 시 지켜야할 사항으로 다음의 몇 가지를 보면 첫째, 수목 이식지의 토양은 물빠짐이 좋아야 한다. 즉 배수성이 우수해서 물고임이 없어야 뿌리가 썩는 현상이 없고, 통기성이 좋아 뿌리내림이 빠르게 된다. 둘째, 수목 뿌리분 주위에는 물리, 화학성 뿐만 아니라 미생물이 빠르게 서식할 수 있는 환경을 조성하여야 한다. 특히, 도심지의 가로수 식재지역 및 공원조성 지역의 토양은 유기물의 함유량이 거의 전무하며, 절토나 성토 등 인위적인 교란으로 인하여 유효토양층이 소실되어 수목이 생육하는데 물리성, 화학성, 미생물성 등이 모두 불량하다. 즉 물리, 화학, 미생물성을 모두 개량할 수 있는 토양개량제를 사용하여야 한다. 셋째, 수목 이식후 잘린 뿌리의 상처를 빠르게 치유해야 한다. 잘린 뿌리의 캘러스(상처치유조직)를 유도할 수 있는 유기산과 식물호르몬이 있어야 하며, 세포를 형성할 때 가장 필수적인 각종 미량요소가 충분히 공급되어야 한다.

8.1.1 일반적인 정원수의 이식

수목을 이식하기 위해서는 먼저 선행되어야 할 것들이 몇 가지 있다. 우선 식재하고자 하는 대상지의 토양환경 및 기후환경에 대해서 정확히 알아야 하며, 식재하고자 하는 수종이 천근성인지 심근성인지, 그리고 이식에 내성이 있는지 없는지에 대해서도 알아야 한다.

수목이식공정은 "수목선정 → (뿌리돌림, 대형목의 경우) → 굴취 및 분매기 → 운반 →전지 및 전정 → 식재(구덩이파기 → 분 앉히기 → 흙넣기 → 물받이 설치) → 지주목 설치"의 순으로 이루어진다.

수목이식은 상당한 기술이 필요하므로 전문적인 기능공이 실시해야 하며, 다음 표에는 "(주)장원조경 신경준 대표이사"의 글에서 발췌한 각 단계별 하자율을 줄일 수 있는 방법을 요약하였다(2009 봄, 조경생태시공).

표 8-1. 수목이식시 하자율을 줄일 수 있는 방법

구분	하자율을 줄일 수 있는 방법
수목선정	• 용기에서 재배한 수목 사용. • 지피류 등은 현재 용기에 의한 재배가 사용화.

구분	하자율을 줄일 수 있는 방법
뿌리돌림	• 굴취 전 재배지에서 뿌리돌림한 후 수목을 현장에 반입. • 뿌리돌림은 보통 식재하기 1~2년 전에 시행해야 하나, 수목의 특성과 계절에 따라 3개월 전에 만 시행해도 무방함.
굴취	• 뿌리의 단근시 잘린 면을 깨끗하게 잘라야 함. 상처부위는 최소면적을 가지도록 뿌리의 발달방향과 직각으로 자르고 상처부위가 크면 발근촉진제나 살균제를 발라 치료함. • 정전시 굵은 가지나 단근시 큰 뿌리를 잘라야 할 때는 반드시 살균제를 발라야함. • 하절기에 수목을 굴취할 때는 증산억제재를 살포. • 뿌리분 크기는 크면 클수록 뿌리의 손상이 적어 하자를 줄일 수 있으나 수목을 다루기 편한 정도의 크기로 보통 근원경의 4~6배 크기가 적당함. • 뿌리분을 감을 때는 줄기와 뿌리가 따로 놀아 잔뿌리가 끊기지 않도록 해야 함.
상차	• 수목을 들 때는 수피가 벗겨지지 않도록 하며, 특히 대형목은 보호대를 목대(줄기)에 감고 목도끈을 감아 최대한 신속히 상차해야 함. • 운송시 수목의 흔들림을 최대한 방지하기 위해 뿌리분이 적재함에서 움직이지 않도록 잘 고정 하고, 상차가 끝나면 수목의 가지가 적재함 밖으로 나오지 않도록 가지를 묶어서 정리하고 잘 고정하여야 함.
운반	• 굴취한 수목은 신속히 운반하고 운송시 태양열과 바람에 의하여 잎이 탈수 있으므로 이를 방지하기 위해 증산억제재를 살포하고 차광막을 덮어야 함. • 운반도중 수목을 잘 고정하여 흔들림을 최소화하고, 수목의 운송은 가급적 밤에 많이 시행함.
하차	• 수목의 하차는 정식할 곳에 하차하는 것이 가장 좋으나 그렇지 못할 경우에는 정식할 곳에 가장 가까운 곳에 하차함 • 당일 식재가 힘든 수목은 서늘하고, 음지에 하차한 후 차광막을 설치한 후 아침, 저녁으로 잎에 물을 살포하고 전정 후 수목을 운반하여 식재함.
식재	• 식재지의 토양상태를 파악하고 반입토양이 오염되었거나 배수가 불량한 토양을 사용하면 안됨. • 배수가 불량한 지역에 식재 시는 구덩이의 밑부분에 암거배수를 하고 토양개량재를 사용해야함. • 수목을 식재할 구덩이는 뿌리분의 1.5배, 깊이는 뿌리분 길이보다 15cm 깊게 파는 것이 적당함. • 봄철에 식재할 때는 여름철 장마 때 물고임을 고려하여 약간 얕게 식재하고 가을철에 식재할 때는 겨울철 동절기의 뿌리 동사를 대비하여 약간 깊게 식재하는 것이 좋음. • 하절기에는 식재전 증산억제재를 살포하는 것이 좋음. • 식재 시 흙을 뿌리분 주위를 채울 때 관수를 하는 것이 바람직함. • 관수시 토양과 뿌리분의 공극이 없도록 충분히 관수하고 주위의 토양이 완전히 가라앉아 안정이 될 때까지 물다짐을 해야함.

구분	하자율을 줄일 수 있는 방법
식재	• 발근촉진제나 살균제 등을 혼합하여 관수를 하면 좋음. • 대형목의 경우 유공관을 뿌리 주위에 매설하여 통기와 관수를 원활히 해줌.
지주목	• 수목이 정식되고 물다짐이 끝나면 교목은 지주목을 설치하여 수목이 바람이나 사고에 의해 뿌리털이 끊기지 않도록 해야 함.
유지관리	• 병해충*은 수목을 고사시키는 주범이므로 병충해가 발생했을 때는 신속히 방제해야 함(수목을 이식한 후 수목은 매우 약해져 있는 상태이므로 병해충 발생이 빈번하게 나타남). • 관수는 건기에 때를 놓치지 말고 적기에 실시해야하며, 특히 불볕더위가 오는 여름철(장마철 제외)에는 아파트 지하주차장 상부나 건물옥상 등 인공지반 위의 관수에 특히 신경을 써야 함. • 관수시간은 한낮은 피하고 오전 10시 이전, 오후 4시 이후 서늘한 시간에 시행해야 수분증발에 의한 잎 마름 현상도 방지하고 수목의 성장에도 최대한 효과를 나타냄
종합	• 합리적인 식재관리 시스템 도입. – 작업별로 작업지시서, 체크리스트를 만들어 점검, 관리. • 식물, 토양, 병충해에 대한 기초 지식 습득. • 인원, 장비, 보조자재 및 현장의 자연, 인문적 환경 이해. • 식물에 대한 애정.

* 수목은 이식 후 몸살을 앓게 되는데, 이는 뿌리가 단근된 상태에서 새로운 식재환경에 적응하기 위해 반드시 겪어야 할 과정이다. 이때 수목은 매우 약한 상태로 병이나 해충에 의한 피해에 보다 많이 노출되므로 평상시 보다 많은 주의를 해야 한다. 사람으로 말하면 수술을 마치고 병동으로 가기 전 회복실에서 바이러스나 세균에 의한 감염으로부터 집중적인 보살핌을 받는 것과 마찬가지이다.

8.2 정원수의 식재준비

8.2.1 정원수의 식재시기

교목의 식재 시기는 우리나라의 특성상 지역에 따라 상당한 차이가 있다고 보아진다. 그간의 경험으로 보면 낙엽수의 경우 토양이 해동 된 직후부터 새 잎이 나기전인 3월 말까지가 적기이며 추계 식재는 낙엽이 다 진후부터 땅이 얼기 전까지가 좋으며, 상록수는 새로운 눈이 움직이기 시작하는 3월말~4월 중순이 좋다. 봄에 교목을 식재하면 발근이 쉽고, 생육을 하면서 발근 및 성장이 병행되며 이로 인하여 가뭄에 견디는 힘도 강해지고, 겨울 동해의 피해에도 내성이 강한 것으로 나타난다. 가을에 교목을 식재하면 수종별 이식시기를 잘 고려해야 한다. 이식이 이른 경우 낙엽 후 새잎이 재발아 하여 양분흡수 부족으로 고사하는 경우가 있고, 내한성이 약한 수종은 겨울에 동해를 입는 경우가 많아, 될 수 있는 한 가을 이식을 피해야 한다. 가을 이식의 장점으로는 이듬해 일찍 수목이 생장을 시작하는 것이나 이 또한 이른 봄의 이식과 별 차이가 없어 보인다.

표 8-2. 지역별 식재시기

구 분	춘 기	추 기
중북부산악지역	3월25일 ~ 5월31일	9월15일 ~ 11월20일
중부지역	3월15일 ~ 5월25일	9월26일 ~ 11월30일
남부지역	3월5일 ~ 5월20일	10월1일 ~ 12월10일
남해안지역	2월20일 ~ 5월15일	10월10일 ~ 12월20일
제주지역	2월10일 ~ 5월10일	10월20일 ~ 1월10일

식재 부 적기에 부득이 이식공사를 시행해야 할 경우 경험이 많은 조경가의 자문을 받아 시행하여야 하며, 그에따른 수목 활착을 위한 충분한 보양이 병행 되어야 하고, 경험으로 동절기(12~2월)이식이 하절기(7~9월)이식에 비해 수목 활착면에서 유리한 것으로 나타났다.

8.2.2 이식대상 수목의 뿌리돌림

수목의 뿌리돌림은 이식을 꺼려하는 수목에, 자라고 있던 곳에서 일부의 뿌리를 절단하여 그곳에 새로운 잔뿌리를 발생시켜 이식 시 수목의 활력을 증강하여 이식 후 활착율을 높이는데 그 목적이 있으며, 대형목, 노거수, 쇠약해진 나무, 이식을 꺼리는 나무 등은 반드시 뿌리돌림을 하여 잔뿌리의 발생을 충분히 함으로써 이식 후 고사를 막을 수 있으며 이의 효과는 대단함을 보았다.

뿌리돌림의 시기는 수목을 이식하기 전 최소 6개월~2,3년 정도의 시간에 걸쳐 하는 것이 바람직하다. 뿌리돌림의 시기는 상록수는 수목의 활력이 높은 여름철, 침엽수와 낙엽활엽수는 가을부터 초봄까지가 좋은데 보통 땅이 풀린 직후부터 4월 상순까지 많이 시행한다.

뿌리돌림에는 나무 주위를 도랑의 형태로 파내려가 노출되는 뿌리를 절단한 다음 흙을 다시 덮어 잔뿌리가 나게 하는 방법과, 표층토를 약간 긁어낸 다음 뿌리가 노출되면 삽이나 낫, 톱, 전정가위 등을 땅속에 넣어 곁뿌리를 잘라 뿌리가 나게 하는 간단한 방법이 있다. 큰 나무의 경우 원뿌리를 15cm 정도의 길이로 환상박피(環狀剝皮)하고 다시 파 올렸던 흙을 덮어준다. 이때 흙에 약간의 거름이나 부엽토를 섞어주면 잔뿌리가 잘 발생한다.

그림 8-6. 뿌리돌림 하는 방법

주의사항

① 쇠약한 나무의 뿌리를 단번에 모두 잘라버리면 나무가 죽어버리는 수가 있으므로 2년 동안에 걸쳐 나누어 실시해야 한다.

② 뿌리돌림을 하면 뿌리가 많이 절단되어 수분을 잘 흡수하지 못하므로 위쪽 가지를 전정하여 뿌리와 균형을 이루게 해야 한다.

8.3 조경수의 굴취

교목 굴취는 정원 내에서 나무를 옮겨 심을 때 필요하다. 수목의 활착에 큰 영향을 주는 굴취를 할 때 묘목이나 어린 나무는 비교적 쉽게 이식할 수 있으나, 어느 정도 성장한 나무나 뿌리가 내리기 어려운 나무를 굴취하기 위해서는 사전에 면밀한 준비를 해야 한다.

8.3.1 뿌리분의 크기

그림 8-7. 뿌리분의 형태

근분의 크기는 보통 수간의 직경에 따라서 결정한다. 뿌리분의 크기는 수목의 종류에 따라 다르지만 보통 근원 지름(R)의 3~5배를 기준으로 하며, 분의 깊이는 잔뿌리의 밀도가 현저히 감소되는 부위로 분 너비(A)의 1/2 이상이어야 한다. 뿌리분의 모양은 원형으로 하고 측면은 수직으로, 밑면은 둥글게 다듬는다. 이때 뿌리가 깊게 자라는 심근성 수종은 조개분, 뿌리가 얕게 자라는 천근성 수종은 접시분, 일반적인 수종은 보통분으로 파 올린다.

8.3.2 뿌리분 뜨기

뿌리분 뜨기는 이식하기 위해서 수목을 캐내는 작업으로 수목의 습성, 이식의 난이도에 따라 작업방법이 다르며, 이미 뿌리돌림된 수목은 새로난 잔뿌리를 미리 가위로 잘라 주되 가급적 분크기보다 조금 길게 잘라 주는 것이 좋다.

뿌리분을 뜨는 방법을 보며 뿌리분 표면의 잡초나 지피류를 제거하고 작업하기 쉽도록 아래쪽 가지를 끈으로 묶거나 자른다. 뿌리분의 경계는 근원 지름의 3~5배를 기준으로 하여 뿌리분을 원으로 표시하고 예리한 삽날이나 톱, 전정가위로 뿌리를 매끈하게 잘라내면서 도랑 모양으로 파내려간다. 도랑의 크기는 사람이 들어가서 작업하기에 충분하게 60cm 이상의 폭으로 파 내려간다. 노출된 뿌리를 전정가위나 톱으로 매끈하게 절단하고, 파는 깊이는 수종이나 나무가 서 있는 장소에 따라 다르지만 일반적으로 보통분의 규격인 그려놓은 원지름의 3/4 정도면 충분하다.

그림 8-8. 뿌리분의 뜨기

8.3.3 뿌리분 감기

뿌리분이 노출되면 근분의 측면을 녹화마대로 뿌리분을 감싸고, 마대를 근분에 밀착시키기 위하여 녹화끈이나 새끼로 돌려가면서 동여맨다. 만약 흙과 뿌리가 긴밀히 얽혀 있어 부서질 염려가 없을 경우에는 뿌리분을 지표면으로 들어올려 거적 위에 놓은 상태에서 녹화마대와 새끼줄로 감는다. 근분의 흙이 깨지지 않도록 보강하기 위하여 녹화끈, 새끼, 고무바, 철사 등을 사용하게 된다. 이때 사용되는 재료는 땅속에서 수년내에 부식되는 물질이어야 하며, 식재작업이 끝나면 비닐끈, 나이론끈, 고무바 등 썩지않는 부재료는 제거한다.

그림 8-9. 뿌리분 감기

8.4 조경수 운반

수목을 굴취해서 식재하고자 하는 목적지까지 운반해야 한다. 대부분의 교목은 포크레인, 크레인 등의 중기를 사용해서 안전하게 상 · 하차 트럭에 의한 이동 등의 과정을 거치며, 운반도중 뿌리와 나무의 모양이 손상되지 않도록 보호조치를 취해야 한다.

그림 8-10. 조경수 운반

8.4.1 운반시 주의사항

이식목은 대부분 트럭에 의하여 이송되는데. 운반도중 흔들림 등에 의한 트럭과의 접촉에 의한 손상 등의 보호를 위해 트럭과의 접촉부에 담요 등 쿠션재를 충진하고 단단이 고정하여 운반하고, 장거리 이동의 경우에는 나무 전체를 천막 등으로 보양하여 바람의 노출에 의한 탈수현상을 방지해야하며, 과격한 운전에 의한 충격에 의해 분이 깨지는 것을 방지하기위해 서행해야 한다.

8.5 조경수 식재

조경수 이식 공정 중 가장 중요한 식재에 관한 사항을 보면, 일반적으로 교목식재는 관목식재 전에 이루어지는데 정원을 만들 때 시각적으로나 공간적으로 중요하므로 주어진 설계도면을 토대로 수목의 형태를 고려하여 식재한다. 아울러 교목을 식재할 때 지켜야 할 것은 절대로 깊게 심지 말고 이식전에 심겨졌던 깊이만큼 심어야 한다는 것이다.

식재작업의 순서

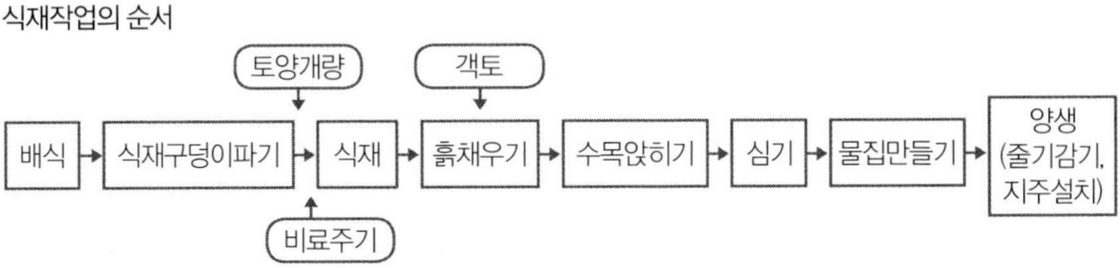

8.5.1 식재구덩이 파기

식재구덩이는 나무를 심을 곳에 뿌리분의 1.5배 크기로 구덩이를 판다. 구덩이의 가장자리가 근분에서 최소한 30cm 이상 떨어지도록 크게 해야 한다. 이때 식재구덩이의 깊이는 뿌리분의 크기, 구덩이 바닥에 깔게 되는 흙, 퇴비 등의 높이를 고려하여 결정해야 한다. 구덩이를 파면서 나온 흙은 표층토와 심층토로 나누어 구덩이 옆에 쌓아둔다. 구덩이의 바닥면은 수목의 방향과 경사도를 쉽게 조절할 수 있도록 가운데를 약간 높인다.

배수가 잘 되지않는 토양은 수평방향으로 배수관을 묻어 물을 빼는 시설을 하거나, 소나무와 같이 물을 싫어하는 수목에는 약간 높게 심는 것이 좋다.

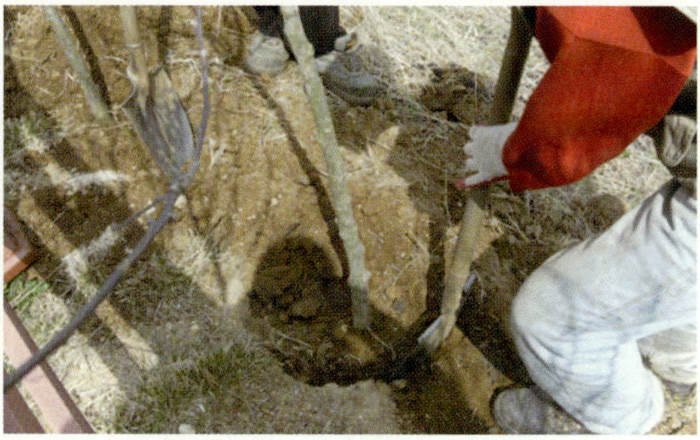

그림 8-11. 식재구덩이 파기

8.5.2 식재지 토양

식재할 곳의 흙이 나무의 생육에 적합하다면 그대로 사용하고, 수목의 생육을 증진시키기 위해 지효성 유기질 비료를 혼합하여 사용할 수 있다. 이때 비료 성분이 뿌리에 직접 닿지 않도록 중간에 흙을 깔아준다. 만약 토양이 식재하기에 부적합하다면 치환해야 한다. 이때 사용하는 객토용 흙은 부식질이 풍부한 사양토를 사용한다.

그림 8-12. 식재지 토양

8.5.3 가지치기

나무를 이식할 때 많은 뿌리가 없어지기 때문에 일반적으로 뿌리의 절단 정도에 따라 전정을 하는데 수종 고유의 모양을 최대한 살리도록 노력해야 하며, 낙엽수를 이른봄에 충분한 크기의 근분을 만들어서 이식할 경우 혹은 상록수에 증산억제재를 뿌리고 이식할 경우에는 나무가 스트레스를 적게 받는다. 즉 이른봄 잎이 나오기 전에 수목을 이식하면 새로 나오는 잎의 크기와 숫자는 수분과 양분이 줄어든 만큼 감소하게 되며, 수목이 새로운 환경에 적응하는 수단이 된다. 따라서 나무를 이식할 때 근분을 크게 만들도록 노력하고, 뿌리가 깨지거나 마르지 않게 조심하고, 정기적으로 관수한다면 가지치기를 과다하게 하지 않아도 된다. 이식목을 굴취하기 전에는 가지치기를 되도록 적게 하는 것이 바람직하다. 이식이 완료되기 전까지 굴취, 운반, 식재과정을 거치면서 일부 가지가 부러지기도 하기 때문이다. 최종적으로 나무가 이식 장소에 도착하면 묶여 있던 가지를 풀어 주고 정면에서 보기 좋게 가지치기를 실시한다. 병든 가지, 부러진 가지, 약한 가지, 맹아지, 중복지 등을 먼저 제거하고, 수관의 전체적 모양을 고려하여 수형을 바로잡는다. 가지치기로 없어지는 가지의 양은 뿌리와 줄기의 비율(T/R율)에 적합하도록 하는게 중요하다.

그림 8-13. 가지치기

8.5.4 이식목의 방향잡기와 세우기

이식목을 식재 구덩이에 넣기 전에 이식목의 식재 방향을 먼저 결정한다. 수관의 방향중 가장 아름답게 보이는 방향이 있다. 가능하면 그 방향이 정면에서 보이도록 나무를 구덩이에 집어넣는다. 수피가 얇은 이식목은 이식하기 전 햇빛의 방향과 이식 후 햇빛의 방향이 다를 때 강한 햇빛에 의한 수피의 피소현상(sunscald)을 막기 위하여 본래 심겨졌던 방향대로 심는 방법도 고려할 수 있으나, 이식하기 전에 수피를 보호하기 위하여 어떤 재료로 감싸 놓았다면 새로운 방향으로 심음으로 해서 생기는 피소문제는 해결된다.

그림 8-14. 이식목 방향잡기

이식목을 구덩이에 집어 넣기 전에 구덩이의 깊이가 근분의 높이와 거의 비슷한가를 확인해야 한다. 대경목의 경우에는 구덩이의 깊이를 약 10~15cm 가량만 더 깊게 판 다음, 바닥에 흙을 10~15cm 깔고 다져 준다. 근분이 제자리를 잡은 후, 근분의 맨 위 흙표면이 지표면과 같은 높이가 되는지 확인한다. 그리고 수간이 곧바로 서 있는가를 확인한다.

이식목분을 보호하기 위해서 사용한 재료 중 부식이 되지 않는 재료는 가능한 한 모두 제거 해야 한다.

8.5.5 흙 채우기

흙 채우기는 구덩이에서 나온 흙을 사용함을 기본으로 하며, 토양의 물리 화학적 성질을 개선하기 위하여 완숙된 유기물 퇴비를 20~ 30%(부피로 환산) 가량을 골고루 섞어서 사용한다. 식재용 흙이 준비되었으면 구덩이를 채우고, 흙 채우기는 지형조건에 따라 높이거나 낮추도록 조정해야 한다. 지하수위가 높은 곳이나 물이 고이기 쉬운 곳에는 상대적으로 높게 심고 토양이 건조한 곳에는 낮게 심어야 한다.

흙 채우기가 끝나면 관수하기 위하여 물집을 만들고 근분 하부부터 충분한 물조임을 한다. 흙을 채워 진흙처럼 만들고 뿌리 사이에 흙이 잘 밀착되도록 막대기나 삽 등으로 다져 흙 속의 공극을 제거한다. 물집에 고여 있던 물이 완전히 스며들면 근분 가장자리 주변으로 높이 10cm 정도의 물집을 만들어 물을 담을 수 있게 한다. 활착에 충분한 수분이 보유될 수 있도록 물집에 5cm 두께로 나무껍질 등을 깔아준다.

그림 8-15. 물집 만들기

8.6 식재 후 공정

8.6.1 줄기감기

옮겨 심은 나무는 모든 생육기능이 약해져 있기 때문에 적절한 보호조치를 해주어야 한다. 껍질이 약한 나무는 여름철에 강한 햇빛을 막아주고 보습을 위한 조치를 해야 하며, 가을에 이식한 나무는 겨울철에 얼어 죽지 않도록 보온조치를 해 주어야 한다. 이를 위해서 수목줄기에 새끼줄을 감은 후 진흙을 바르거나 거적, 종이 등으로 감싸는 양생작업을 하는데, 이를 줄기 감기라 한다. 여기에 쓰이는 재료로는 새끼줄, 녹화마대, 황마포 테이프, 진흙 등을 주로 사용 한다.

그림 8-16. 줄기감기

8.6.2 지주 세우기

지주 설치는 바람이나 외부의 충격으로 쉽게 쓰러지거나, 수간이 흔들려 뿌리에 충격을 줄 수 있으므로 원활한 활착을 위해서는 수목을 고정해 주어야 한다.

표 8-3. 지주의 종류와 적용

지 주 형	적용 수목	시공 방법
단각지주	묘목이나 나무 높이 1.2m 이하의 수목	1개의 말뚝을 수목의 주간 바로 옆에 깊이 박고 그 말뚝에 주간을 묶어 고정한다.
이각지주	나무 높이 1.2~2.5m의 수목	수목의 중심으로 부터 양쪽으로 일정한 간격을 벌려서 각목이나 말뚝을 30cm 정도 깊이로 박고, 박은 나무를 각목과 연결 못으로 고정시킨 다음 가로지르는 각목과 식물의 주간을 새끼나 끈으로 묶는다.
삼발이	소형 : 나무높이 5m 이하의 수목 대형 : 나무높이 5m 이상의 수목	박피 통나무나 각재를 삼각형으로 주간에 걸쳐 새끼줄이나 끈으로 묶어 수목을 안정시킨다.

지 주 형	적용 수목	시공 방법
삼각(사각) 지주	나무 높이 1.2~4.5m의 수목	각재나 박피 통나무를 이용하여 삼각이나 사각으로 박아 가로지른 각재와 주간을 연결한다. 지주 경사각은 70°를 표준으로 한다. 사각지주가 삼각지주보다 견고하고 튼튼하다.
연계형 지주	나무 높이 1.2~4.5m이고 같은 종류의 군식수목에 설치	각 수목의 주간에 각목 또는 대나무 등의 가로 막대를 대고 주간과 결속하여 고정한다.
매몰형 지주	경관상 매우 중요한 위치거나 지주목이 통행에 지장을 많이 초래한다고 판단되는 경우	식재 구덩이 아랫부분 뿌리분의 양쪽에 박피 통나무를 눕혀 단단히 묻고 이를 지주대로 하여 뿌리분을 철선이나 밧줄로 고정한다.
당김줄형 지주 (턴버클)	대형 수목이나 경관적 가치가 요구되는 곳	주간에 완충재를 감아 수피를 보호하고 그 부위에서 세 방향으로 철선을 당겨 지표에 박은 말뚝에 고정한다.

그림 8-17. 이각 지주

그림 8-18. 삼각 지주

그림 8-19. 연계형 지주

그림 8-20. 사각 지주

그림 8-21. 당김줄형 지주

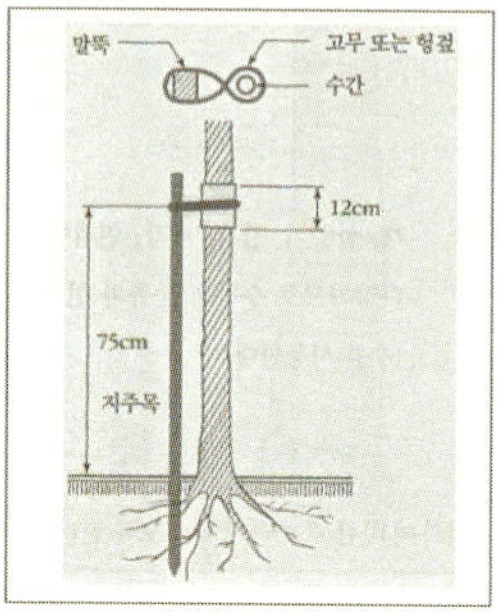

그림 8-22. 단각 지주

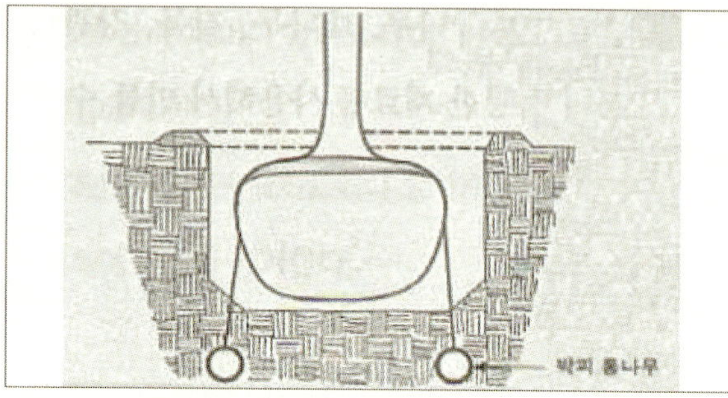

그림 8-23. 매몰형 지주

지주는 통나무, 대나무, 각목, 강관, 플라스틱, 철선 등 다양한 재료를 사용해서 만들 수 있다. 또 형태에 따라 단각, 이각, 삼발이, 삼각, 사각, 연계형, 당김줄형, 매몰형 등 다양하므로 수목의 종류와 현장 여건에 따라 적절한 지주를 사용한다.

8.6.3 멀칭

멀칭은 지표면을 어떤 물질로 덮는 것을 의미하며 수목의 아랫부분을 그대로 방치하게 되면 흙이 노출되어 보기에도 좋지 않고 토양 중의 수분이 증발하게 되며 잡초가 자라게 된다. 이를 방지하기 위해서 수목을 이식 한 후 우드칩, 파쇄목, 나무껍질, 볏짚 등으로 멀칭을 하게 되면 수분 증발을 억제하여 활착에 도움이 된다. 피복 면적은 수관폭 면적 만큼이 적당하며, 5 ~ 10cm 두께로 깔아 주는게 적당하다.

이와 같이 토양 멀칭이 이식목의 초기 뿌리 발달과 활착을 촉진하는 이유는 멀

그림 8-24. 멀칭의 종류

칭으로 인하여 토양의 성질과 환경이 뿌리 발달에 유리하게 개선되기 때문이다. 그 중에서 봄철과 여름철에 토양온도의 급격한 변화가 줄어들고, 토양의 건조를 예방하여 수분 흡수가 양호해지기 때문으로 판단된다.

8.7 뿌리의 보호

정원을 만들다 보면 기존의 큰 나무들을 보호하거나 식재 후 배수가 불량한 지반을 개선해 주어야 하는 경우가 있다.

성토 때문에 기존 수목들의 뿌리가 원래보다 땅속으로 깊게 들어가게 되면, 그 나무의 뿌리는 토양공기가 부족하여 호흡에 필요한 산소공급이 어려워져 수목이 죽을 수 있다. 이때 기존 수목을 보호하기 위해 성토 때문에 묻힌 나무 둘레의 흙을 파 올리고 나무줄기를 중심으로 일정한 넓이로 지면까지 소옹벽을 쌓아서 원래의 지표면 높이를 유지하도록 나무우물(tree well)을 만들어주면 뿌리의 생육이 건전하게 지속될 수 있다. 이때 소옹벽은 배면에서 물이 흘러나올 수 있도록 메쌓기를 해야 한다.

한편, 절토로 인해 뿌리가 노출되는 경우에는 노출된 부분에 역시 소옹벽을 쌓아서 뿌리를 보호해야 한다. 이 밖에도 콘크리트나 아스팔트 포장같이 투수되지 않는 포장을 하면 뿌리에 수분이 공급되지 않는 경우가 있으므로, 정원에서는 될 수 있으면 투수가 가능한 투수성 포장을 하는 것이 좋다.

8.7.1 식재지반의 배수를 개선하는 방법

정원에서 식재 후 중요한 문제는 토양수분 상태인데, 흙이 점토를 많이 함유하여 배수가 잘 되지 않거나 지하수위가 높아 물이 적절하게 배수되지 않으면 나무는 수분과다로 죽게 된다. 이때는 배수를 촉진하기 위한 배수불량지반 처리를 반드시 해주어야 한다. 배수가 불량한 식재지반의 배수를 개선하기 위해서는 다양한 방법이 있는데 대표적으로 배수관 배수, 맹암거 배수, 자갈층 배수 등의 방법을 사용한다. 토공사로 인하여 지표면의 높이가 달라 지거나 기타 공사로 인하여 수목의 뿌리가 피해를 입으면 소중한 노거목이 죽는 경우가 있으므로 주의 해야 하며 이러한 작업이 이루어지기 전에 수목을 보호하기 위한 사전 조치를 취하고 작업 후 수목의 생육상태를 면밀히 관찰하여 문제가 발생하면 신속한 보호조치를 취한다.

그림 8-25. 식재지반 배수 개선 방법

■ 배수관 배수

식재구덩이 하부에 자갈층을 만들고 이곳에서 별도로 설치된 배수관으로 유공관을 연결하여 물을 배수시키는 방법으로 배수효과가 높지만 작업규모가 크다.

■ 맹암거 배수

식재구덩이 바닥의 구석에 별도로 맹암거를 설치하여 이곳을 통하여 물을 집수하고 배수시키는 방법으로 맹암거를 연결시키는 작업이 필요하다.

■ 자갈층 배수

식재구덩이 바닥의 구석에 아래로 30cm 이상을 파고 자갈을 채워 물을 이곳으로 모이도록 하여 배수시키는 간단한 방법이지만 배수불량지반을 완전히 개선할 수 없다.

8.8 정원수 관리

수목은 우리가 살아가는 주변에서 어디서든 쉽게 접할 수 있다. 흔하고 구하기 쉽고 저렴하게 소유 할 수 있다는 생각을 가지고 있을 것이다. 하지만 수목은 공장에서 완제품처럼 똑같이 생산 할 수 없다. 각 고유의 수형과 크기가 다양하기 때문이다. 오랜 시간도 필요하다. 짧게는 5~6년에서 길게는 몇십년까지 기다려야 생산이 가능하며 그 기간동안에 관리도 잘 해야 우리가 원하는 수목을 가질 수 있다. 조경수 유지관리에 있어서 1순위는 수목 본연의 생태적 특성을 파악하고 수목이 식재된 곳의 생육환경이 가장 중요하다. 수목은 가지고 있는 유전적 특성이 전부 다르기 때문에 먼저 특성을 파악하고 해당 지역의 기후에 잘 적응하는 조경수을 식재 하여야 한다. 또한 여름철의 고온에 의한 피해와 겨울철의 저온에 의한 피해를 미리 파악하고 대처해야 한다. 수목은 수고에 따른 분류와 잎의 모양에 따른 분류 용도에 따른 분류 등 다양하게 분류된다. 수목의 구조를 먼저 파악해야 관리를 할 수 있다. 수목관리학 은 arbor(수목)와 culture(재배)의 복합어로서 원예학(horticulture)의 한 분야로 취급되고 있으며 수목재배학(심경구 등, 1996)이라고도 칭한다. 조경수를 식재함에 있어서 적절하게 수종이나 품종을 선택하는 것이 매우 중요하다.

수종 선정부터 잘못하였다면 사후 관리를 아무리 잘한다 하여도 한계가 있을 것이다. 막대한 자본의 손실과 돌이킬 수 없는 시간의 낭비가 따르게 된다. 신중히 생각하여 사회적 요구에 맞게 적지적수 개념으로 알맞은 땅에 알맞은 수목를 식재 하여야겠다.

8.8.1 관수

조경수의 관수는 관리에 있어서 가장 중요시 생각하는 부분이다. 또한 조경수의 있어서 필수적인 요소지만 과다한 수분의 공급은 오히려 조경수의 정상적인 생육에 해로운 작용을 하기도 한다. 조경수의 관수 시기는 식재 후 바로 충분한 관수를 실시해야하며 기존의 식재한 조경수는 주의 깊게 관찰하여 잎이 시들기 시작할 때 잎의 색이 변할 때 또한 고온다습한 날에 관수를 실시해야한다.

표 8-4. 계절별 관수 요령

봄	신초가 나오고 꽃이 피는 시기이므로 물을 충분히 주어야 한다. 꽃봉오리가 생긴 이후부터 개화가 끝날 때까지는 잎에 물을 주지 말고 바닥에만 준다. 수분작용에 장해를 끼쳐 결실이 나빠지며, 꽃에 병이 오기 쉽다.
여름	고온이므로 증발량이 많아 물의 요구량이 특히 많은 시기이다. 물주는 시간은 아침 9시경과 오후 4시경이 좋으며 한낮에는 피하는 것이 좋다.
가을	가을에는 대부분 내년을 위한 양분을 축적하는 시기이므로 수분의 요구량은 그다지 많지 않다. 흙의 건조 상태를 보아 하루에 1번 정도 주면 된다.
겨울	잎이 떨어진 겨울철이라도 생리작용은 계속되고 있으므로 3~4일에 한번씩은 물을 주는 것이 좋다. 관수시간은 오전에 주는 것이 좋다. 밤 기온이 떨어지면 동해를 받거나 화분이 깨질 위험이 있다.

8.8.2 시비

시비는 수목이 성장할 수 있도록 인공의 양분을 공급하는 수목관리의 한 방법이다. 시비의 시기는 양분의 종류, 함량, 시비방법, 등에 따라 달라진다. 온대지방에서는 수종에 관계없이 가장 왕성한 생장을 하는 시기가 봄이며, 이 시기에 맞게 비료를 주는 것이 가장 바람직하다. 가을철에 시비하는 경우도 많다. 즉 질소질 비료의 경우 이듬해 봄에 수목이 생육을 시작할 때 곧바로 이용할 수 있도록 미리 가을에 시비하는 것이 좋다. 위와 같이 엇갈린 주장은 아마도 기후조건이 다르고 대상수종이 다른 경우에 서로 다른 해석을 하기 때문이라고 추측된다.

표 8-5. 시비방법

표토 시비법	일반적으로 대부분 표토시비법을 가장 많이 선호하고 사용한다. 작업방법이 비교적 신속하지만 비료의 유실량이 많다.
선상 시비법	산울타리처럼 수목이 대상 군식일 경우, 식재된 수목을 따라 수목 밑동으로부터 일정한 간격을 두고 도랑처럼 길게 거름 구덩이를 파서 거름 주는 방법이다.
전면 시비법	수목을 식재 전 전면에 밑거름용으로 비료를 살포하여 경운하는 경우와 수목이 밀식되어 수목 한 그루 한 그루에 거름을 줄 수 없을 경우 전면에 비료를 살포하는 방법이 여기에 속한다.

8.8.3 병충해

조경수는 항상 병해 · 충해에 노출 되어 있다. 대표적으로 수목의 상처나 기온에 의해 발생 된다. 여러 가지 주의환경에 의해 스트레스를 받아 병원균에 대한 저항성이 떨어지고 해충의 피해를 쉽게 받는다. 한국의 현재 15,000종 이상의 곤

표 8-6. 병충해 피해 및 구제방법

병충해명		증상 및 피해	구제 방법
충해	자나방류	유충이 잎을 식해	매프50%, 유제디프50%, 액제100배에 수관 살포
	깍지벌레	그을음병 유발	매치온 40% 유제 1000배액을 4월부터 살포
	응애	잎이 황갈색으로 변함	4월 중순부터 살충
	솔잎혹파리	잎에 혹을 만들고 즙액을 먹어 나무가 고사	침투성 살충제 오메톤 50% 액제 포스펌 50% 액제(6~7월)
	좀벌레	즙액을 먹어 고사	2월말~3월 중순까지 7일 간격으로 3회 방제
	진딧물	잎, 가지의 즙액을 먹음	4월부터 마라톤 51% 페타 25% 유제피모 50% 수화제 1000배액 살포

병충해명		증상 및 피해	구제 방법
충해	하늘소	유충이 형성층 부위를 식해 고사시킴	피해가지, 줄기(10월~12월) 절단 소각
	솔나방	유충이 솔잎을 먹어 심한 피해목은 고사	비터수화제, 마라톤 50% 유제 1000배액 수관에 살포
병 해	흰가루병	잎에 백색 병반 형성	석회류, 황합제 살포
	탄저병	잎맥, 잎자루에 담갈색, 회갈색 병반 형성 후 함몰	4-4식 보르도액, 만코지수화제 51배액 살포 및 소각
	근부병	잎이 황색으로 변화 고사	병든 뿌리제거, 클로르마크린으로 소독
	엽진병	잎에 적갈색 병반 형성	병든 잎 소각
	입고병	잎에 적갈색 병반 형성	병든 잎, 가지 제거 및 소각
	입녹병	잎을 침해	피해지 외곽 풀베기, 식물제거
	엽고병	잎을 침해	4-4식 보르도액 살포

충이 분류 되어 있는데, 수목의 피해를 주는 곤충은 약 1,600종 가량 되며, 그 중에서 256종(한국 수목 해충, 1997) 정도만 주요 수목해충으로 분류된다. 조경수에 심각한 피해를 주는 해충은 수십 종에 불과하다.

조경수의 병 · 충해에 있어서 대개 잎, 가지, 줄기의 상태를 보고 이상여부를 판단하고 적절한 방제대책이나 처방을 강구할 수 있다.

8.9 컨테이너 재배 및 관리

8.9.1 정원수 컨테이너

최근 조경수에 대한 관심이 높아지면서 다양한 조경수 생산방법과 재배기술의 발달로 양질의 조경수목과 규격화된 균일 품질의 조경수를 선호하는 추세로 변해가고 있다. 노지 재배와 컨테이너 재배는 각각의 장 · 단점이 있지만 일반적으로 조경시장이 발달하면서 수목 요구도가 높아져 컨테이너 재배가 노지 재배보다 많은 장점을 가진다고 알려지고 있다.

선진 외국에서는 식물의 생리기능을 잘 이용하여 고안된 컨테이너를 상품화하여 활용하고 있으며 그 실제효과를 검증하는 연구들이 활발하게 진행되고 있다.

그림 8-26. 미국 캘리포니아 조경수 컨테이너 재배 농장 (자료: 천안연암대학 · 수목자료실)

세계적으로도 노지 재배에서 컨테이너 재배로 이미 조경수 생산체계가 도입 되고 있는 추세이다. 조경수 컨테이너 생산이란 단기간에 균일한 수목을 대량생산하고 수목의 활착과 생육상황을 높여 우수한 품질을 생산하기 위해서 이다. 기존의 노지재배에서 컨테이너 재배는 과학적이고 기계화된 생산방식이라고 말할 수 있다. 현재 우리나라 컨테이너 생산기술은 외국에 비해 연구가 짧고 조경수 생산현장이 열악하여 기술이 널리 확대 보급 되지 못한 실정이다. 이를 극복하기 위해서는 선진 외국에서 정착되고 있는 조경수의 컨테이너 재배기술의 도입이 필요하며 다양한 분야에서 각 부분에 대한 연구들이 활발히 이루어지고 있다.

그림 8-27. 시설재배 방식
자료: (주)수프로, (주) 녹색조경

그림 8-28. 컨테이너 재배

우리나라도 국제화 시대에 대비한 조경수 생산기술 개발이 필요한 시점이다. 그 대표적으로 SK임업, (주)수프로, (주)녹색조경 등 과 같은 조경 업체에서는 컨테이너 재배를 실시하고 있으며, 컨테이너를 이용한 조경수 재배방법과 용기 묘 특허 등 다양한 생산 활동이 이루어지고 있다. SK임업에서는 약 30만평 규모의 조경수 재배단지를 조성하여 실생묘, 중묘, 성목 등 다양한 조경수를 재배하고 있으며, 컨테이너 재배를 실시하고 있다.

그림 8-29. 조경수 생산용 용기 (좌: 소형, 중: 중형, 우: 대형)

(주)수프로에서는 고품질 조경수 생산기술을 개발하고 조경수 생산용기 및 기자재를 개발하여 효율적인 생산, 연구 및 관리체계를 확립 시켰다.

8.9.2 컨테이너 재배 및 관리

수목의 컨테이너 재배란 화분, 포트, 망, 나무상자 등 용기에 흙이나 상토를 담아 수목을 식재하여 생장시키는 재배 방법을 말한다. 컨테이너 재배에 있어서 중요한 부분은 사용할 용기를 선정하는 일이다. 용기를 선택하는데 있어서 수목의 형태와 크기, 생육환경조건 등 을 고려하여 대상수종에 적합한 용기를 선택하여야 한다.

소형용기는 관목이 적합하다. 관수는 매일 해주는 것이 좋으며 주기적인 잡초제거 작업이 필요하다. 중형용기는 2~3년생 재배가 적합하며 대량 생산이 가능한 시점이다. 대형용기는 인력과 기계 작업이 동시에 이루어져야 효율적이며 그만큼 많은 비용이 들어가는 부분이다.

관수는 주기적으로 매일 실시해야 하며 시비는 인력으로 용기 위에 직접 일일이 놓아야 한다. 노지재배와 달리 컨테이너 재배는 소규모 면적의 토지가 필요해 낮은 토지 비용이 들어간다. 재배 방법에는 크게 지상 재배와 지중 재배 방법이 있다.

지상 재배는 일반적으로 교목이나 관목 침엽 수목은 상대적으로 적은 용적의 용기에서 활엽수는 보다 큰 용적의 용기를 사용한다. 지중 재배는 바람이 강할 때

표 8-7. 조경수 생산·수요자 관점에 따른 컨테이너 재배의 장·단점

용기 위치	용기 형태	구분
지상 재배	단일 용기	한 개의 용기(플라스틱, 목재, 부직포 등 다양한 용기)
	이중 용기	두 개의 용기(pot in pot, bag in pot)
지중 재배	단일 용기	한 개의 플라스틱 용기(플라스틱)
	이중 용기	두 개의 용기(pot in pot, bag in pot)
	부 직 포	뿌리가 밖으로 나오지 않은 부직포 , 세근이 밖으로 나오는 부직포

표 8-8. 조경수 생산·수요자 관점에 따른 컨테이너 재배의 장·단점

구 분	생산자 관점	수요자 관점
장 점	균일한 제품 대량 재배 인위적으로 생육환경 조절이 가능 생산지의 토성에 영향을 받지 않음 사계절 생산(노동력 절감) 병해충 발생 억제 운반, 저장이 가능하여 유통이 용이 체계적인 생산시스템	활착률이 높고 식재 시 상처가 없음 현장 시공 및 저장이 용이 식재 즉시 녹화를 향상시킴 식재 후 바로 생장 다양한 도시공간에 대한 녹화가 용이
단 점	초기의 시설비 투자가 많음 과도한 생산으로 인한 위험성 경영관리자 능력에 의한 제품 차이 컨테이너 크기에 따른 부가가치의 한계	대량 식재용 관목류는 현장 식재 시 컨테이너 제거가 번거로움 현장 식재후 소형 컨테이너 처리 문제

수목의 쓰러짐을 방지하고 저온과 고온으로부터 잎과 줄기 수목의 뿌리를 보호하기 위해 적극적으로 활용하고 있다. 병·해충 대책으로 병이나 해충의 피해가 없는 묘목을 선택해야 하며 일광에 많이 쪼이고, 비료나 물을 적당하게 주어야 한다. 일조나 통풍을 좋게 하고, 강한 바람에 쐬지 않게 하는 동시에 화분 놓는 장소의 배수도 좋게 해야 한다. 이러한 예방책을 잘 세우면 병해충의 발생을 효과적으로 방지 할 수 있다.

기존의 조경수 생산 방식은 노동력을 많이 요구하는 방식으로써 가속화되어 가는 노동력 감소 추세에 비추어 한계를 가지고 있다. 따라서 적은 노동력과 균일한 품질의 조경수 생산이 가능한 컨테이너 생산방식은 이러한 우리나라 여건에 잘 부응될 수 있는 기술이 될 것으로 생각된다.

참고문헌

· 박형순(2008), 조경수 국내외 연구동향과 개발방향, 조경학술지.

· 신경준(2009), 조경생태시공 학술지.

· 이경준 · 이승제(2011), 조경수 식재 관리기술, 서울대학교 출판문화원.

잔디

김화옥

전북대 생태공학및관리실장, 박사과정 수료

9.1 잔디와 추억

"잔디"라는 단어를 생각하면 몇 가지 화면이 겹쳐서 떠오른다. 그 하나는 잘 가꾸어진 정원의 짧게 깎인 잔디밭이고, 또 하나는 공공건물이나 학교에 조성된 잔디밭에 낙인처럼 자리한 "잔디밭에 들어가지 마시오" 란 푯말이다. 첫 번째 기억은 TV나 영화에서 보았던 부자들의 전유물이어서 쉽게 접할 수 없는 개인의 공간이고 다른 하나는 쉽게 접할 수 있는 공유된 공간이나 이 또한 범접할 수 없다. 개인의 공간은 차치하더라도, 왜? 들어갈 수 없는 잔디밭을 만들어 전시할 생각을 했는지 도통 모를 일이다. 아마도 나의 유년시절의 시대상황이 그렇게 만들었으리라 짐작할 뿐이다. 21세기를 사는 현재도, 설마 그런 일이 벌어지고 있지는 않겠지요?

또 다른 기억은 여름방학 숙제로 "잔디 씨앗"을 라면 봉투 한 가득 채워 제출한 일이다. 모래알갱이 같은 씨앗을 하나하나 채취하는 일은 말처럼 쉽지 않았다. 친구들과 장난치다가 엎기라도 하면 정말 울고불고 난리도 아니었다. 물론 그 핑계로 동네 야산을 신나게 쏘다니기도 했지만 말이다.

이제 그만 추억에서 벗어나 정원 만드는 일로 돌아가 보자. 큰 나무도 심고 작은 나무도 심고, 기암괴석도 놓고, 작은 연못도 만들고, 사이사이 예쁜 꽃도 심었으면 이제 정원을 마무리 할 때다. 정원 만들기의 대미를 장식(?)하는 일은 잔디 심기이다. 아무리 멋진 나무와 꽃을 심었더라도 정원에 잔디밭이 없으면 왠지 심심하고 부족한 느낌이 든다. 마당의 쓰임새가 예전처럼 다양하지 못한 지금은 제 살을 드러낸 검붉은 흙보다는 푸른 잔디가 제격이다. 그런데 잔디는 언제부터 쓰였을까?

김경남(2006)의『잔디학개론』에 의하면 문헌상으로 구약의 성경시대까지 거슬러 올라간다고 한다. 필자가 조사한 바로는 그 유명한 "오병이어의 기적"에 관해 기술된 마태복음 13장 14~21절 중 18절에 '무리에 명하여 잔디에 앉히시고'라는 구절이다. 그리고 오늘날 사용되고 있는 잔디밭의 원형을 넓은 목초지와 정원 그

그림 9-1. 잔디가 조성된 정원 (전주 P씨댁)

리고 잔디밭이 있는 유럽의 장원이나 성들로 착각하기 쉬운데, 오히려 옛 중국·앗시리아·바빌로니아 및 페르시아에 있던 고대정원이라고 한다. 무심코 지나치기 쉬운 일면을 깨우치게 한다.

이 장에서는 잔디의 특징과 종류, 그리고 잔디밭 조성과 관리법에 대해 자세히 알아보고자 한다.

9.2 잔디의 특징과 종류

잔디를 공부하기 위해서 먼저 잔디의 사전적 정의부터 알아보자. 김형기(1991)의 『잔디학』에 의하면 잔디(Lawn)란 화본과(Gramineae)의 다년생 만초(蔓草, vine)로서 질감이 매우 좋은 초본식물이며 짧게 깍인 상태로 지표면을 덮고 있는 것과 정원의 잔디초지(turf)나 잔디로 덮인 운동장 등을 가리키는 것으로 비교적 소규모의 잔디초지를 말한다. 잔디초지는 뿌리는 물론 줄기(stem)인 포복경

(stolon)과 지하경(rhizome)까지 땅속에 묻혀 있으면서 지상부가 매우 번성하는 지피식물(ground cover plants)로서 피복 되어 있는 것을 통 틀어서 말하고 있다. 즉 경기장, 경마장, 골프장 기타 대형 잔디초지를 터프라고 부른다.

잔디류는 화본과(禾本科)에 속한 다년생인 초종으로서 전 세계적으로 난대, 온대, 한대지역에 널리 분포되어 있으며 거의 600속(genus)에 약 5,000여종(species)이 있다. 기후조건에 따라서 잔디는 내한성(耐寒性)의 강약에 의해서 난지형 잔디(warm season turfgrasses)와 한지형 잔디(cool season turfgrasses)로 구분되고 있다. 잔디는 일반작물과 달리 나타나는 특성이 있는데 내답압성, 지피성, 재생성 그리고 대취층 형성을 들 수 있다. 지피성(ground cover)은 지표면을 완전히 덮을 수 있는 능력을 말한다. 보통 식물은 지표면 가까이 낮게 잘라내면 정단에 있는 분열조직이 잘려나가 생존할 수 없다. 그러나 잔디는 예초를 계속해도 잔디밭이 지속된다. 그 주된 이유는 잔디분열 조직 중 한 부분인 절간 조직이 신장하지 않은 상태로 유지되기 때문이다. 잔디밭에서 피복은 분얼경(tillers), 포복경(stolon)과 지하경(rhizome) 등 여러 가지 종류의 줄기에 의해서 이루어진다. 그리고 분얼경의 분얼은 예초 시 지상부의 줄기가 잘려 나갈 때 시작된다. 따라서 tiller(분얼경)는 잔디 식물체가 생육이 진전되면서 새로이 분지되어 발달하는 직립형태의 분얼경을 말한다. stolon(포복경)은 잔디밭에서 수평으로 자라는 줄기 중 잔디밭 지표면 위로 자라는 줄기를 의미한다. 포복경으로 자라는 대표적인 초종으로 들잔디, 버뮤다그래스, 세인트어거스틴그래스, 크리핑 밴트그래스 등이 있다. rhizome(지하경)은 포복경처럼 수평으로 자라는 줄기이다. 하지만 stolon과 다르게 지표면 아래로 자라는 줄기를 말한다. 지하경으로 자라는 대표적인 초종은 켄터키 블루그래스이며, 들잔디, 버뮤다그래스 등은 지하경으로도 자란다. 내답압성(wear tolerance)은 사람이나 관리장비 등에 의해서 가해지는 답압에 견디는 내성을 말한다. 재생력(regeneration)은 잔디밭이 피해를 입은 후 회복할 수 있는 능력을 말하며 대취층(thatch layer)은 유기물의 생성 및 분해 속도 차이로 잔디밭 지표면 아래 형성되는 유기물층을 말한다.

한지형 잔디는 겨울용 잔디 또는 북방계 잔디라고도 부르며 북방의 춥고 건조하거나 습윤한 지대에서 주로 재배되어지며 하루 평균 기온이 6℃ 이상이 되는 3월 초순부터 생장이 시작되어 5월 초순~6월말의 13~20℃ 사이에서 가장 생육이 활발하고, 7~8월 사이의 평균 기온이 25℃ 이상에서는 하고현상(summer depression)이 발생되어 생육정지 상태로 머물다가 9~10월이 되어 온도가 20~13℃로 내려가면 다시 생육을 계속하여 연중 2회의 생육기간을 갖고 있으며 녹색이 연중 유지되며 짙은 청록색을 띄는 생육특성을 가지고 있다.

난지형 잔디는 '여름용 잔디 또는 남방계 잔디' 라고도 하여 남방의 따뜻하고 건조하거나 습윤한 지대에서 주로 재배되는데 하루 평균기온이 10℃ 이상이 되는 4월 초순부터 생육이 시작되어 6~8월의 25~35℃ 사이에서 가장 생육이 왕성하며 온도가 평균 10℃ 이하가 되는 10월 중순부터 3월말 까지는 잎이 담황색으로 변하고 대체로 4월 중순에서 9월말 사이가 생육기간으로서 초장이 짧은 편으로 예취

표 9-1. 잔디관련 용어

용어	한국명	의미
Sod	떼 또는 뗏장	이식목적으로 수확한 잔디밭의 일부
Plug	플러그	이식목적으로 수확한 뗏장 조각
Sprig	스프릭	분얼경, 포복경 및 지하경 등의 잔디줄기 조각
Tiller	분얼경	새로이 분지되어 발달하는 직립형태의 줄기
Runner	런너	포복경과 지하경 등 수평으로 자랄 수 있는 줄기
Stolon	포복경	수평으로 자라는 줄기 중 잔디밭 위로 자라는 줄기
Rhizome	지하경	수평으로 자라는 줄기 중 잔디밭 아래 땅속으로 자라는 줄기
Green	그린	볼이 구를 수 있을 정도로 평탄성이 있는 고밀도의 잔디밭
Turf	잔디밭	잔디초종(turf grass) + 토양(soil)
Sward	잔디밭	유럽에서 turf와 같은 개념으로 사용
Verge	잔디밭	폭이 좁은 형태의 소규모 잔디밭
Lawn	정원, 잔디밭	관상용 또는 레크리에이션 목적으로 유지되고 있는 정원용 잔디밭

〈자료: 김경남(2006), 잔디학 개론 p40〉

에 강하고 심근성이어서 내한성, 내서성이 강하며 조직이 강하여 내답압성에 강한 특성을 갖고 있다. 잔디와 관련된 기본적인 용어를 표 9-1에 나타내었다.

9.3 잔디의 성장

9.3.1 지상부 성장

식물은 태양에너지에 의존하며 생명을 유지하고 있다. 특히, 녹색식물은 엽록소를 통하여 태양광선, 이산화탄소 및 물을 흡수하여 탄수화물을 생산하고 산소를 방출하는 일련의 생화학적 기작을 한다. 이 과정을 광합성작용이라 하며, 또한 이산화탄소를 재료로 사용하여 새로운 대사물질을 만들기 때문에 탄소동화작용이라고도 한다. 아래에 기술된 내용의 상당부분은 김경남(2006)의 잔디학 개론에서 발췌하였음을 밝힌다.

잔디밭에서 태양에너지를 흡수하는데 필요한 색소인 엽록소(chlorophyll)는 엽록체(chloroplast) 조직에 있으며 엽록체는 잔디 잎이나 줄기에 존재한다. 광합성기작의 산물인 탄수화물은 태양에너지와 엽록소 외에 뿌리로부터 흡수된 물, 그리고 기공에서 흡수한 이산화탄소의 합성으로 만들어진다. 이때 식물이 광합성을 하면서 이용하는 태양광선의 양은 대단히 적다. 식물에 따라 다르지만 보통 5% 이내이며, 잔디의 경우 조사되는 전체 직사광의 2~3% 정도가 잔디 광합성에 이용되고 있다. 광합성 작용으로 생산되는 탄수화물은 엽록소, 물, 이산화탄소, 생육환경과 잔디의 영양상태 등 여러 가지 요인에 의해 영향을 받는다. 최적의 생산은 영양분 공급과 일장 및 온도 등의 생육환경이 최적일 경우 탄수화물 생산이 가장 왕성하게 일어난다. 최적의 생육 환경조건은 초종에 따라 상당히 다르게 나타나는데 특히 광선의 차광정도가 심한 경우 및 생육적온 범위에서 온도가 벗어나 너무 고온 또는 저온일 경우에 광합성에 의한 탄수화물 생산은 대단히 불량해진다.

탄수화물은 잔디 식물체내에서 여러 가지 화합물과 결합하여 세포조직, 원형질, 단백질 물질을 생산하는데 이용된다. 생리 · 생화학적으로 일어나는 여러 종류의 생체내 대사과정이 원활하게 진행되기 위해서는 에너지가 필요한데, 생체내 대사과정에는 주로 호흡작용으로 생산되는 생체에너지인 ATP가 이용된다. 다른 작물과 마찬가지로 잔디에서도 호흡작용은 쉬지 않고 일어난다. 하지만 호흡작용은 산화반응으로 광합성 작용과 반대방향으로 일어난다. 호흡작용에서 탄수화물은 산화되어 이산화탄소와 물 분자로 분해된다. 호흡과정도 광합성작용과 마찬가지로 여러 가지 환경조건에 따라 대사반응 속도가 달라진다. 일반적으로 온도가 상승하면 생리적 반응이 활성화됨으로 호흡기작의 속도는 증가된다. 하지만 생육적온을 벗어난 고온조건에서 광합성작용은 감소하는 대신, 호흡작용은 계속 증가함으로 전체적인 탄수화물 저장능력은 감소하게 된다. 즉 식물체내에서 저장 탄수화물의 증가는 광합성에 의한 생산속도가 호흡작용에 의한 이용속도보다 빠를 때 나타난다. 탄수화물은 대부분 관부, 지하경 및 포복경에 저장되며 뿌리나 줄기조직에는 거의 저장되지 않는다. 잔디밭에서 저장된 탄수화물은 봄철 잔디생장이 왕성할 때 특히 집중적으로 이용되며 저장 탄수화물의 축적정도는 계절에 따라 다르다. 한지형 잔디의 경우 생육적온인 15~24℃ 인데 이보다 높은 온도 조건으로 인해 전반적인 생육이 대단히 부진한 여름에는 저장탄수화물의 양이 낮다. 반대로 서늘한 환경인 가을에는 지상부 생육속도가 다소 느리고, 지하부 생육이 왕성하게 일어나기 때문에 탄수화물이 가장 많이 저장된다. 즉, 한지형 잔디의 뿌리생육과 탄수화물 축적은 지상부 생육적온보다 온도가 다소 낮은 가을철에 동시에 일어난다고 할 수 있다.

9.3.2 잔디 뿌리조직의 발달

잔디뿌리는 뿌리발달이 처음 시작되는 부위에 따라 종자근(seminal roots)과 부정근(adventitious roots)로 나눌 수 있다. 종자근은 발아 할 때 종자내부의 배에 있는 유근에서 발달되는 뿌리이다. 즉, 종자에서 직접 발달되는 뿌리를 말한다. 반대로 부정근은 발아 후 유묘가 형성되면서 발달하는 잔디관부 또는 곁가지의 마디에서 형성되는 뿌리를 말한다.

골프장, 경기장 및 정원 등에 조성되어 있는 잔디밭 뿌리의 대부분은 부정근으로 구성되어 있다. 왜냐하면 잔디밭에서 종자 발아 시 먼저 생기는 종자근은 발아 후 수 주 내에 대부분 퇴화되어 소멸하지만, 지표면 줄기의 하부조직인 관부에서 생성되는 부정근은 지속적으로 발달하기 때문에 잔디밭 근계의 대부분을 차지한다. 또한 발생학적으로 종자근과 부정근을 구분하기도 하는데 먼저 발달하는 종자근을 1차근 또는 주근이라고 하며 반대로 부정근은 1차근 다음에 발달하기 때문에 2차근이라 한다. 잔디밭 근계의 대부분을 차지하는 부정근을 분화시킬 수 있는 조직에는 관부 조직과 잔디가 생장하면서 발달하는 마디, 지하경, 포복경 및 분얼경 등이 있다. 부정근은 특성상 다수의 세근을 형성하며 모양이 수염형태로 자라기 때문에 일반 작물의 뿌리 밀도에 비해서 잔디밭의 뿌리 밀도가 높은 편이다.

잔디뿌리 생육은 여러 가지 환경요인의 영향을 받는데 이중 온도의 영향을 가장 크게 받는다. 일반적으로 식물에서 뿌리 발육의 적정 온도는 지상부의 생육적온보다 다소 낮다. 따뜻한 지역 또는 온도가 높은 계절에 잘 자라는 난지형 잔디의 경우 뿌리생육 적온은 24~30℃이고, 서늘한 지역 또는 온도가 낮은 계절에 잘 자라는 한지형 잔디의 뿌리 생육적온은 10~18℃ 이다. 우리나라 기후 조건에서는 한지형 잔디의 경우 봄과 가을의 서늘한 시기에 뿌리형성 및 발육이 가장 왕성하게 일어나며, 여름철에는 고온, 건조 등의 환경요인으로 뿌리 조직의 퇴화 및 고사현상이 나타나 뿌리 생육이 불량한 편이다. 반대로 난지형 잔디의 경우는 고온인 여름에 왕성하게 성장한다. 겨울철의 뿌리생장은 난지형 잔디는 온도가 너무 낮아 휴면에 들어가지만 한지형 잔디는 서늘한 조건에서도 잔디밭 토양이 얼지 않는 한 뿌리 생육은 어느 정도 일어나기 때문에 중부지방에서는 보통 겨울에도 새 뿌리가 나오는 것을 볼 수 있다.

9.4 잔디 유사 식물

잔디밭은 조성 후 관리하다 보면 잔디 이외의 여러 가지 종류의 식물이 나타나게 된다. 이중 줄기, 마디 및 엽 조직 등이 대단히 유사해서 구별하기 어려운 경우가 종종 있다. 대표적인 유사 잔디 식물에는 사초과인 쎗지(Sedges)와 등심초과(Juncaceae)에 속하는 럿쉬(Rushes)가 있다. 화본과에 속하는 잔디와 이들 유사 화본과 식물간의 차이점을 표 9-2에 나타내었다.

표 9-2. 화본과 식물과 유사 화본과 식물의 형태적 차이

구 분	Grasses	Sedges	Rushes
과명(family)	화본과	사초과	등심초과
줄기 속(stem pith)	보통 줄기속이 비 어있음	대부분 줄기속이 채워짐	줄기속이 채워져 있음
줄기모양(stem shape)	원통형 또는 편평함	삼각뿔형	원통형
마디 발달(nodes)	뚜렷하게 나타남	뚜렷하지 않음	뚜렷하지 않음
잎 배열(leaf arrangement)	2열 수직방향으로 정열	3열 수직방향으로 정열	3열 수직방향으로 정열
잎혀(ligule)	대부분 존재	없거나 약간 발달	없거나 약간 발달

〈자료: 김경남(2006), 잔디학 개론 p111〉

9.5 정원의 잔디조성

정원에 조성된 잔디밭은 그곳에서 상주하고 있는 사람들이 옥외실로서 항상 이용할 수 있는 장소이어야 한다. 따라서 정원의 이용은 방문객 본위가 아니라 가족이나 주위의 상주자를 위주로 이루어져야 한다. 흔히 정원에서 잔디초지를 놀이터로서의 이용을 금하는데 이는 잘못된 것으로 잔디를 보호하기 위해 아이들의 손발을 묶는 어리석은 행동을 해서는 안 된다. 물론 애써 조성해 놓은 잔디밭이 답압에 의한 훼손을 우려할 수는 있으나 이는 지나친 기우일 뿐이다. 이를 방지하

기 위해서는 잔디를 심기 전에 철저한 배수체계 구축과 토양조성을 조절하여 재생력을 강하게 함으로써 답압(踏壓)의 피해를 신속하게 복구할 수 있다.

보통 정원은 관상, 휴식, 놀이 및 운동을 위한 것으로 상주자들의 인적구성 상황이나 그들의 취향에 따라 결정된다. 관상(觀賞)을 본위로 한 정원은 잔디 조성 면적이 대체로 적으나 놀이 및 운동을 주목적으로 할 경우에는 잔디조성 면적이 커져야 한다. 또한 정원은 가족구성원의 사용을 목적으로 하여 만들어지기 때문에 소유주의 경제적인 여건과 취향에 따라 많은 변화가 있을 수 있다. 즉 가옥의 방향, 정원의 크기, 가족구성원의 연령 등에 따라 변화가 있으나 대부분의 경우 잔디 유지는 휴양 목적으로 이용될 수 있어야 한다.

잔디초지를 활용하기 위해서는 잔디초지 중앙에 이용 공지를 만들어 놓아야하며 대부분의 경우 집의 정면과 반대되는 방향의 가장자리에 화단, 수목 등을 식재함으로써 집에서 바로 잔디초지에 나올 수 있는 형태를 취하는 곳이 많다.

그림 9-2. 잔디가 조성된 정원(보령 p씨 댁)

9.5.1 잔디의 선택

잔디초지는 가장 뛰어난 지피(ground cover)이지만 조성비, 관리비가 많이 들므로 간혹 잔디에 대행하는 지피재료가 요구되어 지기도 한다. 이러한 관점에서 잔디관리에 많은 비용을 들일 수 없기 때문에 관리가 쉽고 병충해가 적은 잔디로 선택해야 한다. 정원의 잔디는 관상, 휴식, 놀이를 주목적으로 하고 또 간단한 운동도 하는 만큼 사실상 고도의 집중적인 관리가 절실하게 필요한 것은 아니다. 이 때문에 정원의 잔디는 어떤 종류의 정원이건 난지형 잔디인 들잔디(Zoysia japonica Steud), 금잔디(Zoysia tennifolia), 버뮤다그래스'건우'(Bermudagrass 'Konwoo')와 한지형 잔디인 캔터기블루그래스(kentucky bluegrass)의 3종이 많이 이용된다.

1) 조이시아그래스의 생태적 특성 및 형태적 특성은 다양해서 들잔디, 금잔디 및 비로드 잔디는 몇 개의 특성만으로도 어느 정도 동정할 수가 있다. 금잔디는 들잔디에 비해 엽신폭이 다소 좁은 2~3mm정도로 질감이 세엽쪽에 가깝다. 들잔디와 금잔디에 비해 비로드잔디는 뻣뻣한 털과 같은 엽신의 형태 및 기후적으로 더 따뜻한 남쪽지역에 많이 분포하는 생태적 특성이 다르다. 또한 생장 및 생육에 고온 환경 조건이 강하게 요구되며, 생리적으로 늦게 개화하는 특성 등이 있다. 이 밖에 생육 면에서 들잔디는 심근성인 반면 비로드 잔디는 천근성으로 분포한다. 세 가지 조이시아 그래스 종류 중 비로드 잔디는 가장 낮게 자라는 생육습성으로 인해 초장이 3~4cm 이상 자라지 않기 때문에 잔디밭 이외 지피식물 용도로 수목 , 관목 및 화단 주위에 이용되기도 한다.

2) 들잔디는 한국원산의 숙근초로서 보통 '들잔디' 라고 부르며 '야지' 라고도 한다. 한국 잔디류 중 내한, 내서력이 가장 강하므로 관리가 용이해 우리나라와 일본 등지의 대부분의 잔디밭에 이용되고 있다. 모든 잔디 중 내답압에 가장

강하지만 이에 비해 회복력은 빠르지 않다. 기온이 10℃ 이하에서는 엽록소가 파괴되어 푸른색을 잃고 생육이 중지되면서 겨울 휴면에 들어간다. 조성속도가 매우 느리며 여름이 짧거나 서늘하면 잘 자라지 않는다. 들잔디는 통상 5~6월에 개화하며, 6~7월에 결실하고 지상부는 늦가을에 생육이 정지되면서 고사한다. 초장은 보통 10~20㎝정도이고 토양은 별로 가리지 않는다.

3) 금잔디는 우리나라 대전이남지역에서 자생하고 있는 잔디로 일본에서는 중잔디 또는 고려잔디라고도 불리는 것으로 질감이 양호하고 밀도가 높아 뗏장 형성력도 강하지만 내한성이 약하다. 현재 정원이나 묘지, 조경공사에 가장 많이 이용되고 있다. 엽폭은 1~4㎜, 초장은 4~12㎝까지 분포되는 매우 고운 잔디로 비로드잔디와 형태가 비슷하여 잎이 좁고 작으며 안으로 엉성하게 말리고 관상가치가 들잔디 보다 좋아 조경용으로 많이 이용된다.

4) 버뮤다그래스는 난지형 잔디류 중에서 가장 중요하며 적응력이 넓은 초종이라 할 수 있다. 우리나라에서는 일명 '우산잔디'로 불리워지며 해안을 따라 강원도 낙산사까지 자생하고 있다. 세계적으로 운동장에 많이 쓰이고 있는 버뮤다그래스를 국내에서 품종 개량한 것이 버뮤다그래스 건우 이다. 조성속도 및 회복속도가 빠르며 내한성이 우수해 우리나라에서도 무리 없이 이용될 수 있는 품종이다. 특히 아이가 있어 잔디밭을 매일 사용하고 싶은 가정에 권장할 만하다. 이 잔디는 생육이 왕성하고 답압에 의한 피해에 강한 특징을 가지고 있다.

5) 켄터기블루그래스는 한지형 잔디 중 가장 많이 이용하는 품종으로 늦은 겨울까지 녹색을 유지한다. 재질이 곱고 엽색이 좋으며 지하경으로 인한 번식력이 강해 밀도를 높여주며 회복력도 좋다. 국내에서 롤 형태로 생산되어 많이 보급되고 있다. 여름철 더위나 낮은 깍기, 병충해에 주의해야 한다. 우리

나라 축구장에 가장 많이 쓰이고 있다.

6) 캐나다 블루 그래스(Canada blue grass)는 온대 유럽 및 아시아의 원산으로 켄터키 블루 그래스와 같은 지역에 분포 재배되고 있다. 캐나다 블루 그래스는 켄터키 블루 그래스와 비슷하기는 하지만 약간 소형이다. 지하 포복경이 잘 뻗고 내한성이 강하고 석회질 토양이나 단단한 식질계 토양에도 자란다.

9.5.2 잔디 심는 방법

정원에 잔디를 심을 지역은 햇볕이 잘 드는 양지와 건물 북향이나 수목 밑 등의 음지로 나눌 수 있는데 양지는 금잔디와 들잔디, 음지에는 켄터키 블루그래스를 심어야 한다. 또한 양지와 음지의 경계가 되는 곳에는 한국잔디와 켄터키 블루그래스가 자연적으로 서로 어울리도록 심는 방법도 있다.

식물을 심을 때 보통은 흙을 갈지만 잔디의 경우는 갈지 않아도 괜찮다. 잔디뿌리는 매우 강하기 때문에 단단한 흙 위에 그대로 심어도 무방하며 대부분의 흙은 이미 영양분이 존재하기 때문에 부숙된 퇴비, 피트모스 등 토양개량제를 반드시 섞을 필요는 없다. 단 표면을 평평히 하는 작업은 반드시 시행해야 한다. 식물을 심을 때 가장 중요한 일이 배수문제이다. 잔디도 마찬가지로 배수에 문제가 생길 경우 모든 일이 수포로 돌아간다. 괭이와 갈퀴로 높은 곳을 깍고, 낮은 곳으로 이동시키며, 돌이나 이물질은 꼭 제거해야 한다. 잔디면의 경사는 표면을 흐르는 물이 한 곳으로 모이고, 최종적으로 바깥으로 흐르게 하는 것이 이상적이다. 빗물 모이는 곳과 배수구에 물이 잘 흐르게 표면에 경사를 만들어 정지한다. 약 2%의 지표면 경사가 적당하다. 넓은 잔디밭에서는 큰 기본을 설계해서 변화를 주는 일도 있지만, 이 경우에도 표면의 물이 충분히 흐를 수 있도록 주의해야 한다.

완성된 잔디밭의 굴곡을 수정하는 것이 대단히 힘든 작업이므로 잔디심기 전

가능한 꼼꼼히 흙 표면을 정리하여야 한다. 지형적인 조건으로 인해 부분적으로 웅덩이가 생기거나 최종적으로 모인 물의 배출구가 잘생기지 않는 경우에는 암거 배수로를 설치해야 한다. (그림 9-5처럼) 배수로는 갈빗대 모양으로 폭과 깊이가 각각 20~30㎝ 정도 되게 도랑을 파내고 유공관을 설치하고 부직포로 감싼 다음 자갈을 채워 넣는다.

암거 배수관의 상부는 흙, 모래 등으로 덮어 투수성이 좋게 한다. 암거 배수관도 자체적으로 약 2%의 경사가 필요하므로 주의하여 설치한다. 암거 배수관의 끝은 배수정을 통해서 빗물관과 측구로 연결되도록 한다. 유공관을 대신하여 그 역할을 훌륭히 할 수 있는 재료는 연탄재이다. 연탄재를 두 줄로 나란히 심어두면 시제품 못지않은 기능을 수행해 낸다.

잔디 심는 방법은 전면심기(평떼), 띄워심기(줄떼), 지그재그심기(교호), 엇갈리게 심기(눈떼) 등이 있다. 띄워심기는 잔디면 실면적의 1.3배, 지그재그심기는 2배 면적을 심을 수 있다. 조경공사 등에서는 간격을 3㎝ 정도로 틈을 주는 엇갈리게 심기가 일반적이지만, 가정에서는 잔디를 빨리 이용할 수 있고 잡초가 나지 않는 전면심기가 좋다.

그림 9-3. 전면심기 후 롤러를 이용해 다짐을 해야 한다.

엇갈리게 심기의 경우 뗏장의 크기가 일정하지 않을 경우 연결하는 부분이 가지런하게 되지 않을 수 있으며 틈새(줄눈)가 길게 만들어지기 때문에 깨끗하고 가지런하게 연결할 필요가 있지만, 전면심기의 경우는 이러한 문제가 없어 연결이 빠르고 편리하다. 전면심기의 경우도 뗏장과 뗏장의 연결부분을 밀착시키지 않고 1㎝ 정도의 간격을 주도록 한다. 뗏장의 단에 흙이 붙어 있지 않은 경우가 많아서 이 부분에 흙을 넣어 잔디 면을 균일하게 하기 위함이다.

9.5.3 흙넣기

건조를 방지하기 위해서 뗏장의 위와 틈 부분에 흙을 넣는다. 정지할 때 나온 흙을 사용할 수도 있으나 흙속에는 잡초 종자가 들어있는 경우가 많기 때문에 강모래를 구입하여 사용하는 편이 좋다. 조경업자로부터 잔디를 구입한 경우는 뗏밥주기(배토)용 모래도 함께 주문하는 것이 좋다. 건재상, 골재상 등에서 토목용으로 팔고 있는 모래(강사)를 사용해도 무방하다. 1㎡당 약 5ℓ가 필요하기 때문에 전체적으로는 상당히 많은 양이 필요하므로 운반방법과 저장해 두는 장소를 먼저 생각해 놓을 필요가 있다. 소형 삽으로 여기저기에 모래를 뿌리고 모래가 축축한 동안에 나무평탄기로 균일하게 만든다. 건조해진 모래를 나무평탄기로 집어 넣으면 재미있게도 모래가 잔디 속으로 빨려 들어간다.

흙을 넣은 후 충분히 물을 주고 작업을 끝낸다. 약 2개월 동안 뿌리가 활착하면서 생육하게 되므로 건조하지 않도록 물주기에 신경을 써야 한다. 비가 내리지 않는 날이 5일 정도 계속되면 물주기를 반드시 시행해야 한다. 또 뿌리가 활착하는 2개월 동안은 가능한 밟지 않도록 하는 것이 원칙이지만 절대 들어가지 않아야 하는 것은 아니다. 잔디를 건드려서 일어나거나 움직이지 않도록 조심해서 걷는다면 사용하는 것이 가능하다.

6월까지 배토를 시행하지 않았다면 잔디 깎기 후 6월에 배토를 시행하도록 하며, 본격적인 장마철이 되기 전, 잔디면의 수정 작업으로 요철부분이나 훼손된 부분에 대해 6월에 갱신작업을 하는 것이 좋다. 또한 6월 중순 정도가 되면 바랭이의 발아가 많아지므로 발아초기에 제초하거나 발아 전 처리제를 사용하는 등의 방법으로 잡초발생의 피해가 없도록 한다. 배토의 효과로는 ㉠ 잔디밭의 요철을 없앰. ㉡런너 신장의 촉진 ㉢ 충실한 근의 발달 ㉣ 균일한 생육 ㉤ 표토층 흙의 물리성 개량 등을 들 수 있다. 배토하는 방법은 아래와 같이 하는 것이 실수를 줄일 수 있다.

가. 잔디의 생장 최적기에 시행하고 생육이 억제되는 시기에는 적게 한다.
나. 배토량 : 정원 – 3㎜. 번식장 – 3 ~ 5㎜　　다. 시 기 : 5월~7월

9.6 잔디의 관리

난지형 잔디와 한지형 잔디의 관리방법은 크게 4가지로 나뉘며, 첫째 관수(물주기법), 둘째 잔기깎기, 셋째 시비(거름주기), 마지막으로 병충해 관리이며, 그 외 배토[1] 나 제초(잡초제거), 물리적 관리 등의 관리가 부가되어야 하기도 하는데, 관리의 첫 번째 노력은 날씨 상황과 잔디에 대한 지식을 습득함과 아울러 평소에 잎을 자주 관찰하는 습관을 들이고, 이상 현상을 발견했을 때에는, 이를 간편하게 인터넷이나 관련 서적을 찾아보거나 전문가에게 의뢰해 해결방안을 모색해 즉시 적절한 조치를 취해야 한다.

9.6.1 난지형 잔디 관리법

■ 관수법

잎이 마른 느낌이 들거나 잎의 끝이 말리기 시작하면 즉시 관수를 해주며, 기온이 높은 상태로 일주일 이상 비가 오지 않은 경우에도 즉시 관수를 한다. 관수는 잔디가 피어난 땅 전체가 충분히 젖도록 관수 한다. 막 시공을 하였을 경우에는 뿌리가 활착이 되도록 매일 관수를 충분히 해주도록 한다.

■ 잔디 깍기

생육이 왕성한 난지형 잔디는 잎의 길이가 5㎝이상 되면, 2~3㎝로 깎아준다. 5~8월에는 1달에 3~4번 정도 규칙적으로 잔디를 깎아주면 좋다. 잔디를 깎아주면 다음과 같은 효과가 나타난다. ① 분얼의 촉진 및 밀도를 높임. ② 잡초소멸 및 침입을 막아 제초효과 ③ 생육면을 고르게 하여 미관을 좋게 함. ④ 통풍의 양호로 충실한 생육이 가능하다.

■ 제초

잔디는 주로 한 종류만을 재배하게 되므로 잔디 속에 많은 잡초들의 씨가 날아와 풀이 생기게 된다. 특히, 야생의 잔디를 채취하여 이식한 잔디밭에는 잔디보다 잡초가 더 많다고 해도 과언이 아닐 것이다. 잔디를 가꾼다고 하면 많은 작업들이 있겠지만 그 중에서 잡초제거 문제가 가장 큰 비중을 차지한다.

제초제를 사용할 때는 그 약제의 특성과 사용약제의 선택, 살포시기, 농도, 사용방법에 주의할 필요가 있다. 또한 제초제는 잡초가 발아 전에 토양에서 처리하는 것과 잡초가 발아한 후에 처리하는 두 가지로 분류할 수 있다. 전자에는 CAT, TCTP, PCP 등이 있고, 후자에는 2.4-D, MCP, BPA, TCBA 따위가 있다. 우리나라에서 가장 많이 쓰이고 있는 것은 넓은 잎을 가진 쌍자엽의 잡초를 제거하는 2.4-D가 있는데 이는 단자엽 식물은 죽지 않는 선택성 제초제 이다. 2.4-D는 식물 호르몬의 일종으로 식물체 내에서 세포의 이상분열을 일으켜 식물이 도장하여 햇볕에 타서 시들어 죽게 하는 제초제이다. 시기는 5월 이후 고온기에 잔디를 깎고 싹이 나올 무렵 2~3회를 100㎡(약30평)당 500g을 150ℓ(약 8말)의 물에 풀어 분무기로 뿌리면 잡초는 모두 시들어서 죽고 벼과 식물인 단자엽식물만 남게 된다.

제초제는 특성에 따라 선택성, 비선택성 접촉성, 이행형, 호르몬형, 비호르몬형 제초제 등으로 분류한다. 이 중에서 비선택성 제초제는 잔디에 쓸 수 없다. 실제로 제초제를 써서 잡초를 방제하고자 할 때에는 잔디 속에 나 있는 잡초가 여러 종류인 경우가 많으므로 몇 가지 제초제를 함께 써야 효과를 얻을 수 있다. 그러나 정원에서 제초제의 사용은 가급적 하지 않았으면 하는 바람이다. 주인이 조금만 부지런하면 제초제를 사용하지 않고 멋진 잔디밭을 얼마든지 가꿀 수 있다. 잡초가 무성해지기를 기다리지 말고, 보이는 즉시 제거하면 된다. 하루 10분만 투자해도 충분하다.

■ 시비

10%정도의 질소분비료(잔디전용)를 1㎡마다 30g정도 시비한다. 특히 이것을 알갱이 입자로 시비했을 경우에는 반드시 스프링클러 등을 이용해, 충분히 관수하여 알갱이를 녹여주도록 하는 것이 좋다. 다음으로는 토룡분이나 생명토 등의 토양 개량재를 1㎡마다 80~150g을 시비하며, 미량요소의 영양분을 공급해 주기 위해 타이탄이나 켈팍, 휴익엑티브, 트식스 등을 시비하도록 한다.

가. 장마철 비가 계속 올 때는 시행하지 않는다.

나. 골고루 시비 한다.

다. 아침 이슬이 있을 때는 이슬이 마른 후 시비 한다.

라. 심한 건조기에는 시비 후 약간의 살수를 한다.

■ 병충해방제

난지형잔디는 장마 때 비가 계속될 경우 배수가 좋지 못한 곳에서, 직경 10㎝정도의 검은 병반이 발생하기도 하는데, 이를 개발자국병 이라 한다. 때문에 방제를 위해서는 배수가 잘 되도록 처음 시공 시에 시설하는 것이 좋은데, 특히 장마가 오기 전에 배수가 불량한 곳에 에어레이션이나 유공관을 묻어 개선하도록 한다. 또한 평소 태치(Thatch)[2]가 축적되지 않도록 관리한다. 약제로는 호리쿠어나 다코닐이란 살균제를 사용하면 된다. 난지형 잔디의 주요 병해는 다음과 같다.

표 9-3. 난지형 잔디의 병충해 종류와 특징

구분	병징	발병환경	방제
라이족토니아 마름병 (Large patch)	직경 30㎝~수m의 원형병반을 형성하며, 초기에는 신초가 붉은 갈색으로 변하고 잘 뽑히게 된다. 고사된 신초의 관부에는 짙은 갈색의 균사가 붙어 있으며, 병반은 급속히 커지며 병세가 심한 잔디 잎은 퇴색되어 볏짚 색으로 변한다	발병온도는 15~30℃이며, 잦은 강우로 인한 과습, 태취(Thatch)축적, 과다한 질소질 비료 사용 시에 나타나며, 배수불량 및 지나친 관수 지역에 4~6월, 8~10월경에 발생하게 된다. 초여름 장마기에 발생이 많아진다.	– 외부 도입 잔디 뗏장의 병 발생 유무를 잘 관찰하고, 발병 시기 동안의 지속적인 병 발생 유무를 관찰한다. 발병지역의 통행 및 기계작업을 제한하고, 태취(Thatch)제거 및 배수불량 지역을 개선한다. 발병지역의 과다한 질소질 비료를 사용하지 않는다. – 라지패치병 방제용 품목고시 농약을 사용하여, 발생지역에 주기적인 예방시약을 하도록 하며, 6~9월 잦은 강우 후에 시약하도록 한다. 최초 발생지역의 집중적인 시약관리를 하고, 전염방지용 소독판을 설치하도록 한다.
봄마름병 (춘고병)	잔디의 맹아출현 시기인 4월경에 맹아출현이 되지 않고 잔디가 고사되어 30㎝내외의 원형 병반을 형성한다.	봄철 건조기와 늦가을 및 봄철 배토 과다 시에 발생하며, 10월 이후의 과다한 질소질 비료의 사용으로 이듬해 4월초·중순의 잔디 맹아시기에 발생한다.	– 산성토양을 중성으로 개선하고, 과다한 가을 배토를 피하도록 한다. – 봄철의 발생지역 및 상습 발생지역을 조사하여 병원균의 증식시기인 10월 초·중순경에 2회 정도 예방시약을 실시한다. 특히, 그린 주변이나 티는 전면적인 예방시약이 요구된다. 방제약제로는 라지패취병, 브라운패취병 방제용 품목고시 농약을 사용한다.

〈자료: ecoLAC(2012), 여름호〉

9.6.2 한지형 잔디 관리법

■ 관수법

땅이 마르거나 잎이 마르는 현상이 조금이라도 보이면, 즉각적으로 물을 주는 것이 좋은데 보통의 한지형 잔디는 거의 매일 물을 주는 것이 알맞다.

■ 잔디 깎기

한지형 잔디는 잎의 길이가 3㎝정도 자랐을 때 깎아주는데, 비교적 1주일에 1~2회 정도로 보면 된다. 또한 잔디깎기 기계를 사용할 때 로타리식 깎기보다는 릴식이 좋다. 릴식 잔디깎기는 잎의 깎이는 면이 부드럽게 깎이며 면이 균일하게 깎인다. 깎기 작업을 할 때에는 다음에 유의해야 한다.

- ㅇ 지나치게 길게 자라도록 두어서는 안 된다
- ㅇ 잘려진 잎은 작업이 끝나는 대로 갈퀴로 긁어모아 걷어낸다. 다만 가뭄이 심할 때에는 그대로 방치하여 건조방지에 도움이 되게 한 후 걷어낸다.
- ㅇ 깎은 뒤에는 거름을 준다.
- ㅇ 잔디 깎는 높이와 빈도는 규칙적이어야 하며, 불규칙한 깎기는 오히려 해롭다.
- ㅇ 잔디 깎는 기계의 방향이 계획적이고 규칙적이어야 하며 날이 잘 들어 잎이 찢어지는 일이 없도록 해야 한다.

■ 시비

난지형 잔디와 마찬가지로 질소분 10% 정도가 함유된 잔디 전용 비료를 1㎡ 마다 30g 정도 시비하고 관수를 충분히 하는 것이 좋다. 그러나 너무 많은 양을 사용해 병충해에 걸리지 않도록 하는 것이 포인트, 질소분 함유 비료가 알갱이 비료일 경우에는 충분한 관수로 입자를 녹여주어야 한다. 이와 함께 난지형 잔디와 다름없이 토룡분이나 생명토 등의 토양개량재를 1㎡ 마다 80~150g을 시비하며, 미량요소의 영양분을 공급해 주기 위해 타이탄이나 켈팍, 휴익엑티브, 트식스 등을 적정량 주도록 한다.

■ 기타 해충방제

굼벵이, 거세미나방, 잔디포충나방 등의 방제를 위해 시미치온 등의 살충제를 살포한다. 그리고 배수가 불량한 곳은 난지형 잔디나 한지형 잔디나 모두 병충해 발생을 만들게 되므로, 장마가 오기 전에 시설을 꾸며 이를 개선하도록 한다.

표 9-4. 한지형 잔디의 주요 병해

구분	병징	발병환경	방제
갈색마름병 (브라운패취)	직경 수십 ㎝의 원형 병반을 형성하며, 초기에는 잎이 연녹색으로 피고 시들면서 갈변한다. 고사부위의 잔디는 주저앉지 않고 빳빳하게 말라 죽는다. 초여름에 발생되는 병반은 고리 모양을 나타내지만, 한여름에는 둥근 얼룩 모양을 나타낸다.	발병 적온은 20~30℃이며, 과다한 태취(Thatch)축적과 과다한 질소질 비료의 사용으로 6~9월에 발생하게 된다.	– 이른 아침 이슬을 제거하고, 여름철 과다한 질소질 시비를 피한다. 그린 주변의 통풍을 개선하고, 야간살수로 인한 과습을 피한다. – 브라운패취병 방제용 품목고시 농약을 사용하여 6월 중순부터 주기적인 예방시약을 해준다.
황색마름병 (옐로우패취)	직경 30㎝ 내외의 원형 병반을 형성하며, 처음에는 연노랑색의 고리 모양 병반이 형성되고, 병의 진전 부위의 잔디 잎은 붉은색을 나타낸다. 피해가 발생한 후기에는 잔디 잎이 갈변한다. 특히, 늦가을 찬비나 질소질 시비 후 기온이 떨어지면 갑자기 발생되며, 겨울철 피복 그린의 경우에는 초봄에도 발생한다.	10~15℃가 발병 적온이며, 늦가을 찬비나 관수로 인한 과습시와 질소질 비료의 사용으로 발병되기도 하며, 피복으로 인한 과습 시에도 발병한다. 10월~이듬해 4월에 발생 되며 특히, 10월 하순경의 그린 시비 후에 발생이 많이 된다.	– 늦가을 과다한 질소질 시비를 피하며, 봄철 피복 그린의 경우 따뜻한 날에는 피복을 벗겨 그린 표면의 과습을 피하도록 한다. – 브라운패취병 방제용 품목고시 농약을 사용하여, 10월 중순부터 11월초순에 걸쳐 2회 정도 예방시약을 하도록 하며, 가을철 시비 후 바로 시약하도록 한다. 피복 그린의 경우는 피복 전 예방 시약을 하도록 한다.

〈자료: ecoLAC(2012), 여름호〉

구분	병징	발병환경	방제
피시움성 병해	직경 3~5㎝내의 불규칙한 갈색 병반을 형성한다. 피해 엽의 초기 증상은 이른 아침 수침상으로 나타나고, 낮의 강한 햇빛과 온도의 상승에 의해 갑자기 갈변하며 주저앉는다. 이른 아침 이슬이 내린 그린 위에 솜털모양의 균사가 형성된다.	발병 적온은 18~20℃이며, 초여름 잦은 강우로 인한 과습 시나 배수 불량 및 지나친 관수지역에 발생한다. 질소질 비료의 사용으로 발생하기도 한다. 발생시기는 6~9월이며 특히, 야간기온 18℃ 이상이고, 잦은 강우가 내리는 시기에 병 발생이 많다.	– 6월 초순 이전에 그린 통기작업을 통해 수직 배수를 개선시키고, 그린의 표면 배수성을 개선시켜 준다. 야간 살수를 피하고 질소질 비료의 사용을 피한다. – 피시움블라이트병 방제용 품목고시 농약을 사용하여 초여름 장마 전·후에 예방 위주의 주기적인 시약을 실시한다. 잦은 강우기에는 전착제를 첨가하여 사용하는 것이 좋다.
탄저병	직경 30㎝~1m 정도의 적갈색 병반을 형성하며, 피해엽은 초기에는 연노랑색을 나타내다가 건조되면서 갈변하며, 병반의 외관은 뚜렷하지 않다. 피해 엽에는 작은 검은색 반점(분생자흔)이 형성된다.	발병적온은 20~30℃이며, 초여름 장마 전·후 고온 다습한 기후와 토양이 건조한 상태에서 잔디잎 표면이 젖었거나, 상대습도가 높을 경우에 발생한다. 인산, 칼륨 등의 결핍에 의한 생리적 장애 시에도 발생한다. 발생 시기는 6~9월이며 특히, 야간기온이 20℃ 이상일 때 많이 발생한다.	– 적절한 시비관리를 해주어야 하며, 한낮에 가벼운 살수로 잔디밭 표면 온도를 낮추어 준다. – 만코지수화제, 만프로수화제, 메타실엠수화제, 프로피수화제 등을 사용하여 6월 이후 주기적인 예방 시약을 실시한다.
달러 스팟	동전 크기의 주저앉은 듯한 반점 형태로 나타나며, 이른 아침에 병반 부위에 솜털 모양의 균사를 형성한다.	발병 적온은 15~30℃이며, 건조토양 및 과습한 지역, 질소 결핍 시 발병이 조장된다. 4월~6월 하순, 8월 하순~9월 하순에 발생한다.	질소 시비량을 높여주고, 관수는 한 번에 충분하게 실시하고 자주 하지 않는다. – 이프로수화제, 터부코나졸유제, 헥사코나졸유제, 지오판수화제 등을 사용하여 발병 초기에 방제시약을 하도록 한다.

9.7 정원관리 기계

실린더 모양의 회전하는 칼날과 이 칼날을 받아 주는 칼날을 교합(咬合)시켜서 잔디를 깎는 실린더식(式)과, 여러 개의 칼날이 수평으로 회전하면서 깎는 로터리식이 있다. 그리고 손으로 밀어 움직여서 회전하는 바퀴를 톱니로 받아 날이 돌게 하는 수동식(hand mower)과 기관을 동력으로 하여 날을 회전시키는 동력식(engine mower)으로 분류할 수 있다. 로터리식은 많은 힘을 필요로 하기 때문에 수동식은 없다.

○ 잔디깎기 : 회전식, 동력식 잔디깎기

○ 예초기 : 잔디깎기 마무리 작업과 잡풀제거를 하는 용도로 1시간~1시간 30분정도 사용을 지속할 수 있다.

---

1. 배토(培土)_ 농작물의 포기 밑에 흙을 모아 북돋아 주는 일이나 혹은 그 일에 쓰는 흙을 말한다. 제초의 효과와 함께 배수를 돕고 지온을 상승시켜 뿌리의 발달을 좋게 해 건강한 생육환경을 만들어 준다. 잔디관리의 경우에는 잔디가 난 지면 중 빗물이나 발 디딤 등으로 인해 생겨난 빈 공간에 흙을 메워줌으로 잔디생육환경인 토양을 다져주는 일이 된다.
2. 태치(Thatch)_잔디 줄기 및 잎 부분이 죽거나 깎기 작업 후 나온 찌꺼기가 잔디밭에 쌓인 것.

참고문헌

· 김경남(2006), 잔디학 개론, 삼육대학교 출판부.

· 김경남(2012), 잔디학개론, 삼육대학교 출판부.

· 김형기(1991), 잔디학, 선진문화사.

· 이상석(2006), 정원만들기, 일조각.

· 윤평섭(2008),조경학, 문운당.

· 녹색 잔디 가꾸기(2002), 도서출판 조경.

· 한국조경학회(2008), 조경관리학, 문운당.

· ecoLAC / 2012 여름.

지피식물

이관준

영농조합법인 지랜드 대표, 전북대 박사과정 수료

지랜드 www.gland21.com

10.1 자생식물의 기본 요건

지피식물이란 평탄지, 비탈면 및 지표면을 조밀하게 피복하기 위하여 군식하여 사용하는 초본류와 목본류의 모두를 일컫는데, 좁은 의미로는 지표면을 피복 녹화시켜 어떠한 조경적 기능을 발휘하는 초본식물만을 의미하기도 한다. 일단 자생식물이 지피식물 소재로 이용되려면 무엇보다 지면을 덮는 지피성이 우수하고 환경 적응성이 강하며 다년생 식물이고, 또한 유지관리가 용이하여야 한다. 이밖에도 모양, 색깔, 질감 등이 아름답고 전정 및 예취에 의한 재생력이 강하고, 가축과 사람에게 독성이 없으며, 번식과 이식이 용이하여야 한다. 또한 특정 기능을 위하여 경관적으로 뛰어나거나, 레저휴양기능이 뛰어나고, 독특한 향기와 밀원이 풍부하여 곤충을 유인할 수 있는 식물이라면 지피식물로써 개발과 이용이 가능하다.

10.2 지피식물의 전제조건

① 자생식물의 생태적 · 경관적 특성에 대한 이해가 선행되어야 한다.

② 자생식물이라도 식재 설계의 대상이 되는 지역의 토양조사 결과를 기초로 식재지의 토양환경을 개선하여 서식 환경조성에 세심한 배려가 필요하다.

– 식재지의 토양 기준은 식재 종에 따라 다르게 적용하는 것이 원칙이나 다양한 소재를 사용할 때는 자생지의 토양환경을 조사한 자료를 활용하여 보편적인 평균치의 성분을 가지도록 한다.

③ 산채를 통한 식재는 철저하게 규제되어야 하고, 이로 인하여 자연환경과 생태계의 파괴가 되지 않도록 하여야 한다.

④ 부적지에 식재하는 경우에는 자생식물이 활착에 불리한 환경을 이겨낼 수 있도록 미리 포트 묘로 재배하여 순화과정을 거친 식물을 사용하는 것을 원칙으로 한다.

⑤ 자생식물은 관상기간이 상대적으로 짧기 때문에 퇴비, 토양개량재 등의 혼입에 의한 토양성질의 개선을 통하여 개화 및 생장을 촉진시켜 다른 종류의 식물보다 왕성한 생장상태를 이루어서 개화 기간 내에 집중적으로 관상의 대상이 되도록 해야 한다.

⑥ 식재 대상지가 대상 자생식물의 적합한 기후대인가에 대하여 생육적온과 식재 한계선을 조사 · 적용한다.

10.3 지피식물의 설계와 시공

10.3.1 재료의 선정

1) 규격묘

유통시 정확히 공증된 규격묘를 사용하여야 공사의 질을 균일하게 조절할 수 있으므로, 조달청에 등록된 규격묘를 선정하여야 하며 일정 기간 재배상에서 재배되고, 옥외공간에서 단련되어 식재 후에 잘 적응되도록 단련한 규격묘여야 한다. 또한 모든 규격묘는 1년 이상 파종상이나 번식장에서 재배되어 충실한 묘이어야 하며, 관상기간을 고려하여 준비된 묘의 식재를 원칙으로 한다.

2) 종자

파종에 의한 식재가 가능하거나 대량의 종자구입이 용이한 경우 파종을 할 수 있다. 이러한 경우, 자생식물의 종자는 원칙적으로 국내에서 채종한 것을 사용하는데, 종자에 대한 순도 및 발아율의 단위 중량당 씨앗수를 원산지와 함께 표기한 종자를 사용해야한다.

10.3.2 식재지 조성방법의 선택과 토양개량

1) 식재지 조성방법

식재지 조성에서 중요한 것은 원하는 종이 잘 자라고 완전히 우점을 할 수 있도록 해 주는 것으로 초종별로 자생식물의 생태적 특성, 생육특성, 관상 지속기간, 재배 생산품의 유무 등을 고려하여 선정한다.

2) 토양개량

흔히 자생식물은 아무런 토양에서나 잘 자라는 것으로 생각되지만, 토양 등 서식환경에 매우 민감한 종들이 많아서 식재 후 좋은 결과를 위해서는 식재지의 경운과 제초, 토양개량 등을 통해 생육에 좋은 조건을 만들어 주는 것이 중요하다.

10.3.3 식재방법

자생식물이라고 해서 자연생태 그대로의 모습을 재현해야만 하는 것은 아니며, 이는 거의 불가능하다. 따라서 이용 또는 감상하고자 하는 사람들의 욕구에 따라 다양하게 식재할 수 있다.

1) 단식

- 일정한 구간을 한 가지 종으로만 밀식하는 식재방법으로 식재 시부터 식재 효과를 예측하여 식재 종을 선정 한다.
- 장점 : 개화기에 다량의 꽃을 볼 수 있어 그 종에 대한 강한 인상과 시각적인 효과를 주는데 적합하고, 다른 종의 침입으로부터 보호할 수 있다.

2) 혼식

• 여러 가지를 자연스럽게 식재하는 방법

• 장점 : 자생식물은 대부분 개화기간이 짧거나 개화 후 잎이나 상부가 고사하는 종이 많고, 꽃과 잎의 생육시기가 달라 개화기 후에는 관상가치가 떨어지는 경우가 많으므로, 다양한 볼거리와 가능한한 긴 관상기간을 유지할 수 있다.

예) 비비추+앵초+매미꽃, 금낭화+금불초, 참나리+층꽃, 비비추+나리류

3) 정형 식재

• 식재지를 우리꽃 전시장이나 학습장과 같은 특별한 목적으로 조성하기 위하여 화색이나 질감 등을 고려하여 정해진 형식에 따라 식재하는 방법

• 종의 선택 : 주위의 환경변화에 큰 영향을 받지 않고, 잘 적응하며 공해에 강하고 화색이 진하고 화려하며 개화기와 관상기간이 비교적 긴 종이 사용된다.

예) 용머리, 원추리, 붓꽃, 벌개미취, 범부채 등

4) 자유형 식재

• 조성목적보다 자생식물의 생태적 특성이나 환경적으로 다양한 식생구조를 위하여 식물의 생육조건에 맞는 적재적소에 식재하는 방식으로 설계시에 식물의 생육환경을 추정하여 위치와 식재유형 등을 결정해야 한다. 또한 시공시에도 설계시에 고려하지 못한 점을 파악하여 식재지를 조성하거나 종을 재배치하여 성공적으로 생태적인 식생이 이루어지도록 해야 한다.

– 장점 : 식재 작업이 어렵고 여러 조건들을 고려해야 하지만, 자생식물 특유의 느낌을 살리고, 질 높은 환경을 만드는 방법 중 하나이다.

5) 식재

① 파종

자생식물의 생리, 생태적 조건 등 내적조건과 온도, 수분 등 외적조건에 따라 종류별로 내한성의 정도, 개화기에 영향을 미치는 일장의 관계, 개화기 등을 고려하여 파종시기가 결정되므로 양호한 활착을 위하여 이 조건들을 잘 파악해 주어야 한다. 자생식물에 대한 연구가 많이 이루어지지 않은 상황에서 파종에 의해 자생식물을 번식시키기는 어렵다. 특히, 휴면타파의 필요가 없는 종을 선택하는 것이 중요하다.

파종은 기술적으로 완벽한 시공결과를 예측하기 어렵기 때문에 가능하면 정식을 택하여 재배 규격묘를 이식하는 것이 바람직하다.

표10-1. 파종기에 따른 자생식물의 구분

개화시기	봄		여름		가을	
파종시기	춘 파	추 파	춘 파	추 파	춘 파	추 파
식물명	매발톱꽃 민들레 뻐꾹채	붓꽃 은방울꽃 둥굴레	하늘나리 비비추 꿩의다리 동자꽃 옥잠화 땅나리 부처꽃	꽃창포 원추리 까치수염 맥문동 범부채 용머리	층꽃 구절초 쑥부쟁이 감국 털머위 수크령 갯개미취	두메부추 벌개미취 해국

※ 춘파 : 3~4월 파종, 추파 : 10~11월 파종

② 정식

포트에서 재배한 초화류를 화단에 옮겨 심는 것으로 직파에 의해 조성된 화단에 비해 계획적인 화단을 구성 할 수 있다.

- 일년초 : 재배 생산품을 반입, 포트를 벗겨내고 식재 지역에 정식한다.
- 숙근류 : 분얼에 의해 계속 옆으로 퍼지는 특성을 가지며 식재를 할 시 지속적으로 재배 생산품을 반입하여 식재한다.
- 구근류 : 춘식은 보통 3~5월, 추식은 9~10월에 한다.

10.4 지피식물의 식재기준

10.4.1 소나무 하층 식재

소나무는 상록성이므로 상록성의 지피식물을 선택하는 것이 좋다. 토양, 온도, 습도에 따라 식물 선택이 달라진다.

그림10-1. 소나무 하층식재 예시안

■ 적용식물

① 햇빛이 잘 들고 토양이 마사 등 현무암 계통

• 사사, 줄사철, 맥문동, 비비추, 옥잠화, 원추리 등

② 햇빛이 약간 들고 토양이 마사등 현무암 계통

• 줄사철, 수호초, 맥문동 등

그림10-2. 소나무 하층식재 사례

10.4.2 소나무 군락지 하층 식재

소나무 군락지에서 햇빛 부족과 기타 이유로 원칙적으로 식물이 자라기 매우 어려우므로 벤치 등 편의시설을 설치하여 산림욕을 극대화 시키는 방향이 바람직하다. 토양, 온도, 습도 및 햇빛의 양에 따라 식물 선택을 하기도 한다.

그림 10-3. 소나무 군락지 하층식재 예시안

■ 적용식물

① 햇빛이 약간 드는 곳

- 사사, 줄사철, 맥문동 등

② 햇빛이 전혀 안 드는 곳

- 둥글레, 관중, 은방울꽃, 남산제비, 윤판나물, 고비, 우산나물, 애기나리, 바위취 등

그림10-4. 소나무 군락지 하층식재 사례

10.4.3 큰 활엽수 하층 식재

상록성의 지피식물도 좋지만 활엽수 자체가 계절을 표현하므로 계절표현을 다양하게 하는 것도 바람직하다. 활엽수 생육 토양은 기본적으로 풍부한 유기질과 일정한 수분을 갖게 되므로 식물의 선택폭이 대단히 넓다. 다만 광선의 양과 내한성(耐寒性), 내서성(耐署性)등에 세심한 주의가 필요하다.

그림10-5. 큰 활엽수 하층식재 예시안

■ 적용식물

① 상록성 지피식물

- 수호초, 줄사철, 맥문동, 사사, 아주가 등

② 숙근성 지피식물

- 고사리과 식물

③ 꽃이 피는 식물

- 금낭화, 노루오줌, 하늘매발톱, 물레나물(관목), 비비추, 옥잠화, 은방울꽃, 바위취, 초롱꽃, 머위, 꽃무릇, 노루귀 등

그림10-6. 큰 활엽수 하층식재 사례

10.4.4 활엽수 군락지 하층 식재

활엽수가 군락을 이룬 지형의 공통적인 점은 낙엽이 떨어져서 부식된 풍부한 유기질과 모세관 현상에 의한 충분한 수분을 함유하고 있는 것이다. 따라서 햇빛의 양과 온도, 그리고 수분의 함유정도에 따라 식물의 선택에 세심한 주의가 필요하다.

그림10-7. 활엽수 군락지 하층 식재 예시안

■ 적용식물

① 햇빛이 약간 드는 숲 가장자리나 숲 사이

- 수분이 많은 개울가 및 습지

  노루오줌, 돌단풍, 머위, 우산나물, 속새, 택사, 동의나물 등

- 적당한 수분이 있는 곳

  둥글레, 옥잠화, 비비추, 고비, 관중, 바위취, 아주가, 더덕, 꽃향유, 애기나리, 물싸리, 앵초, 은방울꽃, 초롱꽃, 벌개미취, 뱀딸기, 물레나물(관목), 꼬리풀, 말나리, 까치수염 등

- 약간 건조한 곳

  맥문동, 수호초, 줄사철, 금낭화, 구절초, 동자꽃, 하늘매발톱, 원추리, 술패랭이, 앵초, 은방울꽃 등

그림10-8. 활엽수 군락지 하층 식재 사례

② 햇빛이 전혀 안드는 곳

- 수분이 많은 개울가 및 습지

  산수국, 앵초 등

- 적당한 수분이 있는 곳

노루귀, 피나물, 바위취, 말나리 등

- 약간 건조한 곳

  복수초, 바위취, 남산제비 꽃 등

10.4.5 도로 중앙분리대 및 녹지대 하층식재

중앙 분리대 교목 하층 식재에는 정형적이고 깔끔한 느낌을 줄 수 있도록 겨울에 상록성인 식물이 가급적 유리하며 넓은 녹지대에는 기존의 교목, 관목 등과 조화를 이룰 수 있도록 하층식재 식물의 개화기 및 특성 등을 고려하여 배식하는 것이 중요하다. 특히 토양, 온도 등에 세심한 주의가 필요하다.

그림10-9. 도로 중앙분리대 및 녹지대 하층식재 예시안

■ 적용식물

① 중앙분리대

- 잔디, 줄사철, 금빛줄사철, 사사, 수호초, 맥문동, 송악, 꽃잔디, 상록패랭이, 원추리, 옥잠화, 비비추, 수크령 등

② 녹지대(계절을 표현할 수 있는 관목 및 초본류)

- **봄** : 꽃잔디, 영춘화, 철쭉, 개나리, 진달래, 패랭이 등

- **여름** : 실유카, 맥문동, 물레나물(관목), 비비추, 옥잠화, 원추리, 붓꽃, 벌개미취, 층꽃 등
- **가을** : 부용, 구절초, 쑥부쟁이, 감국 등
- **겨울** : 실유카, 맥문동, 줄사철, 수호초 등

그림10-10. 도로 중앙분리대 및 녹지대 하층식재 사례

10.4.6 제방길 야생화 꽃길 조성

특성상 토양의 질(비옥도 및 건습정도)을 파악하여 소재를 선택하여야 하며 관리가 용이하지 못하기 때문에 무엇보다 키가 1m이상 자랄 수 있어서 잡초에 우성인 식물들을 선택하는 일이 중요하다. 계절별 개화기 및 색상을 고려하여 1년내내 꽃을 볼 수 있도록 선정하며, 주로 자동차 전용도로인 점을 고려하여 인위적이기보다는 자연스러운 경관을 연출하는 것도 한 방법이다.

그림10-11. 재방길 야생화 꽃길조성 예시안

■ 적용식물

① 토양이 척박하고 건조한 부분

- 금계국, 샤스타데이지, 감국, 구절초, 마타리, 붓꽃, 원추리, 층꽃, 술패랭이, 억새, 수크령, 부채붓꽃 등

② 토양이 비옥하고 덜 건조한 부분

- 쑥부쟁이, 금불초, 참나리, 도라지, 범부채, 비비추, 옥잠화, 원추리, 벌개미취, 미국미역취, 꽃범의 꼬리, 띠, 실유카 등

그림10-12. 제방길 야생화 꽃길조성 사례

10.4.7 절개지면의 녹화

절개지는 원칙적으로 기존의 토양을 인위적으로 파괴하여 환경을 절단한 최악의 토양이나 암석으로 어우러진 경우이므로 식물의 선택에서 대단히 세심한 주의가 필요하다.

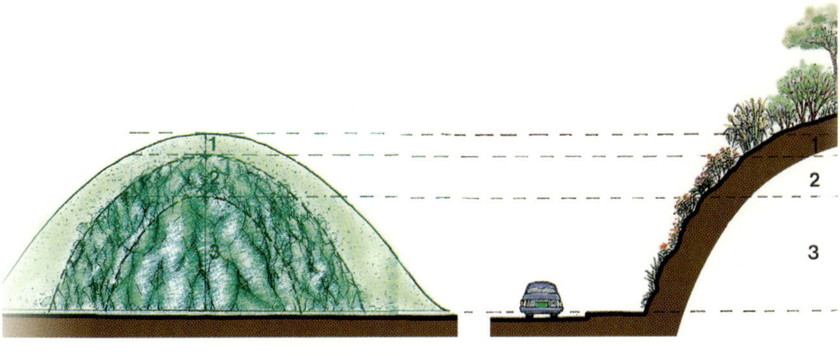

그림10-13. 절개지면의 녹화 예시안

■ 적용식물

① 절개면이 토양인 경우

- **관목류** : 말발도리, 물싸리 등
- **초본류** : 참억새, 세덤, 금계국, 기린초, 바위구절초, 마타리, 백리향, 붓꽃, 쑥부쟁이, 좀씀바귀, 원추리, 제비꽃, 층꽃, 패랭이, 술패랭이, 큰꿩의비름, 수크령 등
- **만경류** : 빈카마이너, 좀씀바귀, 줄사철 등

② 절개면이 많은 크랙으로 형성된 연암의 경우

- **부분적으로 습기가 있는 부분** : 돌단풍, 눈향, 석창포, 바위취, 마삭줄, 송악, 으름, 줄사철, 구절초, 참나리, 노루오줌, 초롱꽃, 벌개미취, 물레나물(관목)등
- **습기가 없이 건조한 부분** : 돌나물, 세덤, 인동, 감국, 개쑥부쟁이, 억새, 붓꽃, 큰꿩의비름, 패랭이, 원추리, 마타리, 바위구절초, 기린초, 바위채송화, 백리향, 금계국, 하늘매밥톱 등

③ 절개면이 강암으로 이루어진 경우

- **습기가 있는 부분**

– 자연스러움을 표현하는 식물

눈향, 돌나물, 돌단풍, 머위, 석창포, 아주가, 담쟁이, 능소화, 송악, 으름덩굴, 줄사철 등

– 계절을 표현하는 식물

봄 : 금낭화, 동의나물, 하늘매발톱 등

여름: 노루오줌, 물싸리, 물레나물(관목), 비비추, 옥잠화 등

가을 : 용담, 벌개미취, 구절초, 쑥부쟁이 등

- **습기가 없는 건조한 부분**

– 자연스러움을 표현하는 식물

참억새, 인동 등

– 계절을 표현하는 식물

봄 : 기린초, 금계국, 바위채송화, 붓꽃, 샤스타데이지 등

여름: 백리향, 원추리, 패랭이 등

가을 : 큰꿩의비름, 바위구절초, 마타리, 쑥부쟁이, 층꽃 등

그림10-14. 절개지면의 녹화 사례

10.4.8 담장, 방음벽, 호안블럭 등의 녹화

토목공사 후에는 많은 담장, 방음벽, 호안블럭 등의 석축과 옹벽이 생기는데 이 부분은 적은 식물을 이용하여 녹화효과를 기대할 수 있다. 만경류를 이용한 식재가 기본이나 만경류 중에서도 등나무, 멀꿀, 노박덩굴보다는 흡반이 있는 담쟁이, 능소화, 줄사철 등을 활용하는 것이 좋다. 또한 건물벽이나 옹벽에 식물의 흡반으로 인해 부식이 가속화되고 벌레 등이 많이 서식하게 되어 문제점으로 지적되고 있으나 오히려 여름철, 겨울철에 보온, 보냉에 대한 효과와 풍화작용에 의한 부식의 방지, 새로운 녹지공간 확보 및 건물에서 발생되는 전자파의 흡수 등 인체나 환경뿐만 아니라 건물 보호에도 대단히 효과가 있다. 이것에 관한 검증자료는 대단히 많이 있다. 일반적으로 잘 자라는 성질이 있는데 인위적으로 시공된 옹벽, 건물벽, 석

축, 방음벽 등의 토양은 극히 황폐화된 토양이라는데 문제가 되고 있다. 그러나 극소수의 식재만으로 많은 효과를 기대할 수 있으므로 식재하고자 하는 부분의 토양 개량이 우선 시급하다.

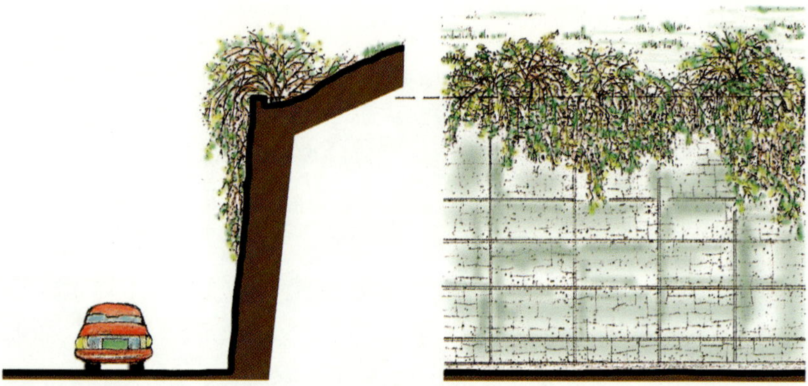

그림10-15. 담장, 방음벽, 호안블럭 등의 녹화 예시안

■ 적용식물

① 밑부분이 토양인 경우 – 담쟁이, 능소화, 줄사철, 송악 등

② 윗부분에만 토양이 있는 경우

관목류 : 눈향, 붉은인동, 물레나물(관목), 개나리, 영춘화 등

만경류 : 다섯잎담쟁이

초본류 : 지면패랭이, 리시마키아, 기린초, 백리향 등

③ 식재공간이 없는 옹벽의 녹화

용토를 이용하여 플랜터에 식재

그림10-16. 담장, 방음벽, 호안블럭등의 녹화 사례

10.4.9 정원석 돌틈 식재 및 경관석 주위의 식재

일반적으로 정원석 사이의 토양은 모세관 현상으로 충분한 수분이 공급되고, 통기성 및 배수가 양호하여 식물이 자랄 수 있는 좋은 조건임에도 불구하고 철쭉류, 회양목, 눈주목 등의 관목류를 주로 이용하고 있는 실정이다. 그러므로 이들 관목류와 함께 아름다운 꽃과 잎을 가진 초본류를 이용하면 훨씬 더 다양하고 자연스러운 경관을 연출할 수 있다.

정원석 사이에 식재할 경우 생장이 빨라서 정원석의 많은 부분을 차폐하는 소재는 바람직하지 못하다.

그러한 이유로 초본류의 이용은 더욱 필요하다. 일반적으로 넓은 잔디밭의 단조로움을 보완하기 위하여 경관석을 놓게 되는데 그 주위에 식재의 필요성이 있을 때는 초장(草長)이 크지 않은 식물을 선택하여 Point만 주도록 해야 한다. 식재 방법은 혼식보다는 단식과 부분적 단식의 혼합식으로 하는 것이 좋다.

그림10-17. 정원석 돌틈식재 및 경관석 주위의 식재 예시안

■ 적용식물

① 정원석 돌틈 식재

- **관목류**

꽃이 피는 관목류 – 물레나물, 철쭉, 실유카, 물싸리 등

상록성 관목류 – 눈주목, 회양목, 진백, 송악, 눈향 등

낙엽성 관목류 – 화살나무 등

덩굴성 관목류 – 붉은 인동, 줄사철, 인동 등

- **초본류**

건조한 부분 식재

– 기린초, 애기기린초, 큰꿩의비름, 꽃잔디, 상록패랭이, 하늘매발톱, 바위구절초, 사사, 금낭화, 백리향, 붓꽃, 세덤류 등

수분이 있는 부분의 식재

– 고사리과 식물, 돌단풍, 석창포, 바위취, 아주가, 동의나물, 범부채, 비비추, 옥잠화, 초롱꽃 등

그림10–18. 정원석 돌틈식재 및 경관석 주위의 식재 사례

② 경관석 주위의 식재

상록패랭이, 지면패랭이, 수호초, 사사, 세덤, 금빛줄사철, 아주가, 애기기린초, 왜란, 백리향, 하늘매발톱 등

10.4.10 잔디밭 위의 화단 조성

넓은 잔디밭에 Point를 주기 위해서는 관목류나 초화류를 심는 방법도 있다. 이때 선정되는 관목류, 초화류는 계절 표현을 위주로 하여 선택하는 것이 좋다.

그림10-19. 잔디밭위의 화단조성 예시안

■ **적용식물**

① 관목류

- **봄** : 철쭉류, 개나리, 영춘화 등
- **여름** : 물레나물(관목)
- **가을** : 화살나무, 낙상홍, 피라칸사, 부용 등
- **겨울** : 유카, 실유카 등

② 초본류

- **봄** : 패랭이, 꽃잔디, 상록패랭이, 샤스타데이지, 금계국, 작약 등
- **여름** : 원추리, 옥잠화, 비비추, 칸나, 후록스, 부처꽃 등
- **가을** : 아스타, 벌개미취, 층꽃, 구절초, 꽃범의꼬리 등
- **겨울** : 맥문동, 수호초, 사사, 줄사철, 실유카 등

그림10-20. 잔디밭위의 화단조성 사례

10.4.11 개울 · 강 둔치의 녹화

개울은 건기와 우기에 따라 유량의 차이가 매우 심하고 유속이 빠르며, 강은 건기와 우기의 유량의 차가 심하기는 하나 개울에 비해 구분이 확실하고 유속이 느리

며 경사가 완만한 대신 폭이 대단히 넓다. 원칙적으로는 개울과 강을 구분하여 이용 식물을 달리해야 하나 건기와 우기시 수위가 다르고 습지와 건지의 구분이 확실하다는 점에서 공통점이 있다.

- 이 경우 크게 3가지 지역으로 구분하여 식재를 할 수 있다.

A : 항상 물이 있는 평상 수위지역

B : 습기가 있는 지역

C : 홍수시 습기가 있고 평시에는 건조한 지역

그림10-21. 개울, 강·둔치의 녹화지역 구분도

■ 적용식물

① A 지역은 항상 일정하게 물이 있는 지역을 말한다.

- 물쪽에서 자랄 수 있는 침수식물
  - 붕어마름, 나사말, 검정말, 말, 물수세미 등
- 물속 20~50cm에서 자랄 수 있는 추수식물
  - 부들, 줄, 부처꽃, 창포, 매자기, 고랭이 등
- 물가에서 자랄 수 있는 추수식물(물속 20cm 이내 ~ 물가 20cm 높이)
  - 관목류 : 물레나물, 갯버들, 눈갯버들, 꼬리조팝나무 등
  - 초본류 : 갈대, 부처꽃, 달뿌리풀, 노랑꽃창포, 골풀, 물억새, 미나리, 꽃창포 등

- 습기있는 부분에서 자랄 수 있는 식물
  - 관목류 : 갯버들, 꼬리조팝나무, 물레나물, 조팝나무 등
  - 초본류 : 금불초, 벌개미취, 쑥부쟁이, 부처꽃 등

② B 지역은 홍수시에만 물이 차고 평시에는 물이 없는 지역으로 비교적 습기가 있는 지역을 말한다.

- 관목류 : 갯버들, 꼬리조팝나무, 물레나물, 조팝나무 등
- 초본류 : 갈대, 물억새, 수크령, 달뿌리풀, 부처꽃, 금불초, 벌개미취, 쑥부쟁이 등

③ C 지역은 홍수시에만 물이 차고 평시에는 물이 없는 지역으로 약간 습기가 있는 부분과 건조한 부분을 나눈다. 이 경우 1년에 몇 회 정도 물속에서 견딜 수 있는 식물이면 거의 다 적용될 수 있다.

- 토양의 유실을 방지하는 식물
  - 관목류 : 갯버들, 꼬리조팝나무, 물레나물, 조팝나무 등
  - 초본류 : 갈대, 물억새, 수크령, 달뿌리풀, 부처꽃, 쑥부쟁이, 띠, 노랑꽃창포 등

그림10-22. 개울, 강·둔치의 녹화 사례

- 토양의 퇴적에 적응이 가능한 식물
  - 관목류 : 갯버들, 꼬리조팝나무, 물레나물, 조팝나무 등
  - 초본류 : 물억새, 달뿌리풀, 쑥부쟁이, 금불초, 벌개미취, 갈대 등
- 토양의 유실과 퇴적에 관계없는 지역에 가능한 식물 (홍수시 물속에서 견디는 적응력이 있는 식물)
  - 관목류 : 갯버들, 조팝나무, 물레나무, 유카 등
  - 초본류 : 물달개비, 골풀, 비비추, 원추리, 옥잠화, 범부채, 꽃창포, 참나리, 꽃범의꼬리, 석잠풀 등

10.4.12 연못, 호수, 늪지대의 식재

연못, 호수를 개울이나 강과 구분하는 것은 개울이나 강은 유속이 빠르고 토양이 유실, 퇴적되는 것이 동적이고 횡적이지만, 연못이나 호수는 토양이 유실, 퇴적되지 않고 수위가 정적이고 수직적이기 때문이다. 이 경우는 수심, 수온, 토양 등에 따라 식물의 선택이 다양하다. 또한 개울이나 강에서 이용할 수 없는 부유식물의 이용이 가능하다.

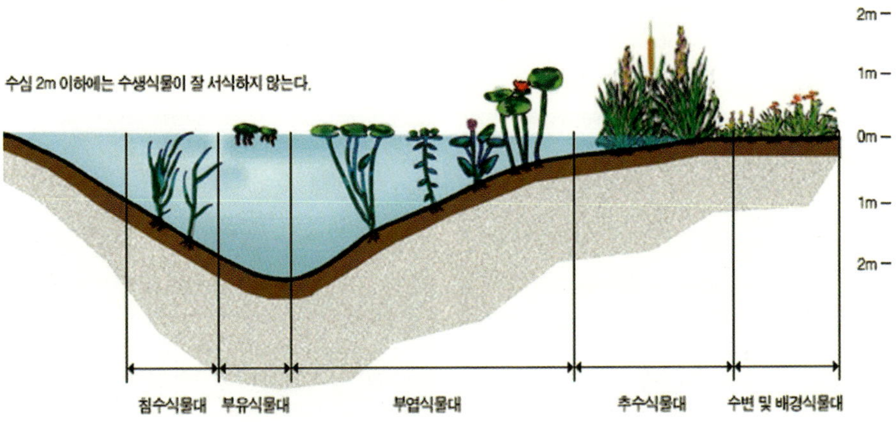

그림10-23. 연못, 호수, 늪지대의 식재 예시안

■ 적용식물

① 물속에서 자랄 수 있는(잎이 물속에 잠기고 땅에 뿌리를 내리는) 침수식물

• 붕어말, 나사말, 검정말, 말 등

② 잎과 뿌리가 물위에 떠서 자라는 부유식물

• 부레옥잠, 개구리밥, 물배추, 생이가래 등

③ 물위에 잎과 꽃이 있고 물속 땅에 뿌리를 내리는 부엽식물

• 연, 수련, 노랑어리연꽃, 가래, 마름, 자라풀 등

④ 물 가장자리에서 자랄 수 있는 추수식물

• 갈대, 물억새, 고랭이, 부들, 줄, 택사, 보풀, 올방개, 물옥잠, 물달개비, 부처꽃, 달뿌리풀, 창포, 매자기, 미나리, 노랑꽃창포, 꽃창포 등

– 늪지에서 잘 자라는 식물

연꽃, 수련, 가래, 마름, 가시연, 흑삼릉, 부들, 줄, 골풀, 올방개, 노랑어리, 연꽃, 갈대 등

– 우기 혹은 만수위 지역에서 자랄 수 있는 식물

갈대, 속새, 물억새, 원추리, 옥잠화, 비비추, 부처꽃, 참나리, 석잠풀, 좁쌀풀, 수크령 등

그림10-24. 연못, 호수, 늪지대의 식재 사례

10.5 지피식물의 햇빛과 온도영향

지피식물이란 우리나라의 산이나 들에 자연상태로 발생하여 생육하고 있는 식물들을 광범위하게 일컫는 것으로 국내에 분포하는 식물의 종수는 4,600여 종으로 보고되었고 이중 4,200여 종이 자생종으로 알려지고 있다. 최근 90년대 초반부터 불기 시작한 야생화 바람은 산과 들에 흔한 꽃이라 등한시 했던 우리 꽃의 인식을 새롭게 하는 계기가 되었고, 우리 꽃을 심고 보급해야 한다는 여론이 일고 있는 현실이다. 그러나 이러한 바람을 타고 공급이 부족하여 산에서 산채해 파는 상인들이 생기기 시작했고 최근에도 그런 일이 발생하고 있는 실정이다.

이로 인해 전국의 자생식물의 자생지가 하나 둘 파괴되어 가고 있으며 그 종의 멸종 위기가 눈앞에 있는 자생식물도 있다. 이런 문제점들을 없애고 자생식물을 보전하면서도 쉽게 많은 사람들이 접할 수 있도록 하기위한 방안마련과 자생식물을 재배 공급하여야 한다.

지피식물은 다음과 같은 장점을 가지고 있다.

1) 기후와 풍토에 적합하고 적응을 잘한다.
2) 재배시 식재지에 쉽게 적응함으로 생산량이 좋고 비교적 용이한 관리로 생산비가 적게 든다.
3) 환경 생태계에 교란이 없이 식생구조가 완벽한 생태 복원이 이루어 진다.
4) 체계적인 생산시 수입대체 효과와 우수한 유전자의 보존과 국제적인 경쟁에서 우위확보가 가능하다.
5) 지역별 종류와 품종이 다양해 특색 있는 생산으로 관광상품으로 이용이 가능하다.

그러나 이러한 장점이 있지만 자생식물을 조경소재로 정착시키고 다양하게 이용하기 위해서는 자생지와 유사한 생육환경의 조성이 관건이고, 또한 식물의 생태적 특성을 고려하여 이용 장소와 시기를 결정하여 체계적인 규격묘의 대량 생산체계를 수립하고 우리 꽃의 생태적 특성을 체계적으로 정립해야 한다.

그리고, 조경소재로써의 지피식물을 이용하기 위해서는 수 많은 종류의 지피식물이 그들 나름대로 지니고 있는 내 · 외적 특성을 잘 파악하여야 한다. 저온, 고온을 비롯한 기상 조건이나 건조 또는 습윤과 같은 수분상태, 광도, 염해, 공해 등의 여러 환경조건의 영향을 받기 때문에 생육하는데 해당 지피식물에게 필요한 환경에 맞추어 조경 식재 하여야 할 것이다.

최근 국토공원화 사업의 추진으로 야생화의 수요가 급격하게 증가하고 있으며, 일반조경 현장에서도 야생화의 식재가 많이 이루어지고 있으나, 아직 많은 사람들이 야생화에 대해 부정적인 생각을 하고 있는 실정인데 그것은 오랫동안 개량되어온 외래식물과 단순한 척도로 비교하기 때문이고, 좀더 다양한 측면에서 새로운 각도로 볼 수 있어야 할 것 같다. 현재 야생화 수요의 대부분이 조경용으로 이용됨으로써 여기에 필요한 계획이나 설계에 대한 연구도 많이 이루어져야 하지만 아직까지는 자생지 환경조사, 번식 방법의 규명, 그리고 재배환경에 대한 실험에 그치고 있는 실정이다. 따라서 각 식재지 조건에 알맞은 종을 선정하는 것이 매우 중요하다. 햇빛과 온도에 따라 지피식물 선택을 충분히 고려하여 식재하여야 하며 관리도 병행하여 햇빛과 온도를 반드시 맞추어 줘야 한다. 특히, 수생식물은 식재지 물 온도가 섭씨 20도가 넘어야 생장을 잘하고 , 일반 지피식물도 아침 온도가 섭씨 20도가 넘을때 본격적으로 생장한다.

'사람은 환경을 만들고 환경은 사람을 만든다' 라는 말이 있듯이, 우리가 생활주변에서 늘 대하는 환경의 중요성을 특히, 햇빛과 온도가 지피식물에 어떠한 영향을 끼치는지 결코 간과되어서는 안 되리라 본다.

참고문헌

· 지랜드 활용사례집

허브식물

임연홍

㈜농심원 대표, 전북대 박사과정

11.1 허브정원 만들기(gardening herb)

그림 11-1. 돌과 함께한 허브정원

향기를 가지고 있는 정원을 서양에서는 herb garden 이라고 부르고 있다. 허브를 한마디로 정의하기 어려운 것은 그 어휘가 우리 생활 주변에서 사용한 역사가 짧기 때문이라 생각한다. 허브를 국내에서는 향신채라고 부르는데 이는 음식의 맛과 향을 내는 조미료 식물이라는 의미도 있으며 외국에서는 허브(herb)라 칭하는데 한국원예학용어집에는 condiment vegetable라고 표기하고 있다. 우리나라와 일본에서는 마늘, 고추, 깻잎, 방아, 양파, 생강 등 양념으로 쓰이는 채소를 조미료식물(spice plant)라 하며 외국에서 수입해서 가꾸는 로즈마리, 라벤더, 타임, 민트, 오레가노, 바질 등은 허브 또는 허브식물이라고 부르며 이를 모아 정원에 심어 허브가든 이라고 칭한다. 허브가든의 역사는 매우 길어 중세기 수도원에서 약용식물과 과수나 정원수를 혼식해서 가꾸던 때부터 유래되고 있다.

따라서 허브가든을 분류함에 있어 Kreuter(1979)는 수도원의 정원을 가장 중요하게 다루고 있다. 최근에 아파트 베란다나 실내정원, 아트륨 등 다양한 장소에서도 허브가 식재되고 플랜터나 옥상 등에서 재배할 수 있는 공간이 확보되어 도시의 적은 공간속에서도 신선허브를 직접 재배하여 가정의 식생활에 함께하여 보다 감성적이고 행복한 여가를 보낼 수 있을 것이다.

허브가든을 만들기 위하여 식재지의 환경적 조건, 토양, 관수시설, 온도, 번식, 이용 가능성 등을 고려하여 설계와 식재계획을 세밀하게 고려하여야 하며 허브 식물 속에 함께한 전설이나 주술적인 향료 역사의 숨결이 함께한 허브조경을 계획함이 바람직 할 것이다.

11.2 허브가든의 계획

허브가든을 계획함에 있어 주의할 점 몇 가지 단계를 고려하여야 한다.

첫째 식물의 기능과 특성을 고려 하여야 한다.

허브는 종류가 많고 이용하는 방법 또한 다양하기 때문에 이용자의 기호성향이나 관리자의 정원에 투여할 수 있는 노동시간, 식재지의 환경조건 즉 재배토양 수분의 공급, 생육온도, 광선, 통풍정도 등을 충분히 고려하여 계획하여 한다. 허브식물의 특성상 식용이나 약용 미용 등으로 이용되어 무농약 재배의 건강한 생채를 수확 보존을 원칙으로 하기 때문에 가든계획에 있어서 세심한 주의가 요구된다.

그림 11-2. 허브 전시장

그림 11-3. 남부 프랑스 한 공원의 허브

둘째 대상지의 선택에 있어서 이용목적이 뚜렷해야 한다.
소규모의 정원에서 가족만의 공간이 될지 다양한 사람들이 관광을 목적으로 이용되는 공간일지, 요양원이나 병원 등 환자의 심리적 안정의 공간을 제공하는지, 유치원이나 유아원 등의 아동을 위한 감성제공의 공간이 되는지를 구분하여 목적에 부합되는 식물과 정원 재료 등을 선택하여야 할 것이다.
예를들어 식당 주변에 신선녹지공간을 제공하여야 할 장소에 미용에 이용되는 강한 향을 심어 불쾌감을 주거나 노약자들이나 환자 주변에 신경계나 심신을 고려하지 않는 허브식물을 식재하여 이용자의 불편을 초래 할 수 있기 때문에 이용목적에 부합되는 식물을 계획하여 식재하여야 할 것이다.

셋째는 토양의 중요성이다.
허브식물의 특성상 물빠짐이 양호한 지중해 방지의 유기물 함량이 많은 사질토에서 자라는 습성과 통풍이 양호한 곳에서 잘 자라므로 플랜터 재배시 물빠짐을 고려하여 배수력이 양호한 인공토양과 유기물 함량이 많은 부엽토나 피트모스 등을 혼용하여 사용하여야 하며 이때 토양의 안정화를 위하여 모래나 마사토를 적정비율로 혼합하여 사용한다.

넷째는 허브식물은 잎이나 꽃의 화려함이 줄기의 관상적 가치가 야생화나 관상식물과는 다소 차이가 있어 주식물이나 보조식물 및 보조 재료의 선택이 중요하다.
가든의 조성계획 시 기획자는 계획목적에 부합한 재미있고 생생한 의도를 이용자에게 전달할 수 있는 story telling 이 필요하며 이를 위한 구성 재료인 돌, 흙, 철, 목재, 물 등을 이용한 오브제(objet)의 효과적 이용은 허브가 갖는 일상적 기능의 역할을 초월하여 표현의 즐거움을 줄 수 있다.

다섯째는 식물의 성장 특징을 고려하여야 한다.
아타쵸크, 휀넬, 루바브 등은 사람의 키만큼 자라며 지면을 무성하게 기어 다니는 로만캐모마일, 마죠람, 포복성 타임이나 로즈마리 (creeping rosemary) 둥글게 자라는 세이지나 민트류 넝쿨로 자라는 자스민이나 크레마티스 등 식물의 높이

그림 11-4. 오브제를 이용한 허브가든

나 양감(volume) 을 잘 조사 후 배식을 결정하여야 한다

여섯째는 유독성 허브에 주의하여야 한다.
허브꽃은 마음을 온화하게 하는 부드러운 색이 많은데 유독성 허브는 아름다운 꽃색을 지니고 있다. 내용을 모르는 사람들이 집에서 입에 넣지 않도록 눈에 보이는 주의 푯말이나 특별한 전용코너를 이용하여 별도 관리를 하여야 한다. 주된 유독성 허브는 은방울꽃, 크리스마스장미, 투구꽃, 협죽도, 디지털리스(digitalis), 라크스퍼(larkspur)등이다.

11.3 허브의 용도별 분류

계획이나 설계에 반영 시 정원 이용자의 취미나 성향에 따라 이용 방법이 다르기 때문에 사전에 충분한 의견의 교환을 거친 후 주제가 결정이 되면 용도별로 분류하여 설계에 반영하여야 할 것이다.

그림 11-5. 다양한 허브가 있는 판매장

(1) 약용, 미용허브(medicinal garden)

로즈마리(rosemary), 주니퍼(노간주,juniper), 라벤더(lavender), 타임(thyme), 레몬밤(lemonbalm), 페퍼민트(매운박하peppermint), 세이지(sage), 마시멜로(marshmallow), 소회향(fennel), 폿트메리골드(potmarigold), 캐모마일(chamomile), 바질(basil), 파슬리류(parsley), 야로우(yarrow), 콘플라워(cornflower), 아그리모니(agrimony), 자스민(jasmine), 샤프란(saffron) 등.

(2) 샐러드, 차, 육.생선요리, 향채 (kitchen garden)

파슬리류(parsley), 차이브(chive), 차빌(chervil), 코리안더(coriander), 클라리(clary), 히솝(hyssop), 바질(basil), 민트류(mint), 딜(소회향dill), 휀넬(fennel), 로켓(roket), 로즈마리(rosemary), 치커리(chicory), 소렐(sorrel), 로즈(rose), 서양민들레(dandelion), 저먼캐모마일(German chamomile), 베이(월계수bay), 캐트닙(catnip), 나스터튬(한련화 nasturtium)등.

(3) 건조물배열, 수예품 허브 (drying garden)

세이지(sage), 캐모마일(chamomile–Roman, German), 라벤더(lavender), 로즈마리, 포트마조람(marjoram), 샤플라워, 야로우(yarrow), 포트메리골드, 캐트닙, 탠지, 벨르가못, 딜, 레몬그라스, 로즈, 작약, 오레가노, 히솝, 레몬버베나등.

(4) 향료, 방향 이용이 가능한 허브 (fragrant garden)

캐모마일(chamomile), 라벤더(lavender), 레몬버베나(lemon verbena), 민트류(mint), 카네이션핑크(carnationpink), 로즈(rose), 브룸(broom), 타임(thyme), 베르가못(bergamot),

(5) 향낭(potpourri)으로 이용 가능한 허브

레몬버베나(lemon verbena), 로즈마리(rosemary), 세이지(sage), 타임(thyme), 베르가못(bergamot), 레몬밤(lemonbalm), 라벤더(lavender), 캐모마일(chamomile), 스위트마조람(sweet majoram), 로즈(rose), 민트(mint), 헬리오트로프(heliotrope), 레몬그라스(lemongrass), 휀넬(fennel), 히솝(hyssop)등

그림 11-6. 허브 방향용품

그림 11-7. 허브 향낭

(6) 염색용 허브

매더(madder), 루(rue), 헤나(henna), 샤플라워(safflower), 샤프란, 컴프리(comfrey), 타마릭(tamarack), 쪽(weed), 파슬리류, 민트, 샐러드버넷(salad burnet), 라벤더, 멜로우(mallow), 캐모마일(chamomile), 세이지(sage), 로즈마리(rosemary). 프랜치메리골드(french marigold)등.

11.4 국내 조경용으로 가능한 허브

(1) 초장이 20−30cm인 허브

타임클리핑, 타임컴먼, 페니로얄, 샤프란, 아니스, 우드러프, 캐모마일로만, 로켓, 비올라스위트, 차이브, 차빌 등

(2) 초장이50−70cm 인 허브

캐트닙, 밤민트, 애플민트. 페퍼민트, 오데코론민트, 한국야생박하, 스위트바질, 베르가못,라벤더, 루, 탄지, 야로우 등

(3) 초장이 1m 이상인 허브

아티쵸크, 안젤리카, 올리브, 컴프리, 딜, 휀넬, 보리지, 마로우, 루바브, 레몬그라스, 로즈마리, 웜우드 등

(4) 넝쿨성 허브

나스터튬, 자스민, 클레마티스, 호프, 넝쿨장미, 인동덩쿨, 큰꽃으아리, 오미자나무, 하수오, 넝쿨제라늄 등

(5) 향기정원에 어울리는 수목

치자, 월계수, 코니퍼류, 주니퍼류, 편백류, 라일락, 서향, 목서, 돈나무, 인동덩쿨, 브론펠시아, 미세리아핑고, 자스민, 긴병꽃풀, 에메랄드그린, 에메랄드골드, 매화, 귤나무, 초피나무, 산초나무, 미선나무, 정향나무, 유칼립투스, 개회나무 등

(6) 중부지방의 기초 보온으로 월동 가능한 허브(우드칩, 비닐)

아니스, 워터크레스, 오레가노, 캐모마일 로만-저먼, 캐트닙, 코리안더, 컴프리, 샤프란, 스트로베리, 세이지, 세이보리, 소렐, 타임크리핑, 타임컴먼, 타라곤, 치커리, 차빌, 차이브, 딜, 나스터튬, 파슬리, 비올라, 스위트히솝, 휀넬, 베이, 베르가못, 호스레디쉬, 호프, 보리지, 마조람, 마로우, 애플민트, 페퍼민트, 스피아민트, 오데코론민트, 야로우, 탄지, 라벤더, 로즈마리, 루, 루바브, 레몬그라스, 레몬버베너, 레몬밤, 로케트, 웜우드 등

(7) 국내 자생식물 중 허브가든에 조화로운 식물

감국, 구절초, 돌단풍, 용담, 옥잠화, 도라지, 개미취, 참나리, 산작약, 타래붓꽃, 동의나물, 얼레지, 엉겅퀴, 삼지구엽초, 꿀풀, 당귀, 꽃향유, 기린초, 현호색, 삽주, 익모초, 꿩의비름, 지치, 금낭화, 금불초, 톱풀, 자란, 은방울꽃, 둥굴레, 석창포, 잔대 등

(8) 실내조경에 이용되는 관상식물 중 잎이나 꽃에 향이 있는 식물

셀렘, 구아바, 자스민, 브론펠시아, 구아바, 골든크러스트, 드라세나꽃, 천리향, 야래향, 후피향, 목서, 돈나무, 레몬, 금귤, 유칼립투스, 호주매화(leptospermum), 나도풍란, 석곡란, 알리섬,비올라, 유카, 문주란, 히야신스, 줄마삭, 헬리오트로프, 제라늄, 라핀타, 월계수, 무스카리속, 심비디움속 일부 등

11.5 허브향의 종류

허브의 향은 수목의 향물질의 종류와 분포에 따라 정유성분이 다르게 나타나는데 주성분의 구성에 따라 5가지로 구분된다.

정유는 식물의 대사물질이다. 이는 정유가 식물이 처한 환경에 따라 크게 변화를 보일 수 있다. 즉 식물이 처한 기온, 광조건, 토양, 시비조건, 관수조건, 뿐만아니

표11-1. 함유된 정유 성분의 구분에 의한 식물 분류

정유성분 구분	식 물 명
Cineole 함유식물	월계수, 로즈마리, 스페인세이지.
Thymol, carvacol 함유식물	백리향, 야생백리향, 오레가노, 마조람, 사보리 멕시코세이지
Sweet alcohool 함유식물	스위트바실, 오팔바실, 시나몬바실, 마조람 타라곤
Thujone 함유식물	달마시안세이지, 그리스세이지 잉글랜드세이지
Menthol 함유식물	한국야생박하, 페퍼민트, 스피아민트 가든민트, 오데코론민트, 레몬밤

(자료: Farrell,K.T. 1985)

그림 11-8. 수수꽃다리

그림 11-9. 헬리오트로프

라 병충해의 저항정도에 따라 정유의 함량과 조성에 차이가 있으므로 조경계획에 있어서 토양의 유기질 함량 및 배수조건 광선이나 통풍의 정도를 면밀하게 다룰 것이 요구된다. 그러나 허브의 향을 결정하는데 있어서 지배적이고 근본적인 요인은 각 식물이 갖는 유전적 요인이다. 식물의 특성에 따라 필요한 성분을 잘 이용 될 수 있도록 좋은 품종의 선발 발굴 식재하는데 노력하여야 한다.

11.6 허브원 개설에 따른 토양의 조성계획

국내 허브식물의 유통 시 1-2년생의 식물은 10-15cm 크기와 20-30cm 크기의 비닐이나 폴리에틸렌 화분에 담겨 유통되고 있으며 농가에서는 노지재배가 아닌 화분용의 재배로 품질을 향상하기 위하여 생육에 적합한 토양을 조성하여 출하하고 있으나, 조경용으로 노지에 식재 시 토양의 중요성을 간과하여 실패하거나 연약한 허브가 생산되어 허브원으로서 기능을 상실하기도 하므로 식물이 요구하는 토양의 조성이 매우 중요하다. 허브정원의 계획 시 사전에 이를 설계에 반영하여 유기질이 충분하고 물빠짐이 좋은 토양을 조성하여 식물이 건강하게 자랄 수 있도록 하여야 한다.

유기질이 풍부한 토양을 만들기 위해서는 중금속이 포함되지 않는 낙엽이나 건초에 계분이나 우분을 혼합하여 여름에는 2-3개월, 겨울에는 5-6개월 부숙시켜 석회질이나 미량요소를 혼합하여 완숙퇴비를 만들어 사용하여야 하나 퇴비를 만들기가 원활하지 않을 경우 시중 조경 자재점이나 원예 자재점에서 시험성적을 거친 후 상품화된 제품을 토양에 혼합하여 사용하여도 된다.

토양은 식물의 재배방법 즉 노지, 플랜터재배, 양액재배 등에 따라 다르며 수확의 방법, 신선요리에 이용하거나 건조허브, 약용이나 향을 추출하기 위한 재배 등에 따라 다르지만 일반적으로 공원이나 야외의 허브원을 계획 할 경우 식물의 양분 흡수층을 초장이 작은 허브는 20-30cm, 초장이 큰 식물은 30-40cm, 플랜터 재배시 35-50cm 의 별도의 인공토양의 조성층을 만들어야 주어야 한다.

옥상조경 시 고려할 점은 두터운 토층은 하중이나 시각적 관상위치에 영향을 주어 이를 고려하여 토층을 조성하되 초장이 작은 크리핑타임, 페니로얄, 샤프란, 로만캐모마일 등은 20-30cm, 보리지, 아티쵸크 안젤리카, 컴푸리 등 키가 크게 자라나는 식물들은 35-50cm의 토양층을 조성하여야 하며 목본 허브인 수수꽃다리, 월계수, 목서, 천리향, 돈나무, 주니퍼나 코니퍼류 등의 중관목의 허브류와 함께 식재 시 별도의 토양 조성이 요구된다.

11.7 허브식물의 수확과 보존법

허브의 수확은 가능한 초봄에 모체의 영양을 받은 후 힘차게 자란 새싹이나 1차 영양생장기를 지난 5월 하순이나 6월 초순, 저장양분이 잎이나 꽃, 줄기 속에 저장된 시기인 가을에 수확한다,

신선허브를 수확하여 요리에 이용할 경우 날씨가 좋은 아침 이슬이 마르기 전에 수확한다.

요리에 있어서 허브는 고기나 생선의 냄새제거, 상큼한 향기를 내는 부향제, 달고 맵고 신맛을 내는 향신료, 색소 성분에 의한 착색작용, 방부작용이나 산화방지 등 식품의 보존성을 높이는 작용, 소화흡수나 노화방지 등의 신진대사에 기여하는 등 다양하게 이용될 수 있다.

사용목적에 따라 수확 시기나 보존의 방법도 다양하다.

신선허브를 보존하는 방법으로는

(1) 수확 후 그대로 봉지에 넣어 냉동시킨다.

(2) 잘게 썬 허브를 제빙용기로 아이스큐브를 만든 후 냉동 보관 한다

(3) 믹서기로 오일과 스파이스 허브 등과 함께 진한 스프를 만들어 병에 두어

보관 한다

(4) 식초나 오일, 장아찌, 과자, 빵, 시럽, 잼 등으로 가공하여 보존한다.

11.8 마른허브를 만드는 법

(1) 수확한 다량의 허브를 장기간 보관 시 적당한 크기로 줄기와 함께 묶음으로 하여 통풍이 잘 된 반그늘 상태로 달아놓아 포푸리로 이용할 수 있다. 단 에센셜 오일이 휘발성인것, 처빌, 파슬리, 휀넬, 차이브스 등의 허브는 가정에서 건조 시키는 것이 어려우나 타임, 마조람, 로즈마리, 라벤더 등은 건조 후 오일이 거의 그대로 남기 때문에 보존에 적합한 허브라 할 수 있다.
허브는 꽃봉오리가 열리기 직전이 가장 에센셜 오일이 풍부하여 날씨가 좋은 날을 골라 아침 이슬이 마를 무렵이나 태양이 일사하여 에센셜 오일이 잎에서 방출되기 이전의 오전 중에 봉오리를 맺기 시작한 가지를 자르도록 한다.

(2) 요리용으로 소량을 수확하는 경우에 바질, 마조람, 세이보리 등은 줄기의 선단을 수확함으로써 곁가지의 생장을 도와 포기가 크게 된다. 처빌, 타임, 민트 등은 가지 선단을 잘라 꽃눈의 분화를 억제시킴으로서 오랫동안 수확할 수 있다. 파슬리나 러비지 등은 중앙에서 새로운 가지가 늘어나므로 수확 시 바깥쪽의 가지를 수확 하도록 한다. 샐러드버네트, 보리지의 잎은 어린 잎을 굳어지기 전에 수확하여 샐러드로 이용하는 것이 좋다.

11.9 허브식물의 번식

허브식물은 종류가 다양한 만큼 개체에 따라 번식법도 다르나 종자를 통해 번식하는 유성 번식법과 식물체의 몸체를 분리하려 새로운 개체를 만드는 무성 번식법으로 크게 나눌 수 있다.

유성 번식(sexual propagation)은 종자 번식이라고도 하며, 식물이 개화 후 발생하는 종자를 이용하여 번식하는 방법이다.

종자 번식은 유전 및 육종에 대한 충분한 지식을 습득 후 개화 수분(授粉)생리를 잘 활용한다면 새로운 좋은 종자를 얻을 수 있다.

무성번식(asexual또는 vegetative propagation)은 영양번식이라고도 하며 대표적인 번식법이 취목(layerage), 삽목(cutting), 접목(grafting), 분단(division) 등과 같이 식물체의 영양계 일부를 잘라 번식하거나 다른 식물을 접붙여 번식하는 방법이다.

무성번식에는 식물체의 세포의 일부나 생장점을 이용한 조직배양법(tissue culture) 크게 대두되고 있으나 현재 허브류에서는 이용되지 않으나 향후 고기능성 허브나 무균성 식용허브 재배에 있어서 조직배양에 의한 다량번식 등이 주목된다.

11.10 종자번식

일반적 허브류는 초본성 식물이 많으나 식물에 따라 종자의 크기도 다양하고 발아 과정이 다르며 일반종자에 비해 구하기도 쉽지 않고 가격 또한 비싸기 때문에 종자번식에 있어 발아에 대한 사전지식을 충분히 습득 후 파종하여야 한다.

종자파종 시 사전 유의할 사항은 다음과 같다.

(1) 종자의 품종과 품질이 정확하고 발아력이 좋아야 한다.

(2) 발아의 휴면성을 지니고 있는 종자에는 인공적 휴면타파를 해주어야 하며 종자의 발아 생리와 그 성질을 잘 살펴 사전 발아시험으로 인위적 발아 환

경조건을 제공하여야 한다.

(3) 좋은 상토를 사용하고 환경조건 즉 수분, 온도, 광선, 공기 등을 적절히 관리하여 유묘의 건강성을 유지하며 병충해 예방에 힘써야 한다.

(4) 허브 종자는 미세종자가 많아 집약적으로 육묘장을 설치하여 조기에 집중적 관리가 필요하다.

(5) 육묘장의 파종용기는 화분, 플라스틱 용기, 스티로폼 상자 등을 사용할 수 있는데 종자의 심는 깊이는 종자의 2~3배로하며 상토의 깊이는 최소 10cm 이상을 유지하여야 한다.

(6) 종자를 파종 후 초기에는 위에서 관수를 하는 것 보다 용기를 5~10cm정도 깊이로 물을 채운 물통에 담아 저면관수를 하여 종자의 흐트러짐을 방지한다.

노지에 파종 시 초봄에 밭에 묘상을 만들어 해동이 되고 잡초가 나기 전에 내한성이 다소 있는 허브류는 파종하여도 된다. 파슬리는 4월초에 파종하며 마조람 사보리는 4월 중,하순 바질은 5월 초순이 지나야 노지에 뿌릴 수 있다. 노지파종은 주로 줄뿌림으로 하는데 1.2m의 두둑을 만들고 식물의 크기에 따라 20cm 간격으로 골을 파고 종자의 2~3배를 복토한다.

봄철에 발아를 촉진하기 위하여 비닐을 덮어주어 온도나 수분증발을 억제하여 발아를 도운 후 싹이 나기 시작하면 걷어준다.

11.11 무성번식

(1)삽목번식

무성번식은 종자번식처럼 그 번식방법이 단순하지 않고 여러 번식방법이 있는데 일반적으로 삽목번식을 이용하고 있다.

삽목은 줄기가 굳지 않은 상태에서 늦봄에 실시하는 녹지삽, 줄기일부가 굳어질 때인 여름에서 초가을에 실시하는 반숙지삽 늦가을에 완전히 줄기가 굳어진 시기에 하는 숙지삽이 있다. 삽목 할 때 건강한 삽수를 채취하여 삽수의 길이를 5-10cm으로 자른 후 땅속에 묻히는 부분의 잎을 제거한 후 모래와 피트모스를 1:1로 배합하거나 거름기가 없는 퍼라이트나 질석 등에 꽂아 반그늘상태로 유지하며 안정된 수분유지를 하여주면 10-15일이 지나면 새로운 뿌리가 나온다. 이때 삽상의 온도는 18-25도를 유지하여야 하며 삽상의 평균습도는 75-85%를 유지하여 준다.

(2)휘묻이

허브류 중 세이지, 로즈마리, 목본허브 중 금목서, 수수꽃다리, 월계수, 천리향 등은 휘묻이로 번식 할 수 있다. 초여름 1차생장 후 가지의 자람이 정지되어 있을 때 가지를 굽혀서 땅속에 묻고 가지의 선단부는 지상으로 드러나게 하여 새로운 개체를 만드는 방법이다.

이때 땅속에 묻힌 부분에 상처를 주어 발근을 촉진 시킨다.

(3)취목

넝쿨성자스민, 클레마티스, 한련화, 제라늄 등 넝쿨성 식물에서 이용되는 방법으로 가지나 줄기의 일부에 상처를 주어 피트모스 수태 또는 황토를 이용하여 상처주위를 싸서 건조하지 않게 물을 주어 습도를 유지하면 뿌리가 나오게 된다. 취목은 보통 숙지를 이용하는 것이 좋고 봄이나 초여름에 취목하여 발근이 충분히 된 상태에서 휴면기에 분리한다.

(4)포기나누기 및 분근

포기나누기는 늦가을이나 이른봄 식물체를 캐서 뿌리를 붙여 적당히 포기를 나누어 심는 방법으로 박하, 밤, 차이브, 러비지, 오레가노, 코리안더, 안젤리카, 타임 등 2년생 허브나 숙근허브에 적용할 수 있다. 뿌리를 절단하여 번식하는 식물 중에는 서양고추냉이, 목단, 컴프리 등이 있다.

(5)접목

초본류의 허브식물에서는 접목번식은 이루어지지 않고 있으나 허브와 목본류의 향식물을 포함한 향기정원(scented garden)을 조성 시 한정된 공간에 다양한 꽃이나 잎의 색상, 향기를 도입 시 필요하다.

접목이라 함은 2개의 각각 다른 식물체를 조직적으로 결합시켜 생리적으로 공생을 하게하는 기술이다. 특수품종이나 변이종 식물, 내병성 식물 등에 이용되며 주로 목본 허브류에서 사용되기도 한다. 접착부위의 윗부분을 접수 또는 접순 이라하며 아래 부분을 대목이라 하고 접수와 대목이 접착되어 1개체 식물을 접목체라 한다.

접목은 접수의 종류와 접목의 방법에 따라 깍기접, 복접, 할접, 눈접, 근접, 기접 등이 있으며 접목방식 또한 다양하다.

접목의 목적은 대상 작물에 따라 일정하지 않으나 품종갱신, 병충해에 대한 저항성 증대, 수세조절, 환경에 대한 적응성 부여, 결과년한 단축, 종자번식이나 삽목번식이 어려운 종류의 증식 등이 있다.

이용되는 향식물은 작약, 목단, 장미, 목서류, 천리향 반엽종, 라일락, 라임, 레몬, 온대나 난대과수류, 화훼류 등에 이용되고 있다

(6) 조직배양

허브식물의 단기간 대량증식이나 무균묘 균일묘 생산을 위해서는 조직배양을 이용할 수 있다

식물체의 모든 조직 잎, 줄기, 뿌리 등의 조직이나 생장점의 단세포나 배, 종자, 화분립 등을 모체로부터 분리시켜 그것을 시험관내에 무균적으로 배양시켜 새로운 개체를 만드는 방법으로 식물의 증식에 있어서 새로운 방향과 가능성을 제시

그림 11-10. 민트, 로즈마리, 바질, 타임

하는 기술이다.

우리나라에서는 1950년대에 도입되어 양란, 벼, 임목 등의 배양이 시작되어 최근에는 화훼, 채소, 과수류 등 원예전반의 번식 및 육종에 이용되고 있다.

조직배양의 목적은 첫째는 무병무균식물의 육성, 둘째는 식물의 급속대량증식, 셋째는 육종의 응용이라고 볼 수 있다.

조직배양을 통한 식물의 생산 과정에는 식물조직의 용기내의 치상(establishment) 조직의 증식(multiplication), 용기로부터 배양토에 옮기기 전 단계(pretransplants) 배양토에 조직배양을 통해 자란 식물의 이식(transplant)의 단계를 거쳐야 한다.

11.12 허브식물의 식물학적 특징 및 이용

표11-2. 허브 일람표

식물명	과명	원산지	분류	초장 /cm,m	파종 ●=저온발아		일조	개화(월)	이 용
					봄	가을			
아티쵸크	국화	북아프리카	다년생	1m–2m	○	○	호광성	7–8	꽃봉오리, 꽃받침식용
아니스	미나리	아시아 서부동유럽	1년생	30–50	○	○	호광성	7–8	잎, 줄기, 종자 식용장아찌
알로에	백합	남아프리카 동남아	다육	1m–2m	포기나누기		호광성	11–12	점질육질 다량약효
안젤리카	미나리	유럽북부	2년생	1m–2m	●		반그늘	6–7	식용, 샐러드 비타민풍부
워터크레스	십자화	북부유럽	2년생	30–50	○	○	반그늘	6–7	비타민A,C, 혈액 산화방지, 강장
우드러프	꼭두서니	유럽 아시아	다년생	20–30	○	○	그늘	6–8	쿠마린성분. 잎이용메이드링크
올리브	목서	유럽남부	상록	2m–3m	○		호광성	7–8	열매오일 추출요리이용
오레가노	자소	유럽	다년생	40–50	○	○	호광성	6–7	살균, 해독, 건위, 차, 소스, 요리
캐모마일저먼	국화	유럽	1년생	40–60	○	○	호광성	4–6	차, 안면 체온보호
캐모마일로만	국화	유럽	다년생	10–20	○	○	호광성	6–8	차, 꽃쓴맛 포프리약제
캐트닙	자소	유럽 아시아	1–2년생	50–70	○	○	호광성	6–7	고양이좋아함 감기, 두통, 불면
콘풀라워	국화	지중해	1년생	50–60	○	○	호광성	4–6	기관지염, 혈관수축, 화장품
코리안더	미나리	지중해	1–2년생	40–60	○	○	호광성	6–7	고기냄새제거 건위
컴프리	지치	유럽 아시아	다년생	1m	○	○	호광성	6–7	잎, 뿌리, 염료 절상, 찰상치료
샤프란	붓꽃	소아시아	다년생	15–20		○	호광성	10	염료, 향료, 요리, 꽃차, 소화촉진
샐러드버넷	장미	지중해연안	다년생	30–50	○	○	호광성	5–6	강장작용

식물명	과명	원산지	분류	초장 /cm.m	파종 ●=저온 발아		일조	개화(월)	이 용
					봄	가을			
해바라기	국화	북미	1년생	2m	○		호광성	7-8	종자, 단백질 아미노산 건강식품
진저	생강	남부아시아	다년생	50-70	○		반그늘	6-7	소독, 식욕증진, 보온작용
스트로베리 와일드	장미	유럽 아시아	다년생	20-30	○	○	호광성	4-10	차, 류마치스 통풍, 신장 간장
세이지	자소	북미	다년생	40-60	○	○	호광성	5-6	소화촉진, 강장, 진정, 살균작용
세이보리섬머	자소	유럽남부	1년생	30-40	○	○	호광성	7-9	소화촉진, 정장 냉증효과
소렐프랜치	수영	유럽아시아	다년생	25-40	○	○	호광성	6-7	이뇨, 강장
크리핑 타임	자소	지중해연안	다년생	10-15	○	○	호광성	6-7	잔디이용, 방부 살균
컴먼타임	자소	지중해연안	다년생	15-30	○	○	호광성	6-7	차, 소화촉진 기관지질환
타라곤 프렌치	국화	유럽남부	다년생	30-50	삽목 포기나누기		반그늘	7-8	프랑스요리, 소스재료
치커리	국화	유럽	다년생	1m	○	○	호광성	6-7	잎은셀러드 뿌리는차
챠빌	미나리	동유럽 서아시아	1년생	20-40	○	○	호광성	6-7	요리이용 가열시 향휘발
차이브	백합	유럽	다년생	20-30	○	○	호광성	5-6	양식, 일식 중식요리이용
딜	미나리	남유럽 러시아	1년생	1m-1.5m	○	○	호광성	6-8	미네랄, 칼륨, 유황, 씨 진정작용
나스터튬	능소화	브라질 컬럼비아	1년생	30-50	○	○	호광성	5-10	잎, 꽃샐러드 열매장아찌
니게라	미나리 아제비	유럽남부	1년생	40-60		○	호광성	6-7	종자 향료
바질 스위트	자소	중동 인도	1년생	70-80	○		호광성	7-10	파스타 스파게티 소스이용
바질 다크오팔	자소	중동 인도	1년생	60-70	○		호광성	7-10	결각있는잎식초 에절이면와인색
바질부쉬	자소	중동 인도	1년생	60-70	○		호광성	7-10	파스타 스파게티 소스이용

식물명	과명	원산지	분류	초장 /cm.m	파종 ●=저온 발아		일조	개화(월)	이 용
					봄	가을			
파슬리이 타리안	미나리	지중해 동부해안	2년생	30–40	○	○	호광성	6–7	비타민A. C 강장, 이뇨, 건위
비올라스위트	오랑케꽃	유럽 북아프리카	다년생	10–20	○		반그늘	3–4	진해, 목염증 신경진정
히솝	자소	남유럽	다년생	50–60	○	○	호광성	6–10	기침, 천식 소화촉진
휀넬	미나리	지중해 연안	다년생	1m–2m	○	○	호광성	6–10	위장, 다이어트허브
베이	녹나무	남유럽	상록	3m–5m	삽목		호광성	6–7	요리다양이용 관절, 신경통
베르가못 레드	자소	북미	다년생	60–80	○	○	호광성	5–7	잎, 차이용, 피로, 최면효과
호스레 디쉬	십자화	동유럽	다년생	50–60	포기나누기		반그늘	7–8	뿌리 스테이크요리
포트메리골드	국화	남유럽 서아시아	덩굴	2m–5m	○	○	호광성	7–8	진정작용 베게포푸리,안면
호프	뽕나무	유럽남부	다년생	30–50	●		반그늘	7–8	프랑스요리, 소스재료
보리지	지치	지중해연안	1년생	1m	○	○	호광성	4–5	기침, 기관지염
마조람 스위트	자소	북아프리카, 유럽	다년생	50–60	○	○	호광성	6–7	소독, 소화촉진
마로우컴먼	아욱	남유럽	다년생	1m–2m	○	○	호광성	7–9	차, 소염기관지염 내한성
애플민트	자소	지중해연안	다년생	40–60	○	○	호광성	7–9	민트와사과혼합향, 요리이용
스피아민트	자소	지중해연안	다년생	40–60	○	○	호광성	7–9	소화, 강장, 소독 껌에이용, 요리
페니로얄민트	자소	유럽,북아프리카, 서아시아	다년생	10–20	○	○	반그늘	7–9	잔디대신이용
페퍼민트	자소	지중해연안	다년생	40–60	○	○	호광성	7–9	화장품, 과자 요리, 입욕방향제
야로우	국화	지중해연안	다년생	50–80	○	○	호광성	7–8	소화, 진정 살균, 지혈
라벤더	자소	지중해연안	다년생	60–70	○	○	호광성	6–7	신경안정 방부

식물명	과명	원산지	분류	초장 /cm.m	파종 ●=저온 발아		일조	개화(월)	이 용
					봄	가을			
린덴	참피나무	유럽동남부	낙엽	5m–10m	삽목		호광성	7–8	진정, 진정 불면, 발한, 이뇨
루	귤	유럽남부	다년생	50–90	○	○	반그늘	6–7	주술용허브
루바브	대황	중국서부, 티벳	다년생	1m–2m	○	○	호광성	6–7	잎, 대를이용 신맛, 수확2년생
레이디스 멘톨	장미	유럽북부	다년생	20–30		●	반그늘	4–5	지혈, 여성미용
레몬그라스	화본	인도, 동아시아	다년생	1m	포기나누기		호광성	6–7	시트롤방향 성분소화, 빈혈
레몬버베나	댕댕이 덩굴	칠레, 아르헨티나	낙엽	1m–2m	삽목		호광성	7–8	기관지염 건위
레몬밤	자소	남유럽	다년생	40–70	○	○	호광성	6–7	진정, 건위, 강장
로즈제라늄	풍로초	남아프리카	다년생	40–60	○	○	호광성	6–9	향료 포프리 방충
로즈독	장미	유럽	낙엽	1m–3m		●	호광성	5–7	열매차 강장작용
로즈마리	자소	지중해연안	상록	1m–2m	○	○	호광성	4–10	진정, 소화촉진 방부제
로케트	십자화	서아시아 지중해 연안	1년생	20–30	○	○	호광성	5–6	깨향기 혈액정화
웜우드	국화	유럽	다년생	1m–1.5m	○	○	호광성	6–7	건위,강장,해열 수액과복용삼가

(자료: 고마쓰 미에코저, 임연홍 · 류경오역(2007), 허브요리와 재배법)

표11-3. 가든 설계 시 참고해야 할 특성별 분류

특 징	식물종류
레몬향기 나는 식물	레몬, 버베나, 레몬밤, 레몬타임, 센티드제라늄, 레몬그라스, 레몬바질, 레몬박하
회색 잎 식물	에그리모우니, 캐트닢, 라벤더, 루, 세이지, 람스이어, 실버타임
황금빛잎식물	애플민트, 골든마조람, 레몬밤, 골든세이지, 골든타임
자주색빛식물	퍼플바질, 퍼플페널, 핫민트, 퍼플세이지
백색꽃식물	아니스,바질,카라웨이,캐모마일,처빌,히솝,너트맥
황색,크림색 꽃 식물	아니스, 안젤리카, 에그리모우니, 딜, 휀넬,러비지,겨자
자주색 꽃 식물	차이브, 히솝, 라벤더, 박하, 세이지, 비올라
핑크색 꽃 식물	고수, 쿠민, 오레가노, 핑크히솝, 핑크라벤더, 마조람, 백리향
청색 꽃 식물	보리지, 치커리, 히솝, 로즈마리
적색 꽃 식물	베르가못, 양귀비, 샐러드버네트
다소 습한 곳에도 자라는 식물	안젤리카, 베르가못, 러비지, 민트류, 파슬리, 비올라
지피식물	캐모마일, 코르시카민트, 골든마조람, 박하제라늄, 로즈마리(Prosttrate type), 사보리(지피용), 백리향, 제비꽃
내음성 식물	안젤리카, 캐트민트, 차이브, 처빌, 골든마조람, 러비지, 박하, 파슬리, 프리뮬라, 로즈마리, 수영

11.13 허브식물의 장식

(1) 부케(Bouquet)

부케를 만들 때 서양란을 이용하여 화려함은 있으나 향기가 없어 고민일 때 중앙에 핑크나 백색의 서양란을 가운데 두고 주변에 마조람 로즈마리 파인애플민트 등의 옅은 보라색이나 백색의 꽃과 잎을 조화롭게 이용하면 화려함과 향기를 함께한 훌륭한 신부용 부케가 될 것이다.

어버이날이나 스승의 날에 사용되는 카네이션도 향기가 적어 5월이면 개화되는 자스민이나 월계수 잎을 뒤로 한 후 다양한 허브와 함께 부케나 꽃다발을 만들어 선물하면 보다 훌륭한 선물이 될 것이다.

(2) **둥근 소형화환**(Wreath)이나 **벽걸이 장식용**(Hanging) 화환도 바탕은 화려한 꽃을 이용하되 각종 허브의 잎이나 은은한 파스텔 색상의 허브 꽃들을 함께 이용하여 만든 다음 현관이나 부엌 인테리어 욕실 등에 걸어 둠으로서 싱그러운 향을 오래 동안 제공 할 수 있다.

(3) **화관**(Garlands)

덩굴성 허브인 자스민, 나스터튬, 호프, 포복형 로즈마리, 넝쿨제라늄 등을 이용하여 둥글게 엮은 후 라벤더나 민트, 회백색의 세이지, 백색이나 노랑 꽃술의 캐모마일 등으로 두텁게 하여 만든 화관을 응접실에 장식을 겸한 인테리어 소재로 활용 시 보다 쾌적한 분위기를 만들 수 있다.

(4) **허브 바스켓**(Herbal baskets)

원예 재료상이나 가든 센터에서 판매하는 대나무나 등나무로 만든 소형바구니에 허브의 잎이나 꽃을 이용하여 풍성한 허브바구니를 만든다. 이때는 허브를 수확하여 음지에서 한 묶음씩 나눈후 거꾸로 매달아 말리거나 전자레인지를 이용하여 강제 건조 시킨 후 여러 허브를 조화롭게 배치하여 바구니에 장식한다. 부엌이나 다실 등에 두어 요리나 차로 이용하거나 냄새를 제거하는데 도움이 된다. 이때 요리에 이용 할 때는 랩이나 투명한 비닐 등으로 먼지가 닿지 않도록 세심한 관리를 동시에 하여야 한다.

(5)**테이블장식**(Table decoration)

식탁이나 테이블 협탁 등에 소형 꽃병이나 유리잔 등을 이용하여 계절에 맞는 허브를 꽂아줌으로서 분위기를 높여 준다. 뷔페식의 경우 그릇과 그릇사이 허브의 꽃이나 잎을 자연스럽게 깔아주면 생선의 냄새나 육류 고기의 냄새를 중화 시킨다. 수험생의 공부방이나 유아용 방에 신선한 향을 공급해 주어 수험생의 집중력에 도움을 주거나 유아의 성장발육을 돕는다. 이때 민트 세이지 바질의 생잎이나 건조 허브를 이용한다.

11.14 허브식물의 식용가공

허브식물의 수확과 보존에 대한 방법은 이미 언급한 바 있으나 보다 세부적 식용 가공에 대하여 알아보기로 한다.

여름철 허브의 수확은 잎은 손으로 따며 잔가지는 칼이나 전정가위 꽃가위 등을 이용하여 조심스럽게 잘라 이용한다.

우리나라도 도시나 도시주변은 미세먼지가 많아 잎을 씻지 않고 이용한다는 것은 건강상 문제가 있으므로 청정지역에서 채취한 허브를 제외하고는 수확한 꽃과 잎 줄기 들을 깨끗한 물에 잘 세척한 다음 흡수지나 타월을 이용하여 수분제거를 한 다음 병든 잎이나 벌레 먹은 부위를 제거 후 건조나 가공한다. 대단위 허브를 수확하는 경우 기계로 수확 후 대규모 물탱크를 이용 음지에서 건조하거나 건조실에 넣어 말린다.

허브의 수확은 6월초에 1차 수확을 하며 두세 번에 걸쳐 수확할 경우 식물의 상태를 보아 액비나 추비를 하여 월동 전 수체를 건강하게 하여 월동한다. 영년생인 세이지, 로즈마리, 라벤더 등은 가을 수확은 월동에 지장을 주어 피한다.

종자를 수확한 딜, 휀넬, 안젤리카, 고수, 쿠민 등은 종자가 갈변하기 직전 망사나 투명 천이나 얇은 종이로 종자를 감싸주어 종자가 바람에 날리거나 동물이나 곤충 등에 의하여 소실되는 피해를 줄여준다.

(1) 야생허브의 수확(Wild herb)

야생허브일수록 정유성분이 많으며 향기 또한 강하여 고품질로 분류 한다. 그러나 야생허브를 가공 시 몇 가지 주의가 필요하다. 우리나라에서도 백리향, 명이나물, 배초향, 장군풀, 수영 등 야생허브를 이용 할 수 있다. 그러나 야생허브를 채취하다가 독성이 있는 식물을 채취하여 이용될 수 있으므로 각별한 주의가 필요하다. 특히 자연보호 구역이나 민간인 산림이용지역에 무단으로 채취하여 불필요한 오해를 불러일으키지 않도록 주의가 요구된다.

도로변이나 공장지 주변은 오염된 물이나 대기오염에 의한 식물의 중금속 오염이 심각하므로 청정지역의 채취가 중요하며 필요이상 과다하게 채취하지 않아야 한다.

그림 11-11. 허브묶음 말림

(2) 건조저장

광합성을 충분히 하여 잎이나 줄기 뿌리 등의 생체에 양분이 충분히 저장된 시기에 채취하여야 정유성분이 많아 이때 건조시켜 겨울이나 이듬해 봄까지 이용한다.

박하, 월계수, 백리향, 오레가노, 산초, 로즈마리, 라벤더, 세이지 등은 비교적 잘 마르며 건조하여 향은 오래 동안 지속된다. 그러나 말리는 과정에서 습도나 통풍이 원활하지 않을 경우 곰팡이에 의한 부패를 조심하여야 한다.

딜, 파슬리, 패널, 바질 등은 잘 마르지만 식물체 조직이 연하여 정유성분이 휘발이 되므로 냉동 저장하여 이용하는 것이 좋다. 건조방법은 소단으로 묶음 하여 바람이 잘 통하는 곳에 거꾸로 매달아 비닐이나 부직포 종이 등으로 씌워 불순물이 쌓이지 않게 보관한다.

인공건조 시 비금속 트레이에 올린 후 건조기를 이용하여 말린다. 이때 일반적 온도는 25℃-30℃를 유지하며 처음에는 32℃에 24시간 말린 후 다음단계는 24°C-26℃로 낮추어 말린다. 65℃ 이상으로 고온 건조 시 식물체내의 정유성분은 휘발이 되므로 주의 하여야 한다.

전자레인지를 이용할 경우 2-4분간의 짧은 이용이 좋다.

자연 상태에서 건조할 경우 약 2주일 걸리는데 건조 후 향을 오래 유지하는 방법으로는 용기저장이나 밀봉저장을 하여 공기의 외부접촉을 줄여야 한다.

사용량을 구분하여 항아리나 유리병에 넣은 후 밀폐하여 보관한다. 이때 건조물에 습기가 있을시 유리병에 물방울이 발생되므로 잘 관찰하여야 한다.

밀폐 후 항온 항습이 유지되는 시원한 냉암소에 보관하되 여러 품종을 구분하여 보관 시 보관용기에 식물명이나 보관일자를 기록하여 보관함이 좋다.

(3) 냉동저장

허브의 냉동저장은 색과 맛이 오래 유지되며 음식으로 즉시 사용되는 장점이 있다. 바질, 백리향, 딜은 냉동 전 끓는 물에 살짝 데친 다음 수분제거 후 랩이나 비닐팩에 넣어 보관한 다음 소스, 스프, 스튜나 샐러드, 드레싱 등에 이용 한다. 이때에도 식물명이나 보관일자를 기록하는 것이 이용 시 혼돈을 줄인다. 보관정도는 일반적으로 6개월 이내에 이용함이 알맞다.

(4) 오일저장

로즈메리, 바질, 소럴, 타라곤 등은 식물성 기름인 해바라기, 올리브, 콩기름 등에 저장하여 오일을 조리에 이용하거나 저장된 허브를 꺼내어 요리에 직접 이용할 수 있다. 허브를 수확하여 깨끗이 씻은 후 말린 허브를 유리병에 차근차근 쌓은 후 허브보다 오일을 높게 부은 후 이용한다. 이 경우 9개월 정도의 보관이 가능하다. 이렇게 만든 오일을 드레싱, 샐러드, 마리네이드(Marinades)등으로 이용한다.

(5) 허브식초

로즈마리, 박하, 타라곤, 바질, 처빌, 딜, 패널, 오팔바질, 스위트바질, 시나몬바질 등을 이용하여 예쁜 유리병에 생 허브와 감식초나 사과식초를 1: 1.25정도의 비율로 넣는다. 속성식초를 만들려면 병에 식초를 넣기 전에 끓여서 허브가 담긴 병에 부어 넣는다. 이때의 용기는 내열성 유리병을 사용한다. 식초를 넣은 후 햇빛이 잘 드는 창가에 놓고 가끔 흔들어 주거나 저어준 후 3주일이 지나면 이용 할 수 있다. 이때 몇 개의 허브 잎을 원형그대로 넣어두면 어떤 허브인지를 구분 할 수 있으며 서늘한 곳에 보관시키며 가능한 6개월 이전에 이용 한다. 이때 오팔바질, 레디쉬, 지치뿌리, 치자열매 등을 이용하면 아름다운 색상을 포함한 식초가 되어 과일 샐러드나 드레싱으로 사용 시 칼라 푸드를 연출 한다.

그림 11-12. 허브 식초

11.15 허브의 요리

전원생활 중 허브가든 조성 후 떼어낼 수 없는 것은 요리에 해당한다. 우리나라에서는 허브식물의 역사가 짧아 요리방법이 제한적이지만 서양요리나 퓨전요리를 하는데 있어서 다양한 허브를 이용하므로 마술과 같은 맛의 깊이로 빠져들게 된다. 최근 들어 허브생활을 즐겨하는 동아리나 취미가들이 함께 모여 자기들만의 다양한 맛의 세계를 연구하고 체험하면서 각자의 요리법(Recipe)을 만들어 서로의 느낌을 교환하고 정리하면서 허브를 이용한 새로운 진출 분야를 시도하고 있다. 앞으로 젊은 세대들은 허브를 이용한 폭넓은 인구가 증가 될 것으로 생각되어 허브요리의 실제에 대해 몇 가지 소개하기로 한다.

일반적으로 수프(Soup)에 이용되는 식물은 레몬밤, 마늘, 처빌, 러비지의 종자나 잎, 마조람 파슬리의 줄기나 잎, 백리향 등을 이용한다.

콩 스프는 바질, 보레이지, 딜, 마조람, 박하, 파슬리, 로즈메리 등이며 감자요리에는 월계수, 카라웨이, 파슬리 등을 이용한다.

토마도 요리는 바질, 딜, 마조람, 오레가노, 타라곤, 백리향이 좋다. 일반적으로 4~6인분의 요리를 할 때 마늘, 고추, 양파의 기본양념(Spice)을 넣고 1-2스푼의 허브를 1-2종류 혼합하여 사용하는 것이 기본이다.

우리가 이태리요리 파스타, 스파게티, 마카로니 등의 밀가루 요리에 자주 이용되는 바질, 타임 등 각종 허브식물이나 프랑스 고기요리(Meat dish)를 접하면 고기의 종류나 부위에 따른 냄새를 제거하기 위하여 각종 허브들을 사용한다.

그림11-13. 허브를 곁들인 스테이크

가든생활에 있어서 고기와

표11-4. 각종 고기요리에 이용되는 허브

고기의 종류 요리	식물의 종류
토끼고기	바질, 월계수, 러비지, 마조람, 로즈마리, 세이지
닭고기	처빌, 차이브, 페널, 레몬밤, 마조람, 박하, 파슬리
오리고기	월계수, 로즈마리, 세이지, 마조람, 타라곤
거위고기	페널, 세이지, 마조람
칠면조고기	파슬리, 세이지, 마조람, 타라곤, 백리향(타임), 바질, 고수, 페널
소고기	박하, 오레가노, 파슬리, 로즈마리, 세이지, 사보리, 타라곤, 타임
돼지고기	처빌, 고수, 페널, 러비지종자, 마조람, 세이지, 사보리, 타임
간요리	바질, 딜, 마조람, 세이지, 타라곤
햄요리	노간주열매(주니퍼베리), 러비지, 마조람, 박하, 겨자, 오레가노, 파슬리, 로즈마리
생선	아니스, 차이브, 카라웨이종자, 딜종자, 생강, 고추냉이, 마조람, 박하, 양파, 오레가노, 고추, 후추, 양귀비종자, 로즈마리, 사프란, 세이지, 사보리, 타라곤, 타임
계란요리	바질, 차이브, 처빌, 딜, 파슬리, 타라곤
경치즈	카라웨이, 딜종자, 로즈마리, 세이지
연치즈	카라웨이, 처빌, 차이브, 딜종자, 페널, 마조람, 박하 로즈마리, 세이지, 사보리, 백리향
폰듀	바질, 마늘, 박하

(자료: Bremness, 1988, Farrell, 1988)

함께 곁들인 채소요리(Vegetable side dish)는 샐러드로서 큰 의미를 가지며 계절에 따른 신선도와 유기농으로 재배한 적색 황색 보라색 과채류나 근채류를 조화롭게 섞어 올리브와 소금 식초 후추를 기본으로 한 드레싱 재료에 계절에 생산된 허브를 첨가하여 요리를 할 경우 기억에 남는 요리가 될 것이며 그 특유의 미각은 그 가정의 요리의 전통으로 남을 것이다. 각종 고기별로 알맞은 허브를 예를 들면 다음과 같다.

11.16 허브의 기타 이용

허브식물은 고기나 생선 야채요리의 외에도 다양하게 이용된다.

먼저 빵이나 쿠키, 카라멜, 케익, 비스킷의 향과 맛을 내는데 이용되기도 하며 음식의 색상을 나타내기도 한다. 생잎의 허브를 잘게 썰어서 반죽에 포함하거나 구운 후에 일정량을 뿌려 주기도 한다. 딜이나 페널 씨앗을 식빵 속에 조금씩 섞어 씨앗을 씹는 즐거움과 씹은 후 나오는 향기는 식감을 높여주는 역할을 한다.

다음은 허브의 차(Herbal tea)로 이용이다. 각종허브의 꽃, 잎, 뿌리 등을 끓여 차로 이용하면 긴장, 피로, 강장, 건위 등 직접적으로나 정신적으로 도움을 주어 오랜 역사와 함께 차로 이용 되어 왔다. 차의 역사는 허브의 생산지와도 관계가 있어 그 지역의 문화나 풍습과 함께하며 그 지역의 보건이나 민간요법과도 함께 하였다. 일반적으로 허브차는 적당한량의 잎, 꽃, 뿌리, 열매 등을 넣고 끓이거나 끓인 물을 약간 식혀 3-5분 우린 물을 마시는 방법으로 한 가지를 마시는 방법과 약성에 따라 여러 허브를 혼합하여 이용하기도 한다. 이때 각자의 기호 성향에 따라 꿀, 시럽, 위스키 등을 첨가하여 마시기도 한다. 주로 사용되는 식물은 레몬버베나, 캐모마일, 휀널, 민트, 세이지, 자스민 등이다.

다음은 건강을 위한 허브의 이용(Herb for health)이다. 허브식물에는 다양한 약성이 있어 오랜 역사 속에서 병을 예방하거나 치료하는데 이용되었으나 그중 몇 가지 전해오는 이용방법을 소개 한다. 캐모마일의 말린꽃을 차로 마시면 기침이나 목이 아픈 것에 효과가 있으며 레몬밤은 뇌기능을 높이고 기억을 증가시키는데 효과가 있어 베게 속에 마른 레몬밤을 넣어 사용하기도 하였다. 패널의 끓인 물을 피로한 눈에 적시거나 세안제로 사용하여 시력보호에 이용하였다. 유럽에서는 라벤더나 로즈마리를 집안 주위에 심어 울타리를 만든 후 빨래를 말려 옷 속에 향이 스며들게 하여 입기도 한다. 그러나 구전으로 전래된 처방은 조심하여야 하며 또한 부작용을 유발할 수 있어 공인된 기관의 사용방법이나 한의사의 지시에 따라야 한다.

허브의 보건적 이용이 확산되면서 기업들은 산업적 이용으로 발전시키고 있다. 각 기업들은 자신의 전문분야에 향을 첨가하여 깊이 있는 감각의 세계로 유도한다. 그러나 이용의 정도나 조향의 방법은 그 기업만의 비법에 해당되고 기업들의 연구분석 시험의 결과물로서 외부로 노출은 하지 않는다. 특히 화장품(Herbal cosmetics)에서 천연원료인 허브향을 이용하여 남성이나 여성선호용으로 분류하기도하며 노인이나 청소년 유아 선호 향을 분류하여 취향에 맞게 조향하여 이용한다. 주류회사는 위스키, 와인, 꼬냑, 버번 등에 블렌딩 과정에서 허브의 선택정도에 따라 다양한 상품으로 출품된다. 기타이용은 종이(herbal paper), 염료(herbal dyes), 소금, 약품, 의류생산 등 다양하게 이용되나 조경이나 가든 생활의 범주에서는 여기까지만 언급하고자 한다.

그림11-14. 허브를 곁들인 바게트

표11-5. 허브식물의 분류

과명 및 학명	영 명	한국명
쌍떡잎식물 (Dicotyledoneae)		
1. 산형화과 : Umbelliferae		
Angelica ar changelica	Angelica	안젤리카, 천사초
Carum carvi	Caraway	안젤리카, 천사초
Corinder sativum	Corinder	안젤리카, 천사초
Anethum graveole	Dill	안젤리카, 천사초
Levisticum officinale	Lovage	안젤리카, 천사초
2. 꿀 풀 과 : Labiatae		
Melissa officinalis	Balm	밤, 레몬박하
Ocimum basilicum	Basil	바질, 나륵풀
Hyssopus officinalis	Hyssop	히솝, 우슬초
Lavandula angustifolia	Lavender	라벤더, 훈의초
Origanum marjorana	Marjoram	마조람, 꽃박하
Mentha spp	Mint	박하, 박하
Rosmarinus officinalis	Rosemary	로즈마리, 만년노
Salvia officinalis	Sage	세이지
Satureja vulgaris	Savory	사보리, 층층이꽃
Thymus vulgaris	Thyme	타임, 백리향
3. 녹나무과 : Lauraceae	Bay	월계수
Laurus nobilis		
4. 지 치 과 : Boraginaceae	Borage	보리지, 서양지치
Borago officinalis		

과명 및 학명	영 명	한국명
5. 마편초과 : Verbenaceae Aloysia triphylla	Lemon verbena	레몬버베너, 마편초
6. 여 뀌 과 : Polygonaceae Rumex scutatus	Sorrel	소렐, 수영
7. 국 화 과 : Compositae Artemisia dracunculus	Tarragon	타라곤용호

(자료: 박권우(1996), 향신채의 재배 및 이용론, 고려대 출판부.)

참고문헌

- 박권우(1996), 향신채의 재배 및 이용론, 고려대 출판부.
- 고마쓰 미에코 저, 임연홍 류경오역(2007), 허브 요리와 재배법.
- 한국허브연구회(1999), 국내허브산업의 현황과 발전방향.
- 박권우(1994), 서양채소론, 고려대학교 출판부.
- 박광성(2002), 향료전쟁, (주)생각의나무.
- 노정규(1993), 향신료, 창해.
- Bremness, L(1988), The complete book of herbs. Dorling Kindersley, London.
- Farrell. K. F(1985), Spices condiment, and seasonings AVI Book.
- Journal of herbs(1993), Spices & Medicinal Plants. Haworth Press Inc., New York.

정원의 자재

이경의

미륵농산 대표, 전북대 석사과정

정원의 자재에는 소품, 용기, 도구, 수경자재, 비료분 등이 있다.

12.1 소품

소품에는 바닥 장식재, 정원 조형물, 아치, 조명, 벤치와 테이블 의자, 정자와 가제보(gazebo), 다리, 울타리 등이 있다.

1) 바닥 장식재

정원의 바닥을 포장하는 자재의 종류는 다양하다. 여러 가지 모양의 자연석, 콘크리트 바닥 포장재, 붉은 벽돌, 자갈, 침목 등을 어울리게 써야한다. 정원의 편안함에는 스타일에 맞는 포장재 선택이 상당한 영향을 준다.

① 자연석 포장재

자연석은 가장 선호하는 정원 포장 재료 중의 하나이다. 질감이나 느낌이 좋고 색도 자연스러워 선호하지만 단점은 운반이 힘들고 가격이 비싸다. 내구성이 뛰어나 장기적으로 비용이 적게 들어가며, 정형화된 모형으로 다듬을 수 있어 모던정원과 잘 어울린다.

그림 12-1. 계단석과 조경석

그림 12-2. 디딤돌과 주변 초화류

그림 12-3. 철도 폐침목 활용

② 인조석 포장재

콘크리트로 만든 포장재는 자연석에 비하여 저렴하고 색과 모양, 질감을 자유롭게 만들 수있고 자연석보다 가벼워서 시공 비용도 적게 든다. 요즘은 강도나 질감이 자연석과 구별이 가지 않을 정도로 유사하다.

그림 12-4. 부정형 판석

그림 12-5. 화강석 판석

그림 12-6. 인조석 포설

③ 벽돌 포장재

문양을 염두 해두었다가 자신의 정원에 어울리는 패턴으로 꾸밀 수 있는 장점이 있다.

그림 12-7. 칼라 황토벽돌 포장

그림 12-8. 황토벽돌 세워 포장

④ 목재형 포장재

목재는 석재에 비해 내구성이 약하다는 단점이 있지만, 표현을 자유롭게 할 수 있는 장점이 있다.

그림 12-9. 통나무 원목 붙여놓기

그림 12-10. 방부 목재 포장

그림 12-11. 원형 통나무 놓기

그림 12-12. 판재 포장

2) 정원 조형물

정원의 주제나 목적을 알려주는 특별한 장식품은 훌륭한 장식적 요소가 될 수 있다. 시선을 붙잡아 두거나 이동을 유도하기도 한다.

그림 12-14. 금속과 원형 석재

그림 12-13. 석재 조형물

그림 12-15. FRP 조형물

3) 게이트와 아치

공간의 첫 인상을 결정하는 요소이기도 하고, 작은 정원의 입구에 꾸며져 있는 게이트와 아치는 그 자체가 정원을 산책하는 사람들에게 볼거리를 제공하기도 한다. 분할하는 장치로도 활용을 하며, 넝쿨 식물이 타고 오르게 할 수 있어 색다른 경관을 연출 할 수 있는 장점이 있다.

그림 12-16. 목재 아치

그림 12-17. 철재 게이트

그림 12-18. 연속된 아치

4) 조명

경관조명은 주거공간을 편리하고 아름답게 한다. 빛이 필요한 부분에 적절한 조명기기를 사용해 생활을 편리하게 하면서 공간을 아름답게 연출하는 효과를 만들어낸다.

조명은 두 가지 기능으로 나누어 볼 수 있다. 첫 번째로 산책로를 비추어 주는 시각적 기능을 보완하는 것이다. 두 번째는 정원의 분위기를 색다르게 연출하는 것이다.

그림 12-19. 정자 주변 조명등

그림 12-20. 담장형 조명등

그림 12-21. 바리케이트와 조명등

그림 12-22. 기둥형 조명등

5) 벤치와 테이블의자

편안하게 앉아서 쉴 수 있는 공간을 만들어 주고, 정원의 스타일을 살려주는 장점이 있다.

그림 12-23. 원심력 테이블

그림 12-24. 다중시설 테이블

그림 12-25. 원형 목재 테이블

6) 정자와 가제보(gazebo)

비가 오거나, 추울 때 날씨와 관계없이 정원에서 시간을 보낼 수 있게 해준다. 한여름의 뙤약볕을 피할 수 있는 그늘을 제공 해주는 것도 정자의 큰 역할이다.

그림 12-26. 해변가와 가제보

그림 12-27. 잔디밭과 가제보

그림 12-28. 전통 정자

그림 12-29. 벽체형 가제보

7) 다리

교량은 본래 통행을 위한 건축적 목적으로 건설된다. 하지만 주거지역이나 아파트 단지 등에서 미관을 목적으로 작은 다리를 사용한다.

그림 12-30. 전원주택과 방부목 다리

그림 12-31. 방부목 아치 다리

8) 울타리

울타리는 일반적으로 침입방지, 출입통제, 경계표시가 필요한 곳에 사용한다. 하지만 하나의 조경자재로서 심미적 측면을 크게 고려한다.

그림 12-32. 각목 펜스

그림 12-33. 철재 펜스

12.2 용기

1) 화분

화분을 선택 할 때는 식물의 특성에 맞게 고르는 것이 중요하다. 예를 들면 흙이 건조한 걸 좋아하는 식물은 높이가 낮고 크기가 작은 화분에 심는 것이다.

① 플라스틱 화분

가볍고 가격도 저렴하여 색상과 모양이 매우 다양하며 실내에서 사용하는 것이 좋다.

그림 12-34. 밑받침형 원형화분

그림 12-35. 원형 화분

그림 12-36. 직사각형 화분

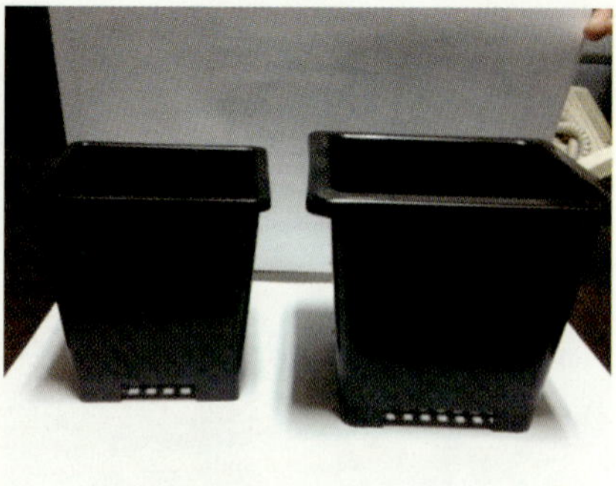

그림 12-37. 사각 화분

② 도자기 화분

우아하고 고급스러운 멋을 내는데 아주 유용하며 무거워서 충격에 약한 점이 있다.

그림 12-38. 미니 도자기 화분

③ 옹기 화분

황토로 만들어서 공기가 통하며 충격에 약하지만 운치가 있는 장점이 있다.

그림 12-40. 다즙 식물과 미니옹기

그림 12-39. 전통옹기

그림 12-41. 규격별 전통옹기

④ 마블 화분

넓게 보면 플라스틱 화분에 속하지만 다양한 디자인과 화려한 색상으로 종류가 다양하며 무게가 아주 가벼운 장점이 있다.

그림 12-42. 나뭇잎 화분

그림 12-43. 산세베리아

⑤ 테라코타 화분(토분)

식물을 재배할 때 가장 이상적인 화분(숨을 가장 잘 쉬는 재질로 만들어져 있기 때문에 식물이 자라는데 좋은 환경을 제공)이나 화분 속 흙이 금세 건조해지고, 무겁다는 단점이 있다.

그림 12-44. 다즙식물 원형토분

그림 12-45. 색상본 테라코타 화분

⑥ 철제 화분

가장 튼튼하며 벽에 장식할 때 유용하다.

그림 12-46. 미니 철제

그림 12-47. 이단철제

⑦ 플랜트 박스

장소에 구애없이 다양하게 연출할 수 있으며 특히 실내에서 자투리 공간을 이용할 수 있다. 리트 바닥 포장재, 붉은 벽돌, 자갈, 침목 등을 어울리게 써야한다.

그림 12-48. 조립형

그림 12-49. 석재형

12.3 관리자재

도구는 수목이식 자재, 토양관련 자재, 외과 수술 자재, 전정도구 등으로 나눌 수 있다.

1) 수목이식 자재

① 마대, 자루, 네트

㉠ 코이어(coir) 마대 : 야자껍질 섬유로 만든 매트형으로 두루마리형이 있다.

㉡ 쥬트(jute) 마대 : 황마섬유로 만든 마대이다.

㉢ 부직포(burlap) : 직포 공정을 거치지 않은 상태의 폴리프로필렌 섬유로 만든 포장재이다.

㉣ 자루(부대) : 코이어와 쥬트로 만든 자루이다.

㉤ 네트 : 야자망, 황마망이 있다.

그림 12-50. 코이어마대

그림 12-51. 쥬트 마대(황마 마대)

그림 12-52. 부직포

그림 12-53. 거친 야자망

그림 12-54. 거친 황마망

② 테이프와 페인트

㉠ 황마(jute) 테이프

㉡ 수간피복종이 (tree wrapping paper) : 피소와 상열방지를 위한 수간을 싸매는 종이이다.

㉢ 흰색페인트 : 피소와 상열을 방지하기 위하여 수간에 바른다.

그림 12-55. 황마테이프

③ 끈과 철사

㉠ 목도끈 (web sling) : 폴리에스테르 재질로 만든 끈으로서 근분을 이동할 때 어깨에 메는 끈이다.

㉡ 황마밧줄

㉢ 새끼

그림 12-56. 목도끈

그림 12-57. 황마끈

그림 12-58. 새끼

2) 토양 관련 자재

① 토양 매설물

㉠ 유공관(perforated pipe), 배수관(drain pipe)

㉡ 토목섬유(geotextile)

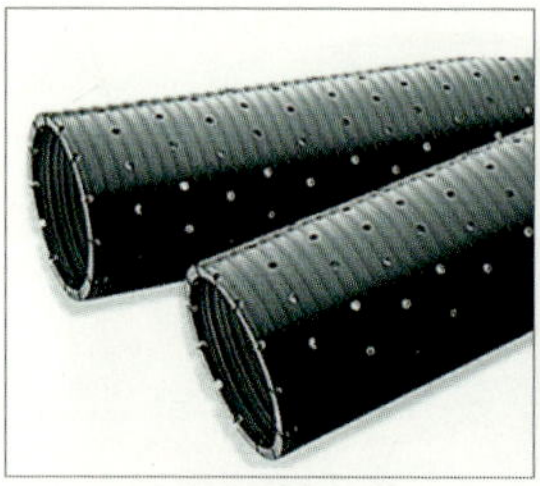

그림 12-59. 유공관

그림 12-60. 배수관

그림 12-61. 토목섬유

② 토양재개량제

㉠ 왕모래, 이탄이끼(peat moss), 퍼라이트(perlite), 질석(vermiculite)

㉡ 비료(fertilizer), 퇴비(compost)

그림 12-62. 이탄이끼

그림 12-63. 퍼라이트

그림 12-64. 질석

그림 12-65. 비료

그림 12-66. 퇴비

③ 멀칭자재

㉠ 왕모래(coarse sand), 자갈(gravel)

㉡ 수피(bark), 우드 칩(wood chip), 톱밥(saw dust), 볏단, 낙엽

㉢ 부직포(burlap), 토목섬유(geotextile)

그림 12-67. 왕모래

그림 12-68. 자갈

그림 12-69. 수피

그림 12-70. 우드 칩

그림 12-71. 톱밥

그림 12-72. 볏단

그림 12-73. 낙엽

3) 외과수술자재

① 지주설치용

쇠파이프, 철제빔

그림 12-74. 쇠파이프

그림 12-75. 철제빔

② 쇠조임용

쇠막대기(iron rod), 고리볼트(hook bolt), 볼트(bolt), 너트(nut), 워셔(washer)

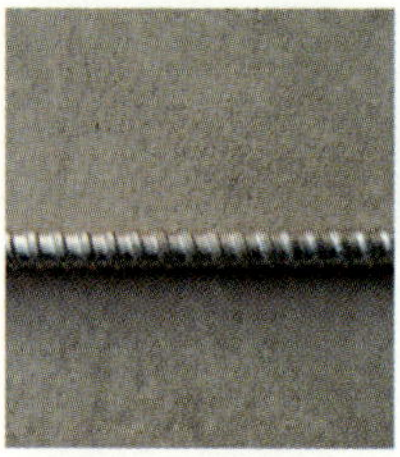
그림 12-76. 쇠막대기

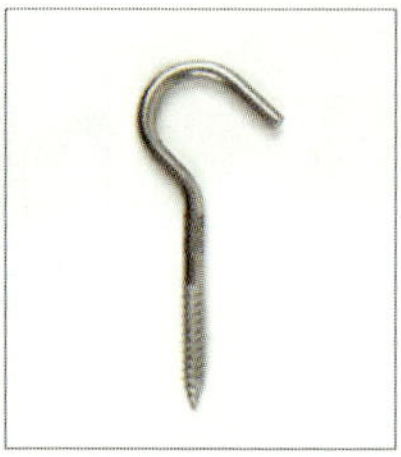
그림 12-77. 고리볼트

그림 12-78. 볼트너트

그림 12-79. 워셔

③ 줄당김용

강철 처사(cable), 조임틀(turnbuckle)

④ 소독약

에틸알코올, 유산동, 중크롬산카리, 바세린

⑤ 공동충전용

합성수지(플리우레탄 폼, 불포화 폴리에스테르 수지, 에폭시 수지), 부직포, 코르크 가루, 놋쇠못

12.4 수경(수변경관)자재

1) 갑판

수변조경에서 흔히 쓰이는 자재이다. 대표적인 조경 사례로는 '순천만', '부안댐' 등이 있다.

그림 12-80. 수변가 데크

그림 12-81. 공원내 데크

그림 12-82. 유원지 데크

그림 12-83. 습지내 데크

2) 연못

우리나라 전통 조경에도 많이 쓰인 연못은 동양적인 이미지를 부각시킬 수 있는 좋은 요소이다. 대표적인 사례로는 '안압지', '포석정' 등을 들 수 있다.

수조를 이용한 연못 만들기는 가정에서 가장 손쉽게 연못을 만들 수 있다. 이미 정해진 형태의 커다란 물통을 땅속에 묻고 주변을 장식하는 것으로 완성된다.

그림 12-84. 압압지 야경

그림 12-85. 부정형 연형

그림 12-86. 주택가 연못

그림 12-87. 케스케이드형 연못

3) 분수 및 벽천

서양식 조경에서 많이 사용된 요소로 우리나라에는 조선시대부터 들어오기 시작하였다. 대표적인 사례로는 베르사유 궁전 아폴론 분수, 레만호 제트분수 등이 있다.

벽천은 근대 독일의 구성주의적 양식에서 발달한 것으로 실용과 미를 겸비한다. 넓은 면적을 필요로 하지 않기 때문에 작은 공원, 소광장, 공공정원 등에 어울린다. 벽천을 설계할 때는 물의 재순환이 가능하도록 하부구조설계를 완벽하게 하여야 한다.

4) 수중 모터 펌프

펌프 아래에 전동기를 직결하고, 이것을 일체로 하여 좁고 긴 용기 속에 넣은 것으로 양수관과 동력 케이블을 접속해 수중에서 접속시킨다. 전동기는 내수(耐水)를 위해 충수형, 수밀형 등의 구조로 되어 있으며 충수형이 많고 펌프의 축수(軸受)도 수윤활이므로 급유할 필요가 없다. 펌프의 구조에는 원심 펌프, 다단 터빈 펌프, 축류 펌프, 오수 펌프, 블레이드리스 펌프 등 여러 가지가 사용되고 있다. 회전부가 수중에 있으므로 소음과 진동이 없고, 구조가 간단해서 설치와 취급이 용이하여 상 · 하수도, 급배수, 가정, 우물 등에 많이 이용되고 있다.

그림 12-88. 고효율 입형다단 원심 펌프

그림 12-89. 다단터빈 펌프

그림 12-90. 축류 펌프

그림 12-91. 오수용 펌프

5) 배관

수경관을 조성하기 위해서는 배수에 특히 신경을 써야한다.

① 배관용 강관

배관용 탄소강 강관(SPP), 압력 배관용 탄소강 강관(SPPS), 고압 배관용 탄소강 강관(SPPH), 배관용 아크용접 탄소강 강관(SPW), 저온 배관용 광관(SPLT) 등

그림 12-92. 배관용 강관

② 수도용 강관

수도용 아연 도금 강관(SPPW), 수도용 도복장 강관(STPW)

그림 12-93. 수도용 강관

③ 열연강용 강관

보일러 열교환기용 탄소강 강관(STH), 합금강 강관(STHA), 스테인레스 강관(STS*TB), 저온 열교환기용 강관(STLT)

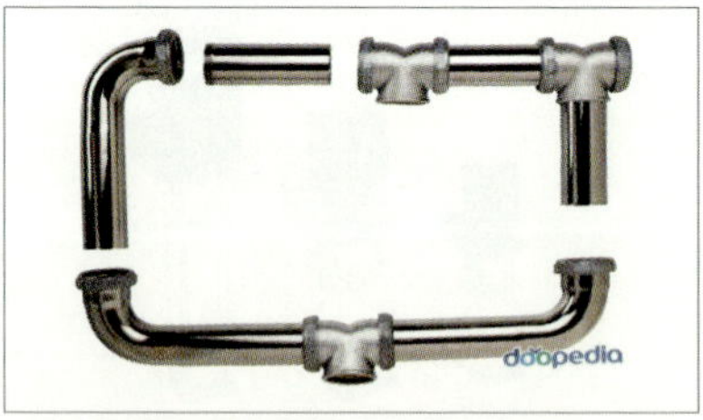

그림 12-94. 열연강용 강관

④ 구조용 강관

일반 구조용 탄소강 강관(SPS), 기계 구조용 탄소강 강관(STM), 구조용 합금강 강관(STA)

그림 12-95. 구조용 강관

12.5 비료분

비료가 필요한 이유는 식물도 자라면서 지속적인 영양공급이 필요하기 때문이다. 시간이 지남에 따라 흙속의 영양분이 부족해져서 식물이 건강하고 아름답게 자랄 수 없다. 따라서 비료는 꼭 필요하다. 비료는 모양에 따라 몇 가지로 분류된다.

1) 고체형 비료

아기 주먹 만한 크기의 비료이며 화분 위에 놓아두면 물을 줄 때 조금씩 흙에 녹아들어가 영양분을 공급해준다. 녹는 속도가 느리고 효과 또한 서서히 나타난다.

그림 12-96. 가로수 및 조형관재용

그림 12-97. 분재용

2) 입자형 비료

고형비료와 마찬가지로 사용법에 따라 알갱이의 양을 조절해 흙 위에 얹어 둔다. 작은 알갱이 모양이며 화분의 흙 위에서 물을 줄때 영양분을 조금씩 공급해준다. 고형비료보다는 효과가 빠른 편이다.

그림 12-98. 난류용

그림 12-99. 관엽용

3) 분말형 비료

밀가루 같이 생긴 비료로 물에 희석하여 사용하며 비교적 효과가 빠르다.

그림 12-100. 채소비료용

4) 액체형 비료

① 엠플형 비료

액체 비료를 작은 용기에 담아 사용하며 물에 희석하지 않고 그대로 사용하면 된다. 액체형이라 침투가 빠르다.

그림 12-101. 수경 재배용

② 희석액 비료

고농축 액체 비료로 물에 희석해서 사용한다.

그림 12-102. 고농축 액체형 원예용 복합영양제

그림 12-103. 액체 비료 원예용 복합영양제

참고문헌

1. 소품 (내용: 정원디자인 p182–187)

자연석 포장재

1) http://blog.naver.com/hirawa?Redirect=Log&logNo=10156081230

2) http://blog.naver.com/hirawa?Redirect=Log&logNo=10156081230

인조석 포장재

1) 실내옥상정원 p162

2) 실내옥상정원 p178

3) http://blog.naver.com/hirawa?Redirect=Log&logNo=10156081230

벽돌포장재

1) http://blog.naver.com/osla0712?Redirect=Log&logNo=60191598787

2) http://blog.naver.com/aicairuming?Redirect=Log&logNo=40108707549

목재형 포장재

1) 행복한 놀이 정원 디자인 p187

2) 실내옥상정원 p140

3) 주택조경 설계집 p233

4) http://cafe.naver.com/plantsman/108

정원 조형물

1) http://blog.naver.com/kwonpd1?Redirect=Log&logNo=130107627950

2) http://blog.naver.com/kwonpd1?Redirect=Log&logNo=130107627950

3) http://cafe.naver.com/teamsis/72362

게이트와 아치

1) http://cafe.naver.com/vip2933/248587

2) http://blog.naver.com/biclion?Redirect=Log&logNo=60197544867

3) http://blog.naver.com/biclion?Redirect=Log&logNo=60197544867

조명

– 행복한 디자인 p218

1) http://blog.naver.com/leesil1427?Redirect=Log&logNo=130096277812

2) http://blog.naver.com/2255868?Redirect=Log&logNo=110157533707

벤치와 테이블의자

1) http://blog.naver.com/timberworld?Redirect=Log&logNo=70109187292

2) http://blog.naver.com/raina21?Redirect=Log&logNo=110137853961

3) 실내·외 정원 디자인 p 192

정자와 가제보

1) http://blog.naver.com/kkkjjhh68?Redirect=Log&logNo=135162302

2) http://cafe.naver.com/dawontec/22

3) http://blog.naver.com/cjftn8885?Redirect=Log&logNo=164195057

4) 주택조경 설계집 p116

다리

1) 주택조경 설계집 p188

2) 주택조경 설계집 p208

울타리

1) 주택조경 설계집 p131

2) 주택조경 설계집 p134

2. 용기 (화분내용: 산타벨라처럼 쉽게 화초키우기 p194–p195)

플라스틱화분

1) http://blog.naver.com/PostView.nhn?blogId=yeeesmom&logNo=40174640398

2) http://blog.naver.com/pppkki?Redirect=Log&logNo=30178346105

3) http://cafe.naver.com/hyun6486/180

4) http://blog.naver.com/pppkki?Redirect=Log&logNo=30178346105

도자기화분

1) http://blog.naver.com/cherry0614a?Redirect=Log&logNo=60142911089

옹기화분

1) http://blog.naver.com/coming55?Redirect=Log&logNo=60003109735

2) http://blog.naver.com/kc22222?Redirect=Log&logNo=40166621877

3) http://cafe.naver.com/waltzparty/464

마블화분

1) http://blog.naver.com/wjdqhrgyqls?Redirect=Log&logNo=120094758917

2) http://blog.naver.com/wjdqhrgyqls?Redirect=Log&logNo=120096059452

테라코타화분

1) http://cafe.naver.com/sodamflower1/180

2) http://blog.naver.com/heejking3791?Redirect=Log&logNo=150109202361

철제화분

1) http://cafe.naver.com/kangwonflowershop/318

2) http://cafe.naver.com/flower2577/3272

플랜트 박스

1) http://blog.naver.com/ssunny60?Redirect=Log&logNo=140097943749

2) http://cafe.daum.net/leeflower/9HM8/6521?docid=3730774788&q=%C7%C3%B7%A3%C6%AE%B9%DA%BD%BA&re=1

3. 관리자재 (조경수 식재관리기술, 2010, 서울대학교 출판 문화원)

http://blog.naver.com/hoony603?Redirect=Log&logNo=110150678852

수목이식 자재

1) 코이어 매트 http://blog.naver.com/codongwoo1?Redirect=Log&logNo=90106852080

2) 쥬트네트

http://factorydirectcraft.com/catalog/products/1602_2339-29617-10_natural_jute_net_burlap_ribbon_5_yards.html

3) 야자네트 http://wayambafibermills.com/products_6.html

4) 부직포 http://blog.naver.com/loh2566?Redirect=Log&logNo=110175475243

5) 황마마대 http://www.yogalifestyle.com/GEEcoJuteYogaMat.htm

6) 황마 테이프 http://www.yolvic.com/index-en.php

7) 목도끈 http://www.dunlapindustrial.com/Rigging_Synthetic.html

8) 황마끈 http://www.diamondjute.com/images/product/jute_rope/5.jpg

9) 새끼 http://harrietgoodall.com/2013/03/25/fibre-rush-tim-johnson/

토양관련 자재

1) 유공관 http://blog.naver.com/ye0ng63?Redirect=Log&logNo=80188685503

2) 배수관

http://www.drainageonline.co.uk/Drainage-Pipe-and-Fittings/Twin-Wall-Drainage-Pipe.htm

3) 토석섬유 http://earthaidusa.com/geo-fabric.aspx

4) 피트모스 http://cafe.naver.com/1nan/2585

5) 퍼라이트 http://cafe.naver.com/beautifulatar/2

6) 질석 http://blog.naver.com/jincm11?Redirect=Log&logNo=60152387375

7) 비료 http://www.thenaturalgardener.co.uk/neem_natural_fertilizer.php

8) 퇴비 http://davidlivesinsoil.wordpress.com/composting-work/

9) 왕모래 http://www.photos-public-domain.com/2011/01/26/coarse-sand-gravel-texture/

10) 자갈 http://commons.wikimedia.org/wiki/File:Bluemetal_coarse_granite_gravel_texture.jpg

11) 수피 http://www.kilgraney.com/Premium%20and%20economy%20bark%20mulch.htm

12) 우드 칩 http://www.pelletstoves.ie/page26.php

13) 톱밥 http://parenthetically.blogspot.kr/2013/06/blood-and-sawdust.html

14) 볏단 http://blog.naver.com/pixeleye?Redirect=Log&logNo=80174033584

15) 낙엽 http://cafe.naver.com/organicfarmer/25602

외과수술자재

1) 빔 http://wallacewiki.com/david-foster-wallace/index.php?title=File:I-beam.jpg

2) 쇠파이프 http://blog.naver.com/PostView.nhn?blogId=xclntauw&logNo=150117926001

3) 쇠막대기

http://machineryzx.en.made-in-china.com/product/keyEZIWdGMUF/China-Tie-Rod.html

4) 고리볼트 http://www.hardwarestore.com/hook-bolts-3400.aspx

5) 볼트너트 http://wke001.en.ec21.com/Stainless_Steel_Bolt_Nut_A2--1093001_2110987.html

6) 워셔 http://www.reliablehardware.com/back-upwasher.aspx

7) 강철철사 http://2308.co.all.biz/ko/gangcheol-cheolsa-g10008

8) 조임틀

http://www.cornerhardware.com/index.php?main_page=index&cPath=6744_6893_7359

4. 수경(수변경관)자재

http://blog.naver.com/boarderjk?Redirect=Log&logNo=110109727843

http://blog.naver.com/im_nature?Redirect=Log&logNo=20024169983

http://blog.naver.com/nimblestyle?Redirect=Log&logNo=30165477820

http://terms.naver.com/entry.nhn?cid=200000000&docId=1299238&mobile&category
Id=200000358

http://terms.naver.com/entry.nhn?cid=200000000&docId=1101854&mobile&category
Id=200000907

http://cafe.naver.com/interior1009/324

http://terms.naver.com/entry.nhn?cid=575&docId=331942&mobile&categoryId=1659

http://terms.naver.com/entry.nhn?cid=200000000&docId=1141359&categoryId=200000358

http://photo.naver.com/view/2013041419323753250

Deck

1) http://cafe.naver.com/suncheontour/51

2) http://blog.naver.com/hoony603?Redirect=Log&logNo=110171257712

3) http://blog.naver.com/allyfifa?Redirect=Log&logNo=110169853704

4) http://blog.naver.com/sejong_story?Redirect=Log&logNo=60192323834

연못

1) http://news.naver.com/main/read.nhn?mode=LSD&mid=sec&sid1=103&oid=
028&aid=0000055549

2) http://blog.naver.com/newcsb?Redirect=Log&logNo=10166233461

3) 주택조경 설계집 p152

4) 주택조경 설계집 p187

분수

1) http://blog.naver.com/shk5977?Redirect=Log&logNo=160119413

2) http://blog.naver.com/miomiru?Redirect=Log&logNo=20026360129

3) http://blog.naver.com/zang8025?Redirect=Log&logNo=30123778888

4) http://cafe.naver.com/lldldl/2628

벽천

1) http://blog.naver.com/jjs1203kr?Redirect=Log&logNo=130175066525

2) http://terms.naver.com/entry.nhn?docId=1146485&cid=200000000&categoryId=200003618

3) http://cafe.naver.com/yezoon/1661

4) http://blog.naver.com/turi79?Redirect=Log&logNo=40051311135

수중 모터 펌프

1) http://terms.naver.com/entry.nhn?docId=625774&cid=368&categoryId=368

2) 고효율 입형 다단펌프 http://blog.naver.com/iu_news?Redirect=Log&logNo=70169347498

3) 다단터빈펌프 http://blog.naver.com/dhghkd1?Redirect=Log&logNo=120200791028

4) 축류펌프 http://www.kwengmagneticdrives.com/magnetic-drive-axial-flow-pumps.htm

5) 오수용펌프 http://blog.naver.com/ldonghun?Redirect=Log&logNo=60161058088

배관

http://blog.naver.com/miji1655?Redirect=Log&logNo=150177699526

1) 배관용 강관 http://cafe.naver.com/union21/492

2) 수도용 강관 http://www.dhf.co.jp/eng/products/transport/water-pipe.html

3) 열연강용 강관

http://terms.naver.com/entry.nhn?docId=1099678&cid=200000000&categoryId=200000978

4) 구조용 강관 http://blog.naver.com/busang68?Redirect=Log&logNo=80189863178

5. 비료분

1) http://www.wikitree.co.kr/main/news_view.php?id=144259

2) 산타벨라처럼 쉽게 화초키우기 p190-p191

고체형비료

1) http://blog.naver.com/audtjrrl?Redirect=Log&logNo=120174602790

2) http://www.wikitree.co.kr/main/news_view.php?id=144259

입자형비료

1) http://blog.daum.net/_blog/photoImage.do?blogid=0Acv0&imgurl=http://cfile233.uf.daum.net/original/1549CE314CA0143E00313F

2) http://blog.naver.com/iamkwak7?Redirect=Log&logNo=60188404200

분말형 비료

2) http://blog.naver.com/ginocandle?Redirect=Log&logNo=120134044464

엠플형비료

1) http://blog.daum.net/_blog/photoImage.do?blogid=0Acv0&imgurl=http://cfile223.uf.daum.net/original/1249CE314CA01444034326

희석형비료

1) http://blog.daum.net/_blog/photoImage.do?blogid=0Acv0&imgurl=http://cfile201.uf.daum.net/original/146A622F4CA01130873685

2) http://blog.naver.com/heejking3791?Redirect=Log&logNo=150112569926

3장

정원관리

정원수 전정

김운희

(주)세이브건설 과장, 전북대 석사과정

13.1 전정

전정은 가장 오래된 나무관리법 중의 하나이다. 수목의 일부 중 주로 가지와 줄기를 제거하여 나무의 크기와 모양을 조절하는 것을 의미하며, 조경수의 관리에서 가장 중요한 작업에 속하며 수목의 수형 조절, 상처치유, 결실촉진, 목재의 품질상승 등을 위해 전정을 하였다. 그러나 전정의 가장 중요한 목적은 수목의 건강한 상태를 유지해 주는 것이다.

전정의 좁은 의미로는 수목에 아름다움과 개화결실에 방해되는 가지를 잘라내는 것으로 요약할 수 있고 넓은 의미로는 수목이 지니고 있는 생리 및 생태적인 특성을 살려 여러 기능에 알맞게 조절하여 건강한 나무로 자라도록 하는 것이다.

나무를 심기만 하고 지속적으로 가꾸고 보살펴주지 않는다면 수세가 열악해지거나 웃자라게 되고 병해충에 걸리기 쉬울 뿐 아니라 미관상으로도 볼품이 없어진다. 올바른 전정과 시비작업을 통해 나무의 생장환경을 더욱 좋게 만들어 주고 이를 통해 정원을 아름답게 가꾸는 작업이 필요하다. 여러 가지 도구를 이용해 나무의 모양을 고르고 손질하는 것을 수형 만들기라고 한다. 그리고 이러한 수형 만들기를 위해 가지를 자르고, 순을 치고, 잎을 따주는 등의 작업을 전정이라고 한다.

정원수는 나무 특유의 개성을 살려 수종 특유의 수형을 즐기는 것이 이상적이나 정원이라는 좁은 공간 속에서는 여러 가지 제약을 받게 되므로 전정을 하여 나무 생장에 도움을 주어야 한다. 정원수는 관상적 목적이 강하므로 보기에 아름다운 모양을 갖추어야 한다.

13.2 전정의 목적

조경수는 관상용 또는 실용적인 목적으로 식재되며 인위적인 환경 밑에서 자라는 경우가 많기 때문에 그대로 방치해 둘 경우에는 가지나 잎이 너무 무성해지거나 부자연스러운 모습으로 수형이 변하는 수가 있다. 전정이란 조경수가 건강한 나무, 아름다운 나무로 성장할 수 있도록 줄기와 가지의 해부학적 구조를 이해하고 가지를 바르게 자르는 것이다. 전정을 시행하는데 그에 대한 목적 3가지를 보면 미관상 · 실용상 · 생리상의 3가지로 대별할 수 있다.

13.2.1 미관상의 목적

- 자연상태의 수형을 가진 수종일지라도 불필요한 줄기나 가지를 잘라내어 건전한 생육을 도모하고, 수목이 갖는 본래의 아름다움을 좀 더 높이게 한다. 성숙목에서 제대로 골격을 갖추기 위해서는 치수시절에 가지의 배치를 조절해야 한다.
- 인공적인 수형으로 만들 경우는 불균형을 이루는 줄기나 가지 등을 전정하거나 깍아 손질하여 직선이나 곡선으로 마무리하여 조형미를 높인다.

13.2.2 실용상의 목적

- 방화수, 방풍수, 방음수, 차폐수, 시선유도수, 녹음수 등의 목적을 위하여 불필요한 줄기나 가지를 정지 · 전정하여 지엽의 생육을 양호하게 하여 그 본래의 목적을 달성케 한다.
- 가로수 등은 주로 夏期전정을 실시하여 통풍을 원활하게 하고 태풍에 의한 도복 등의 피해를 방지케 한다.
- 한정된 작은 공간에 식재된 수목을 전정에 의하여 수목의 크기를 조절하고, 정원이라는 한정된 공간에서의 조화를 이룰 수 있게 한다.

13.2.3 생리적 목적

- 枝葉이 너무 밀생한 수목은 도장지, 逆枝, 교차지 등을 정리하고, 상처를 크게 받았거나 부러진 가지, 서로 부딪쳐서 상처를 내는 가지 등을 전정함으로서 통풍, 채광이 잘되게 하여 병충해를 방지하고 풍해와 설해에 대한 저항력을 강하게 한다.
- 쇠약해진 수목은 지엽을 부분적으로 잘라서 새로운 가지를 재생케 하여 수목에 활력을 불어 넣어 준다.
- 꽃이 피고 열매를 맺는 수목은 도장지, 허약지 또는 지나치게 강하게 자란 가지를 전정하여 생장을 억제시켜 개화, 결실을 촉진케 한다.
- 이식한 수목은 지엽을 자르거나 잎을 훑어 주어 뿌리에서의 흡수한 수분과 잎 · 줄기 등에서의 증발한 수분과의 균형을 이루게 하여 활착상태를 좋게 한다.

13.3 정지 · 전정의 목적에 따른 분류

13.3.1 조형을 위한 전정

조경수목은 각기 수종고유의 특성에 알맞은 형태를 살려서 수목의 본래 자연스러운 형태대로 독특한 개성미를 지닐 수 있게 해야 한다. 대부분의 침엽수는 원뿔형이나 첨탑형의 형태를 띄고 있으며, 활엽수는 원개형이나 난형의 형태를 갖고 있다.

침엽수의 경우 잠아를 가지고 있지만, 성숙하면서 대부분 죽어버린다. 윗가지를 제거하더라도 맹아지가 나오지 않기 때문에 침엽수의 전정을 함부로 실시하면 안 된다.

활엽수는 잠아의 윗가지가 죽거나 잘려 나가면 바로 아래 가지의 잠아가 맹아지의 형태로 새로운 가지를 만들기 때문에 수형을 비교적 마음대로 바꿀 수 있다.

여러 개의 조경수목이 조합되어 배치될 때에는 적절한 정지 · 전정을 실시함으로써 서로 간에 조화와 균형을 주어 주변 환경과 어울릴 수 있는 수목을 만들어 낼 수 있을 것이다. 이와 같이 수목의 종류에 따라 각각 생태적 · 형태적으로 생리특성을 파악하여 이에 따른 효과적인 정지 · 전정을 실시하여 수목이 본래 가지고 있는 특성 및 자연의 조화미, 개성미, 수형 등을 환경에서 잘 이용하면 예술적 가치와 미적 효과를 충분히 발휘할 수 있을 것이다. 토피어리와 같이 완전히 조형적인 경우를 제외하고는 수목의 각 부분을 균형 있게 자라게 한다.

13.3.2 생장을 위한 전정

조경수의 병충해를 입은 가지나 고사지 및 손상지 등을 제거하여 생장을 조절하고 뿌리가 잘려나간 이식목의 경우 근계와의 균형을 맞추기 위해 지상부의 가지를 제거하므로 생장을 조절해 주는 전정이다.

묘목을 육성하는 경우 아래쪽의 곁가지를 적당히 잘라 버리거나 또는 곁가지의 끝을 일정한 길이로 다듬어 키의 생장을 촉진시키는 방법이 이에 해당된다. 또한 추위에 약한 수종의 主幹을 잘라 주어 곁가지를 강하게 키워가는 방법도 있다. 과수의 묘목은 흔히 주간을 잘라 주고 곁가지를 키워가는 방법으로 생장을 촉진시킨다.

나무의 이식시 분을 뜨면서 뿌리가 많이 잘려나가기 때문에, 근계와의 균형을 맞추기 위해 가지를 일부 제거하여 증산량을 감소시키면 이식목의 활착률이 높아진다.

특히 소나무류와 같이 맹아력이 약한 나무는 수형을 충분히 고려하여 가지를 부분적으로 솎아내는 정도에서 가지를 잘라내야 된다. 반면에 팽나무나 느티나무, 배롱나무, 모과나무, 플라타너스, 수양버들 등의 수종은 대단히 맹아력이 강하므로 상당히 굵은 가지를 잘라내도 손쉽게 가지가 자라날 수 있다.

13.3.3 생장억제를 위한 전정

조경수목을 일정한 형태로 유지시키고자 하거나, 일정한 공간에 식재된 수목을 필요이상으로 자라지 않게 하기 위해서 실시되는 전정이다. 전자는 옥향, 회양목, 선주목, 팽나무, 실편백, 화백 등의 침엽수와 상록활엽수에 대한 整枝 · 剪定 작업뿐만 아니라 생울타리에 대한 다듬기, 소나무의 새순을 치는 작업, 상록활엽수의 잎사귀를 따는 작업 등 모두가 이에 속한다. 후자는 작은 정원 내의 녹음수나 도로변의 가로수에 대한 전정 등이 해당된다.

맹아력이 매우 강한 수종의 경우 굵은 가지의 길이를 줄여 잔가지를 발생시켜 크기를 억제시키거나 소나무의 순꺾기, 팽나무, 단풍나무 등의 순따기와 잎따기도 도장을 억제하기 위한 전정법이라 할 수 있다.

13.3.4 갱신을 위한 전정

갱신을 위한 전정은 맹아력이 강한 활엽수에 대해서 너무 늙어 生氣을 잃은 나무가 開花상태가 불량해진 묵은 가지를 잘라 주어 새로운 가지가 나오게 함으로써 수목에 활기를 불어 넣어 주는 것이다. 또한 도장지나 차륜지 등을 제거하여 영양분의 손실을 막아 건전한 가지의 생육을 촉진한다. 팽나무는 굵은 가지를 잘라서 새 가지를 형성시키는 일이 많다.

13.3.5 개화결실을 촉진시키기 위한 전정

개화결실을 촉진시키기 위한 전정법은 크게 세 가지로 분류될 수 있는데 첫째, 과수나 화목류의 개화촉진을 위한 것과 둘째, 결실을 위주로 한 것 셋째, 개화결실을 동시에 촉진하기 위한 것으로 나눌 수 있다.

조경수목의 경우 수형을 위주로 한 전정을 해야 될 경우가 많기 때문에 開化結實만을 위한 전정을 실시한다는 것은 매우 어려운 일이다.

전정을 할 때에는 花芽分化의 형성시기와 개화결실시의 습성을 잘 알고 전정하여야 한다. 전정시기는 이른봄 樹液이 움직이기 전에 전정하는 것과 개화 후에 전정하는 것으로 크게 분류된다. 개화는 일반적으로 개화 준비기간인 화아분화의 형성시기와 개화기간이 있다. 화아분화 형성이 되면 일단 저온상태의 일정기간을 통해 휴면타파 시기를 거쳐 온도가 올라가거나 일장의 길이에 따라 바로 개화하게 된다.

여름에 개화하는 수종인 무궁화, 배롱나무, 금목서는 봄에 생장이 시작될 때 4월에 전정해도 된다. 등나무는 5월에 꽃이 피고난 후 곧 새로운 꽃눈이 생기므로 꽃이 지자마자 곧 전정해야 다음 해에 꽃을 볼 수 있다. 백목련과 치자나무는 꽃이 피고 30일 이내, 철쭉류는 30~40일 이내에 꽃눈이 생기므로 그 사이에 전정해야 한다.

감나무는 자연 그대로 방치될 때에는 隔年結果가 되어 매년 많은 결실을 보기가 어려우나, 전정을 실시함으로써 매년 결실을 볼 수 있다. 매화나무의 경우에는 그대로 방치할 때에는 개화상태가 좋지 못하게 된다. 이를 해마다 꽃피고 난 후에 가지를 강전정하게 되면 온통 가지를 덮어 버릴 정도로 많은 꽃이 필 수 있다.

13.4 전정기구

- **사다리** : 높은 곳에 있는 가지를 자를 때 사용한다. 안전을 위해 가장 높은 단에는 올라가지 않는 것이 좋다. 바닥에 발톱이 달린것이 고정이 잘되므로 미끄러짐이 덜하다.
- **톱** : 가위로는 잘리지 않는 굵은 가지에 사용한다. 목공용이 아닌 것으로, 다루기 편하고 절단면이 깔끔하게 잘리는 전정용 톱을 사용해야 한다. 칼날의 길이는 30cm 정도가 일반적이다.

그림 13-1. 사다리

그림 13-2. 톱

- **전정가위** : 본래 과수원에서 사용하는 것이지만 조경수목이나 분재를 전정하는데 일반적으로 가장 많이 사용되는 가위이다.
- **적과가위** : 꽃눈이나 열매를 솎을 때 또는 과일의 수확에 주로 사용되며, 오이와 같은 채소작물의 적심에 이용되기도 한다.

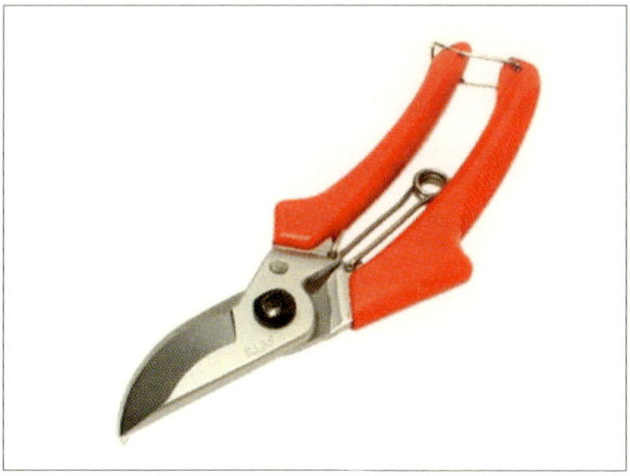

그림 13-3. 전정가위

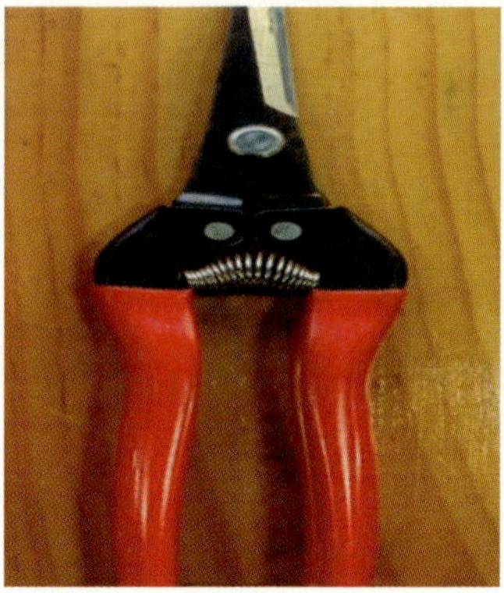

그림 13-4. 적과가위

- **적심가위** : 가지치기 가위로 자르기 어려운 가는 가지를 자를 때 사용한다. 손가락을 넣는 부분이 크고 활처럼 구부러진 것은 가지를 자를 때 주위의 가지가 손잡이에 끼지 않도록 하기 위한 것이다.

• **고지가위** : 높은 곳의 가지나 열매를 채취하기 위하여 사다리를 사용하지 않고 그대로 지면에서 긴 장대 끝에 고지전정가위를 달고 그것으로 잘라내는 편리한 가위이다.

그림 13-5. 적심가위

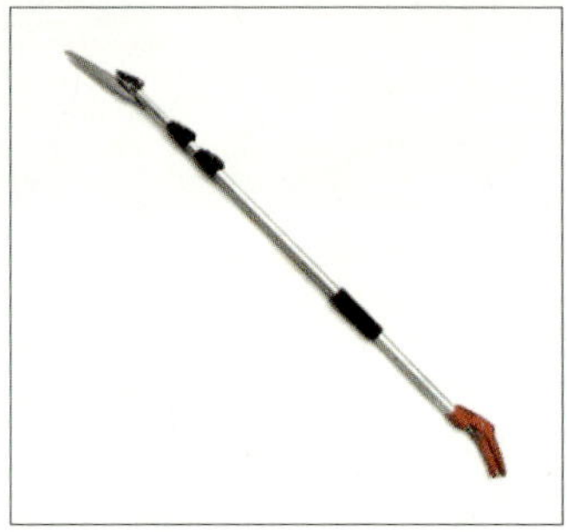

그림 13-6. 고지가위

13.5 정지 · 전정의 시기

전정은 휴면기 전정과 생육기 전정으로 구분하는데, 온대지방의 경우는 전정의 시기를 계절에 따라 봄전정, 여름전정, 가을전정 및 겨울전정으로 나눈다.
그러나 전정은 계절마다 하는 것이 아니고 나무의 생리적 상태와 나무본연의 목적과 기능에 따라 필요한 계절을 선택하여 실시한다.

13.5.1 봄전정

3~5월에 실시하는 전정을 봄전정이라 한다. 이론적으로 수목이 상처를 치유하는 형성층의 세포분열은 봄에 잎이 나올 때 시작되기 때문에 수목의 휴면상태인 이른봄이 가장 적절하다. 평균기온이 5℃이상이 되면 눈의 움직임이 시작되고 10~30일 정도되면 잎이 나오기 시작한다. 이 계절은 성장기이므로 자르거나 솎아내는 등의 강전

정을 하면 수세가 약해진다. 그러나 나무높이를 높이거나 상록수의 모양을 정리하고 싶은 경우에는 이때가 적기이다. 봄에 꽃이 피는 꽃나무류는 꽃이 진 후에 전정을 해야 한다. 소나무의 순지르기도 이시기에 한다.

13.5.2 여름전정

6~8월에 실시하는 전정으로 제 1신장기를 마치고 수목 생장이 활발한 시기로 도장지가 많아지고 잎이 밀생하여 자라기 때문에 수형이 흐트러지고 바람 피해도 받을 수 있으므로 가지를 잘라주어 수광과 통풍을 좋게 해준다. 특히, 꽃나무의 꽃눈 분화는 대부분 6~8월에 집중되므로 꽃나무별로 꽃눈 습성을 알아 꽃눈 분화 이전에 전정을 끝내야 한다.

덩굴성인 등나무는 너무 신장하면 꽃눈 분화가 안 되고 광합성도 잘 이루어지지 않으므로 필요에 따라 두세마디 정도 남기고 자르거나 끝을 자른다.

바람의 피해가 우려되는 생장이 빠른 교목은 가지를 솎거나 잘라주어야 한다.

13.5.3 가을전정

9~11월에 하는 전정으로 여름철에 자란 도장지나 너무 혼잡한 가지를 가볍게 전정하는 정도로 한다. 너무 강한 전정을 하면 수세가 약해지는 나무가 많다. 9월 중하순에 일찍 가을 전정을 실시하면 새잎이 자라 절단부위가 보이지 않아 관상가치를 높일 수 있다.

상록 활엽수는 이 시기에 전정하는 것이 적기다. 그러나 수세가 약해지지 않을 정도로 적당한 전정을 한다. 낙엽수 가운데 휴면시기가 빠른 수종은 10월 이후에 휴면기가 되므로 겨울전정과 같은 전정을 한다.

13.5.4 겨울전정

12~3월 사이 휴면기에 실시하는 전정으로 내한성이 강한 낙엽수와 생리기능이 저하되는 소나무가 손상이 적지만 추운지방에서는 상처부위가 동해를 입을 수 있다. 수목의 휴면기간 중이므로 막눈이 발생하지 않고, 새 가지가 나오기 전까지는 전정한 아름다운 수형을 오래도록 감상할 수 있다. 낙엽이 진 후이기 때문에 가지의 배치나 수형이 잘 드러나므로 불필요한 가지를 쉽게 제거할 수 있고 휴면중이기 때문에 굵은 가지를 잘라내어도 전정의 영향을 거의 받지 않는다.

표 13-1. 전정시기

전정시기	수종	비고
봄 전정 (3~5월)	상록활엽수(감탕나무, 녹나무 등) 침엽수(소나무, 반송, 섬잣나무 등) 봄꽃나무(진달래, 철쭉류, 목련 등) 여름꽃나무(무궁화, 배롱나무, 장미 등) 산울타리(향나무류, 회양목, 사철나무 등) 유실수(복숭아나무, 사과나무, 포도나무 등)	새잎이 날 때 전정 순꺾기(5월 상순) 화목류는 꽃이 진 후 즉시 전정 꽃눈이 생기기 전 이른 봄에 전정 5월 말 이른 봄 싹트기 전 전정
여름 전정 (6~8월)	낙엽활엽수(단풍나무류, 자작나무 등) 일반 수목	심한 전정은 피한다. 웃자란 가지, 기는가지, 맹아지 제거
가을 전정 (9~11월)	낙엽활엽수 일부 상록활엽수 일부 침엽수 일부 생울타리	늦가을 심한 전정을 하면 어는 피해를 입기 쉽다. 남부 지방에서만 전정 묶은 잎 순지르기 2번 정도 전정
겨울 전정 (12~3월)	일반 수목 교차지, 내향지, 역지 등	수형을 잡아주기 위한 굵은 가지 전정 가지 식별이 가능하므로 전정

(자료: 김준석(1997), 조경수목학, 향문사, p203)

13.6 수목의 조형을 위한 전정 부위

- **전출지(前出枝)** : 나무의 얼굴에 해당하는 전면으로 자라나와 바라보는 사람의 시선을 찌르는 가지
- **교차지(交差枝)** : 두개의 가지가 서로 엉키어 나간 가지 – 키우고자 하는 가지를 남기고 제거할 가지를 기부에서 전정
- **도장지(徒長枝)** : 당년에 필요 이상으로 웃 자란 가지 – 기부 또는 수형을 보고 전정
- **평행지(平行枝)** : 두 개의 가지가 서로 평행해 자라는 가지 – 키우고자 하는 가지를 남기고 제거할 가지를 기부에서 전정
- **역 지(易 枝)** : 줄기의 바깥 방향이 아닌 안쪽을 향해 자란 가지
- **분얼지(分蘖枝)** : 나무 밑둥에서 나온 곁순 – 총생간으로 사용하는 가지를 남기고 기부에서 제거
- **대생지(對生枝)** : 줄기나 가지를 기준으로 서로 마주난 가지 – 줄기나 가지를 기준으로 어긋나게 위치하도록 전정
- **중복지(重複枝)** : 한 자리에서 두개이상 나온 가지 – 키우고자 하는 가지를 남기고 제거할 가지를 기부에서 전정
- **상향지(上向枝)** : 하늘을 향해 수직으로 나온 가지 – 제거할 가지를 기부에서 전정
- **하향지(下向枝)** : 지면을 향해 수직으로 나온 가지 – 제거할 가지를 기부에서 전정
- **차륜지(車輪枝)** : 바퀴살 가지라고도 하며 같은 자리에서 방사상으로 나온 가지 – 나무 전체의 생김새를 살펴 1~2개의 가지만 남기고 전정

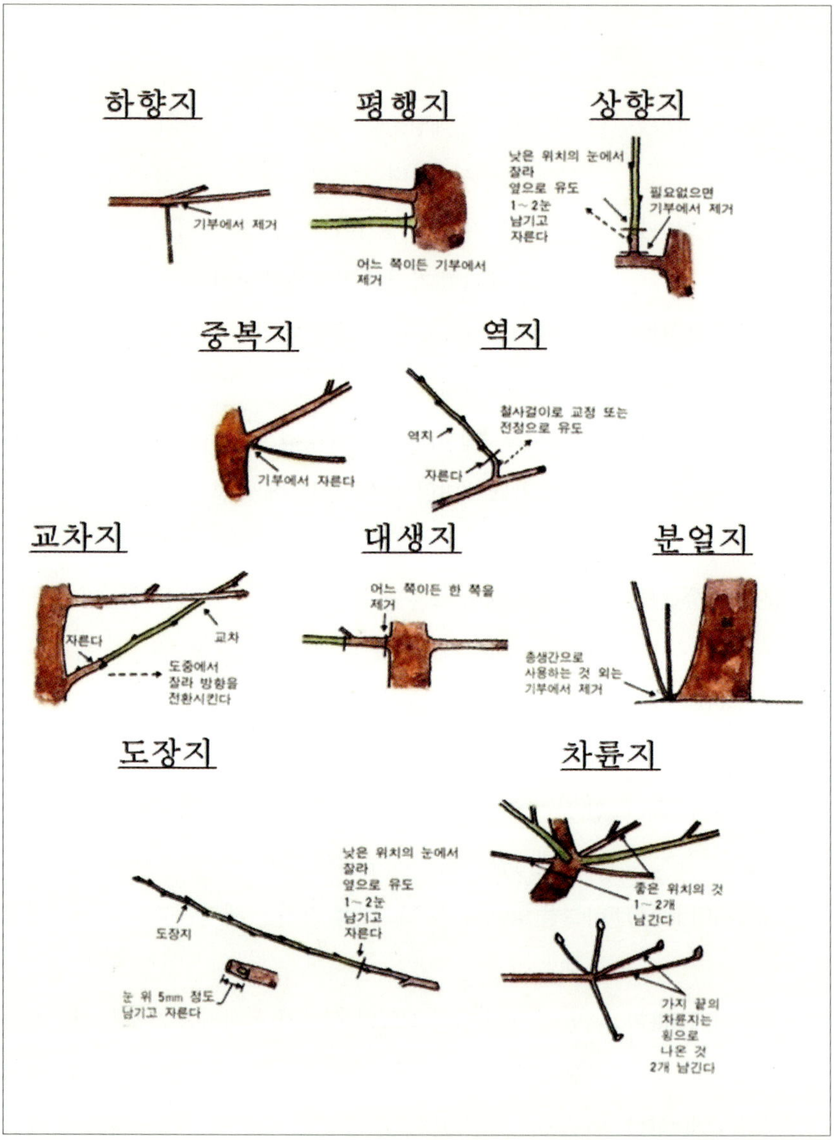

그림 13-7. 수목의 전정부위

13.7 수형(Type of tree) 의 종류

- **정 형(整 形)**: 수관의 형태가 하나의 곧은 줄기가 위로 솟은 나무로 하부에서 상부로 올라감에 따라 자연스럽게 가늘어지고 가지도 순서있게 좌우전후로 엇갈려 뻗은 수형이다.
- **주상형(柱狀形)** : 수관의 형태가 기둥같이 생긴 모양의 수형이다.
- **첨탑형(尖塔形)** : 뾰족한 탑모양을 한 수형이다.
- **원추형(圓錐形)** : 지면의 수관폭이 넓고 수관고가 긴 뿔 모양의 수형이다.
- **원개형(圓蓋形)** : 그릇의 뚜껑모양처럼 둥글고 한쪽이 오목한 수형이다.
- **배 형(杯 形)** : 위쪽이 넓적하고 아래쪽이 좁은 술잔모양의 수형이다.
- **난 형(卵 形)** : 계란형 모양의 수형이다.
- **방두형(房頭形)** : 수관의 모양이 꽃송이 모양으로 생긴 수형이 있다.
- **부정형(不整形)** : 수관의 형태가 불균형하게 파생되어 전후좌우가 불규칙한 모양으로 자연상태에서 자라는 수형이다.
- **예삭형(刈削形)** : 지엽을 전정해서 수관의 형태를 사물이나 동물과 같은 모양을 만드는 수형

그림 13-8. 주상형

그림 13-9. 첨탑형

그림 13-10. 원추형

그림 13-11. 원개형

- **곡간형(曲幹形)** : 수관이 구불구불하게 뻗은 형태로 전후좌우로 엇갈려 곡을 주어 자라게 하는 수형으로 하부의 지면에서부터 상부의 선단부까지 좌우로 굽어야 한다.
- **지수형(枝垂形)** : 가지가 아래로 처지는 수형으로 안정감을 준다. 인공적으로 만든다기보다는 나무특성상 처지는 나무가 있으며 인공적으로는 가지를 유인하여 만들 수도 있다.
- **현애형(懸崖形)** : 수관이 뿌리보다 낮게 쳐지도록 만드는 수형으로 국화 현애를 키우듯 높은 벼랑에서 늘어져 생장하고 있는 형태를 묘사한 것으로 어린 묘목 때부터 밑 부분 가지를 곡을 주어 늘어지게 아래로 뻗어서 자라는 수형이다.
- **복생형(伏生形)** : 줄기가 지표면과 나란히 자라는 수형으로 수관이 지면에 펼쳐지거나 누워있는 형태로 마치 땅으로 기는 듯한 수형이다.
- **덩굴형(蔓形)** : 길게 뻗어 나가면서 다른 물건을 감기도 하고 땅바닥에 퍼지기도 하는 식물의 줄기형이다.

그림 13-12. 배형

그림 13-13. 난형

그림 13-14. 방두형

그림 13-15. 지수형

그림 13-16. 부정형

그림 13-17. 예삭형

그림 13-18. 곡간형

그림 13-19. 덩굴형

그림 13-20. 복생형

그림 13-21. 현애형

13.8 전정의 방법

13.8.1 기본적인 전정

대부분의 나무의 전정은 크게 2가지 과정으로 이루어지는데, 첫 번째는 촘촘한 가지나 안쪽으로 뻗은 가지 등 필요 없는 가지를 정리하는 것이고, 두 번째는 나무모양을 흐트러뜨리는 가지를 자르고 다듬어서 상황에 맞는 크기로 완성하는 것이다.

13.8.2 낙엽수 전정

낙엽수란 가을이나 겨울에 잎이 떨어졌다가 봄에 새잎이 나는 나무를 말하는데 겨울에 잎이 떨어지면 가지 모양이 잘 보이므로 가지를 깔끔하게 정리하는 것이 낙

그림 13-22. 느티나무 전정 예시

엽수 전정의 포인트이다. 생장한 후에 가지의 모양이 자연스러우려면 바깥쪽 눈을 남기고, 나무의 특성을 살려서 가지 모양을 정리해야 한다.

13.8.3 상록수 전정

상록수란 사계절 내내 가지에 잎이 붙어있는 나무를 말하며 가지나 잎이 너무 촘촘하면 아름다운 나무 모양을 즐길 수 없을 뿐만 아니라, 채광이나 통풍이 잘 되지 않아 병충해의 원인이 되기도 한다. 특히 항상 잎이 붙어있는 상록수 가지치기를 할 때는 가지나 잎이 촘촘하지 않게 만드는 것이 중요하다.

그림 13-23. 동백나무 전정 예시

13.8.4 침엽수 전정

침엽수란 이름 그대로 바늘처럼 끝이 뾰족하고 가는 잎이 달린 나무로 대부분의 침엽수는 원뿔형 수형으로 중앙의 줄기를 기준으로 대칭형 수관을 유지하려면 원줄기가 두개로 갈라져 쌍대를 이룰 경우 외대로 고쳐 주어야 한다. 또한, 가지런한 수관 밖으로 튀어나오는 옆가지를 일찍 제거하는 것이다. 이것을 게을리하여 튀어나온 가지가 굵어진 후, 튀어나온 만큼만 제거하면 그 가지 전체가 죽어버린다. 나무 안쪽에 햇빛이 들지 않으면 가지가 마르기 쉽다. 마른 가지는 가지치기할 때 제거한다. 또, 가지와 잎이 많으므로 전정을 할 때는 양손가위로 하는 것이 편리하다. 단, 강한 가지치기는 가지가 마르는 원인이 되기도 하고, 잎이 없는 부분만 남기고 가지치기하면 눈이 나오지 않는 경우도 있으므로 주의한다.

그림 13-24. 향나무 전정 예시

13.8.5 과수 전정

열매 수확만을 목적으로 하는 전정 방법도 있지만 과일나무를 정원수로 심을 경우에는 공간의 제한이 있고, 나무 모양을 아름답게 유지하려는 목적도 있기 때문에 열매달림과 나무를 심는 여러 가지 목적을 고려한 전정 방법이 필요하다.

그림 13-25. 감나무 전정 예시

13.8.6 토피어리(Topiary)

자연그대로의 식물을 계속적인 전정을 통해서 기하학적 형태나 동물모양의 형태로 유지하거나 인공적으로 다듬거나 자르는 기술을 토피어리(topiary)라 한다. 작은 잎을 가진 상록수가 적당하며, 잠아를 많이 가지고 있어서 전정 후에 옆가지가 많이 발생하는 수종이어야 한다. 회양목, 향나무, 주목, 호랑가시나무, 쥐똥나무 등이 적당하다. 연간 3–4번 이상의 전정을 해서 생장을 억제시키면서 옆가지가 많이 나와서 치밀한 수관을 가지도록 해야 한다.

그림 13–26. 꽝꽝나무 의자형 전정 예시

13.9 전정시 유의할 점

13.9.1 지륭(枝隆 : Branch collar)조직의 전정

가지정리시 가장 중요한 것이 가지밑살이라고도 하는 지륭(枝隆:branch collar)을 살리면서 절단면을 만들어 내는 것이다. 모든 수목은 가지의 하중을 지탱하기 위하여 줄기와 가지 연결부위에 지륭을 가지고 있는데, 침엽수의 경우 가지 밑에 원을 그리면서 원 물결모양으로 불룩한 조직을 가지고 있고, 활엽수의 경우는 밋밋하고 비스듬히 생긴다. 전정할 때는 수령과 관계없이 나무의 지륭이 상처받지 않도록 세심한 주의를 기울여야 한다. 살아있는 가지의 올바른 전정은 지륭에 가능한 한 가까이 자르는 것이다. 올바른 자르기를 위해 정해진 각도가 있는 것이 아니고 지륭을 다치지 않는 선에서 바짝 자르면 된다.

전정에서 올바른 각도는 지륭에 의해서 결정된다. 전정시 가지의 길이를 줄이는 예비절단을 먼저한다. 자작나무나 단풍나무등은 생장기 직전에 자르기를 하면 수액이 흘러나오므로 잎이 성숙한 직후에 전정을 한다.

그림 13-27. 전정 위치

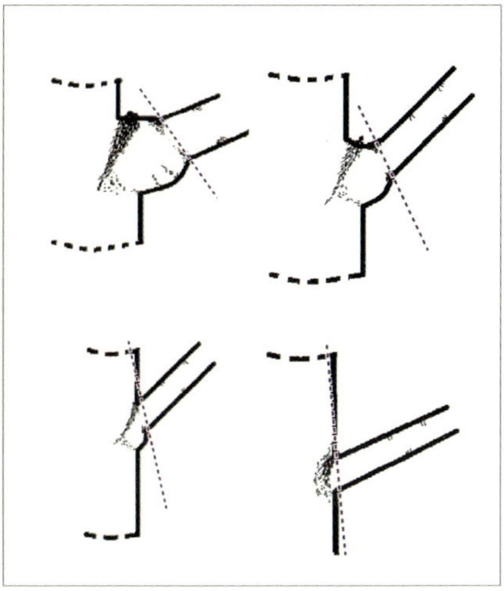

그림 13-28. 전정 위치

13.9.2 평평한 전정(Flush cut)

전정시 우선의 아름다움을 위해서 전정할 가지를 나무 줄기의 면과 같이 평평하게 전정(flush cut)을 하는 경우가 종종 있다. 평평한 전정(flush cut)으로 인하여 나무의 방어체계가 파괴되므로 앞에서 언급한 바와 같이 지륭(branch collar)에 가까이 자르되 지륭을 훼손하거나 절단해서는 안된다.

〈그림13-29〉은 평평한 전정으로 지륭이 손상되어 새살이 차지 못하고 전정면이 썩어 가고 있다.

그림 13-29. 평평한 전정 (flush cut)

13.9.3 가지그루터기의 전정

가지를 제거한 후에 지륭 위쪽으로 남아 있는 가지인 가지그루터기는 썩거나 줄기마름병(canker)을 촉발하므로 살아있는 가지든 죽어있는 가지든 남겨두지 않는다. 또한 살아 있는 가지를 제거할 때에는 수피가 찢어지지 않도록 세번 단계적으로 잘라야 하는데 잘린 면이 깨끗하지 않으면 상처와 병으로 부터 취약해 진다.

* **줄기마름병**(canker): 식물에 생기는 병의 하나. 자낭균 및 불완전균의 침입으로 나무의 줄기나 큰 가지의 일부에 오목하고 큰 반점이 생겨서 말라죽게 되는 병

그림 13-30. 가지그루터기 전정

그림 13-31. 상처난 단면

13.9.4 과도한 전정

수종에 따라서 나무가 매우 위험한 상태가 된다. 더불어 과도한 맹아지를 발생시키며 천공성 해충의 공격을 받을 수 있다.

수목의 생리 및 생태적인 특성은 고려치 않고 무조건 가지를 제거한 것은 그냥 단순 가지치기인 것이다. 올바른 전정은 올바른 나무 관리법이다. 전정을 할 때 나무가 작고 어릴 때 원하는 골격을 확립하고 해마다 맹아지를 제거하면서 관리하면 나무 피해를 최소화 할 수 있다.

13.10 전정시 안전수칙

- 수목이 사다리에 올라가야 할 정도의 높이라면 그 나무는 초보자가 전정하기엔 너무 크므로 전문가의 도움을 받는다.

- 가지의 지름이 5cm를 초과하면 상처를 유발하여 나무에게 피해를 줄 수 있으므로 전정하지 않는 것이 수목의 건강을 지켜주는 것이다.
- 안전모, 장갑, 안경, 긴 소매 셔츠를 착용하는 것이 나무의 파편으로 부터 내 몸을 보호 할 수 있다.
- 날카로운 도구는 날이 잘 선 것을 사용해야만 나무에게 최소한의 절단면을 남겨서 나무의 피해가 적다.
- 도구를 다루는 작업이므로 방심하면 다칠 수 있으므로 자신의 작업에 집중해야 한다.
- 자기 능력의 한계와 사용하는 도구의 한계를 알아야 한다. 전정가위로 약간 굵은 가지를 자르다가 인대가 다치는 경우도 있다.

참고문헌

- 김경희, 박형순, 이수원, 최광식, 최명섭(2006), 소나무 관리도감, 한국농업정보연구원.
- 이규화역(2010), 올바른 나무전정, 아인북스.
- 김세원(1997), 수종별 분재가꾸기, 전원문화사.
- 나용준, 신현동, 이종규, 차병진, 김대혁, 김영호, 유강열, 박원철, 이철호, 이승규, 안경구(2002), 수목병리학, 향문사.
- 노경태(2005),소나무 대경목 이식에 관한 연구, 진주산업대학.
- 산림청(1981), 임업기술.
- 심경구, 이경재, 최상태, 최만봉, 심상렬, 김용식, 최상범, 진희성, 조영환, 김영빈, 남정칠, 심우경(2008), 조경수목학, 문우당.
- 이경준(2008), 수목생리학, 서울대학교출판부.
- 이경준, 이승제(2006), 조경수 식재관리 기술, 서울대학교 출판부.
- 이경준, 김용한(2006), 나무건강, 한국산지보전협회, 서울대학교 출판부.
- 이광만(2010), 조경수 이야기, 이비락.
- 이광만, 소경자(2012), 내손으로 꾸미는 전원주택 정원만들기, 이비락.
- 이상석(2006), 정원만들기 정원설계와 정원수 가꾸기, 일조각.
- 임경빈(1993), 식물의 번식, (주)대한교과서.
- 전상기(2000), 취미분재, 전원문화사.
- 정읍시(2012), 조경수(소나무)재배 전문기술, 정읍시.
- 천안연암대학 조경과(2000), 조경수 전정.

수목의 병충해

김태호

강산조경건설(주) 대표, 전북대 박사과정 수료

14.1 주요 정원수 병충해 방제

14.1.1 감나무 연중 병충해 방제

● 상순 ● 중순 ● 하순
● 상·중순 ● 중·하순 ● 상·중·하순

병해충병 \ 처리시기	1월	2월	3월	4월	5월	6월	7월	8월	9월	10월	11월	12월	방제 방법
흰불나방						상·중·하순	하순	상·중·하순					트리클로르폰(디프)수화제 1,000배액을 살포함.
주머니깍지벌레						중·하순	상·중·하순	하순	상순				약충발생초에 페니트로티온(스미치온)유제 1,000배액, 메티다티온(수프라사이드)유제 1,000배액을 7–10일 간격으로 2–3회 살포.
뿔밀깍지벌레						중·하순	상·중·하순						약충발생초에 페니트로티온(스미치온)유제 1,000배액, 메티다티온(수프라사이드)유제 1,000배액을 7–10일 간격으로 2–3회 살포.
배굴깍지벌레					상·중·하순	상·중·하순							약충발생초에 페니트로티온(스미치온)유제 1,000배액, 메티다티온(수프라사이드)유제 1,000배액을 7–10일 간격으로 2–3회 살포.
긴솜깍지벌레							상·중·하순	상·중·하순	상·중·하순	상·중·하순			약충발생초에 페니트로티온(스미치온)유제 1,000배액, 메티다티온(수프라사이드)유제 1,000배액을 7–10일 간격으로 2–3회 살포.
감꼭지나방						중·하순	상순	하순	상순				페니트로티온(스미치온)유제 1,000배액, 카바릴(세빈)수화제 1,000배액을 1–2회 살포함.
흰가루병 (Phyllactinia)						중·하순	상·중·하순	상·중·하순	상·중순				티오파네이트메칠(톱신M) 수화제 1,000배액, 페나리몰(훼나리)수화제 2,000–3,000배액을 살포.

14.1.2 개나리 연중 병충해 방제

● 상순 ● 중순 ● 하순
● 상·중순 ● 중·하순 ● 상·중·하순

처리시기 병해충병	1월	2월	3월	4월	5월	6월	7월	8월	9월	10월	11월	12월	방제 방법
아까시아진딧물					상·중·하순	상·중·하순	상·중·하순	상·중·하순	상·중·하순				아세페이트(오트란)수화제 800배, 사이퍼메트린(피레스)수화제 1,000배 등 진딧물약 살포.
가루깍지벌레					중·하순	상순			상·중·하순	상·중·하순			페니트로티온(스미치온)유제 1,000배액, 메티다티온(수프라사이드)유제 1,000배액을 7–10일 간격으로 2–3회 살포.
거북밀깍지벌레					하순	상·중·하순		하순	상·중·하순				페니트로티온(스미치온)유제 1,000배액, 메티다티온(수프라사이드)유제 1,000배액을 7–10일 간격으로 2–3회 살포.
개나리잎벌					상·중·하순	상·중순							트리클로르폰(디프)수화제 1,000배액, 디클로르보수(DDVP)유제 1,000배액 살포.
좀검정잎벌					상·중·하순	상·중순							트리클로르폰(디프)수화제 1,000배액, 디클로르보수(DDVP)유제 1,000배액 살포.
점박이응애				중·하순	상·중·하순	상·중·하순	상·중·하순	상·중·하순	상·중·하순				펜피록시메이트(살비왕)액상수화제 2,000배, 프로파자이트(오마이트) 500–700배액 등 살비제 10–15일 간격으로 2–3회 살포.
개나리가지마름병 (Sclerotinia)			상·중·하순	상·중·하순	상·중·하순								개화기부터 베노밀수화제 1,000배액, 티오파네이트메칠(톱신M, 지오판)수화제 1,000배액을 3–4회 살포.

14.1.3 꽃사과 연중 병충해 방제

● 상순 ● 중순 ● 하순 ● 상·중순 ● 중·하순 ● 상·중·하순

병해충병 \ 처리시기	1월	2월	3월	4월	5월	6월	7월	8월	9월	10월	11월	12월	방제 방법
배나무방패벌레					하순	상·중·하순	상·중·하순	상·중·하순	상·중순				페니트로티온(스미치온)유제 1,000배액, 아세페이드(오트란)수화제 800배액, 카바릴(세빈)수화제 800–1,000배액 살포.
점박이응애				상·중·하순	상·중·하순	상·중·하순	상·중·하순	상·중·하순	상·중·하순				펜피록시메이트(살비왕)액상수화제 2,000배액, 프로파자이트(오마이트)수화제 500–700배액 등 살비제 10–15일 간격으로 2–3회 살포.
잎말이굴나방					상·중·하순	상·중·하순	상·중·하순	상·중·하순	상·중순				카탑하이드로클로라이드(파단)수용제 1,000배액, 페니트로치온(스미치온)유제 1,000배액, 클로티아니딘(빅카드)액상수화제 1,000–2,000배액 살포.
줄기마름병 (Valsa)				상·중·하순	상·중·하순	상·중·하순	상·중·하순	상·중·하순	상·중·하순				피해부위를 깎아내고 알콜 소독 후 도포제 처리
갈색무늬병 (Diplocarpon)						상·중·하순	상·중·하순	상·중·하순					만코제브(다이센M45)수화제 500배액, 폴리옥신비(포리옥신)수화제 1,000배액을 2–3회 살포.
흰가루병 (Podoshpaera)					하순	상·중·하순	상순						티오파네이드메칠(톱신M)수화제 1,000배액, 트리포린(사프롤)유제 800–1,000배액 살포.
반점낙엽병 (Alternaria)							상·중·하순	상·중·하순	상순				폴리옥신비(포리옥신)수화제 1,000배액, 동제(옥시동, 포리동)를 수 회 살포함.

14.1.4 느티나무 연중 병충해 방제

상순 · 중순 · 하순 · 상·중순 · 중·하순 · 상·중·하순

병해충명 \ 처리시기	1월	2월	3월	4월	5월	6월	7월	8월	9월	10월	11월	12월	방제 방법
느티나무알락진딧물					상·중·하순	상·중순							아세페이드(오트란, 아시트)수화제 1,000배액, 이미다클로프리드(코니도)수화제 2,000배액, 포스파미돈(포스팜)1,000배액을 살포하거나 수간주사 토양처리한다.
느릅나무잎벌레				중·하순	상·중순								카바릴(세빈)수화제 800배액, 엔도설판(마릭스)유제 500배액을 살포한다.
느릅나무등애잎벌						상·중·하순		상·중·하순	상·중·하순				트리클로르폰(디프)수화제 1,000배액, 페니트로치온(스미치온)유제 1,000배액을 살포.
느티주머니깍지벌레					중·하순	상·중·하순							약충부화시 페니트로치온(스미치온)유제, 메티다티온(수프라사이드)유제 1,000배액을 7–10일 간격으로 2–3회 살포.
느티나무갈반병 (Pseudocercospora)				중·하순	상·중·하순	상·중·하순	상·중·하순	상·중·하순	상·중·하순				만코제브(다이센M45)수화제 500배액, 옥신코퍼(옥시동), 코퍼하이드록사이드(쿠퍼)수화제 500배액 2–3회 살포.
자주빛날개무늬병 (Helicobasidium)			상·중·하순	상·중·하순	상·중·하순	상·중·하순	상·중·하순	상·중·하순	상·중·하순				병든 나무는 소각하고 토양을 소석회 처리한다. 병든 뿌리는 건전부위에서 잘라낸다. 톨클로포스메칠(리조랙스)수화제 1,000배액을 토양관주.
느티나무줄기마름병 (Valsa)				하순	상·중·하순	상순							수간에 자색병반이 나타나면 건전부까지 깎아내고 알콜살균 후 도포제를 처리, 수간에 동해나 열해 피해를 방지함.

14.1.5 단풍나무류 연중 병충해 방제

● 상순 ● 중순 ● 하순
● 상·중순 ● 중·하순 ● 상·중·하순

처리시기 / 병해충병	1월	2월	3월	4월	5월	6월	7월	8월	9월	10월	11월	12월	방제 방법
단풍주머니 깍지벌레					● (상·중순)								약충부화시 페니트로티온(스미치온)유제, 메티다티온(수프라사이드)유제 1,000배액 7–10일 간격으로 2–3회 살포.
거북밀깍지벌레						● (중·하순)	● (상·중·하순)						약충부화시 페니트로티온(스미치온)유제, 메티다티온(수프라사이드)유제 1,000배액 7–10일 간격으로 2–3회 살포.
줄솜깍지벌레						● (상·중·하순)	● (상·중순)						약충부화시 페니트로티온(스미치온)유제, 메티다티온(수프라사이드)유제 1,000배액 7–10일 간격으로 2–3회 살포.
흰불나방						● (상·중·하순)	● (하순)	● (상·중·하순)					트리클로르폰(디프)수화제 1,000배액 살포.
흰가루병 (Sawadaea)						● (상·중·하순)	● (상·중·하순)	● (상·중·하순)	● (상·중·하순)	● (상·중·하순)			티오파네이트(톱신M)수화제 1,000배, 트리포린(사프롤)유제 800–1,000배 살포.
가지마름병 (Valsa)						● (상·중·하순)	● (상·중·하순)						줄기 병든 부분은 깎아내고 알콜 소독 후 도포제 처리. 병든 가지 제거 소각.
갈반병 (Phyllosticta)					● (하순)	● (상·중·하순)	● (상순)						만코제브(다이센M45)수화제 500배액을 수관에 살포.

14.1.6 메타세콰이아 연중 병충해 방제

○ 상순 ● 중순 ● 하순 ● 상·중순 ● 중·하순 ● 상·중·하순

병해충병 \ 처리시기	1월	2월	3월	4월	5월	6월	7월	8월	9월	10월	11월	12월	방제 방법
흰불나방						● 상·중·하순		● 상·중·하순	● 상순				디프수화제 1,000배액을 살포.
차잎말이나방					● 상·중·하순	● 상·중·하순	● 상·중·하순	● 상·중·하순	● 상·중·하순	● 상·중·하순			페니트로티온(스미치온)수화제 1,000배애, 트리클크로폰 (디프)수화제 1,000배, 펜토에이프(파프)유제 1,000배액을 살포.
자나방					● 중·하순	● 상·중순							트리클로르폰(디프)수화제 1,000배액 살포.
페스타로치아엽고병 (Pestalotiopsis)								● 상·중·하순	● 상·중·하순				만코제브(다이센M45)수화제 500배액, 옥신코퍼(옥시동)수화제 500배액 수 회 살포.
적고병 (Cercospora(삼나무))					● 중·하순	● 상·중·하순	● 상·중·하순	● 상·중·하순	● 상·중순				만코제브(다이센M45)수화제 500배액, 옥신코퍼(옥시동)수화제 500배액 수 회 살포.
반점병 (Macrosporium)								● 중·하순	● 상·중순				만코제브(다이센M45)수화제 500배액, 옥신코퍼(옥시동)수화제 500배액 수 회 살포.
엽고병 (Didymascella (삼나무))					● 중·하순	● 상·중·하순	● 상·중·하순	● 상·중·하순					만코제브(다이센M45)수화제 500배액, 옥신코퍼(옥시동)수화제 500배액 수 회 살포.

14.1.7 모과나무 연중 병충해 방제

● 상순 ● 중순 ● 하순
● 상·중순 ● 중·하순 ● 상·중·하순

병해충명 \ 처리시기	1월	2월	3월	4월	5월	6월	7월	8월	9월	10월	11월	12월	방제 방법
조팝나무진딧물				중·하순	상·중순								사이퍼메트린+피리미포스메칠(싱싱) 1,000배액, 이미다클로프리드(코니도) 2,000배액 등 진딧물약제 살포.
배나무방패벌레					상순	상·중·하순	상·중·하순	상·중·하순	상·중순				페니트로티온(스미치온)유제 1,000배액, 아세페이드(오트란)수화제 800배액, 카바릴(세빈)수화제 800–1,000배액을 살포.
가루깍지벌레					중·하순	상순			상·중·하순	상·중·하순			약충부화시 페니트로티온(스미치온)유제 1,000배애, 메티다티온(수프라사이드)유제 1,000배액을 7–10일 간격 2–3회 살포.
딱총나무 수염진딧물					상순	상·중·하순	상·중·하순	상·중·하순	상·중·하순				아세페이드(오트란,아시트)수화제 800배, 사이퍼메트린(피레스)수화제 1,000배액 등 진딧물약 살포.
모과나무녹병 (Gymnosporangium)				중·하순	상·중순								트리아디메포(바리돈)수화제 500배액, 마이클로뷰타닐(시스테)수화제 1,500배액을 7–10일 간격 2–3회 살포. 향나무와 인접 식재 삼가.
모과나무갈반병 (Pestalotia)					상·중·하순	상·중·하순	상·중·하순						만코제브(다이센M45)수화제 500배액, 페나리몰(훼나리)수화제 2,000배액 살포.
탄저병 (Glomerella)						중·하순	상·중·하순	상·중순					클로로탈로닐(다코닐)수화제 500–800배액 등 탄저병약을 수 회 살포.

14.1.8 배롱나무 연중 병충해 방제

● 상순 ● 중순 ● 하순 ● 상·중순 ● 중·하순 ● 상·중·하순

처리시기 / 병해충병	1월	2월	3월	4월	5월	6월	7월	8월	9월	10월	11월	12월	방제 방법
알락진딧물					중·하순	상·중·하순	상·중순						아세페이드(오트란,아시트)수화제 1,000배액, 이미다클로프리드(코니도)수화제 1,000배액, 클로티아니딘(빅카드)액상수화제 2,000배액을 살포.
주머니깍지벌레						상·중·하순		하순	상·중·하순				메티다티온(수프라사이드)유제 1,000배액, 페니트로티온(스미치온)유제 1,000배액을 10–15일 간격으로 2–3회 살포.
가루깍지벌레					중·하순				상·중·하순	상·중·하순			페니트로티온(스미치온)유제 1,000배액, 디네토에이드(로고, 디메토)유제 1,000배액을 2–3회 살포.
짚신깍지벌레				하순	상·중·하순	상·중·하순	상순						페니트로티온(스미치온)유제 1,000배액, 메티다티온(수프라사이드)유제 1,000배액을 7–10일 간격 2–3회 살포.
알락하늘소					중·하순	상·중·하순	상·중순						페니트로티온(스미치온)유제 1,000배액과 다이아지논(다이아톤)유제 1,000배를 혼합하여 수간에 살포하고 피해구멍에 다이아지논(다이아톤)유제 200–300배액을 주입.
매미나방					상·중·하순	상·중·하순	상순						카바릴(세빈)수화제 1,000배액, 클로르피리포스(더스반)수화제 1,000배액 살포.
흰가루병 (Uncinula)					하순	상·중·하순		상·중·하순					티오피네이트메칠(톱신,지오판)수화제 1,000배액, 트리포린(샤프론)유제 800–1,000배액을 살포.
갈반병 (Pseudocercospora)					하순	상·중·하순	상순						만코제브(다이센M45)수화제 500배액, 베노밀수화제 2,000배액, 옥신코퍼(옥시동) 500배액을 살포.

14.1.9 벚나무 연중 병충해 방제

○ 상순 ● 중순 ● 하순
● 상·중순 ● 중·하순 ● 상·중·하순

처리시기 / 병해충병	1월	2월	3월	4월	5월	6월	7월	8월	9월	10월	11월	12월	방제 방법
흰불나방						상·중·하순		상·중·하순					클로르피리모스(더스반,그로포)수화제 1,000배액, 아세페이드(오트란)수화제 800배액을 수간에 살포.
벚나무응애					상·중·하순	상·중순							아조사이클로탄(페로팔)수화제 1,000배액, 펜프로파트린(다니톨)수화제 1,000배액을 15일 간격으로 2-3회 살포.
벚나무깍지벌레					중·하순	상·중순		상·중·하순					메티다티온(수프라사이드)유제 1,000배액을 약충부화기에 7-10일 간격으로 2-3회 살포.
벚나무유리나방					상·중·하순	상·중·하순	상순	상·중·하순	상·중·하순				페니트로티온(스미치온)유제 500배와 다이아톤유제 500배액을 혼용하여 8월말, 9월 중순사이에 수간에 7-10일 간격으로 2-3회 살포. 석회도포제를 7월말까지 수간에 도포함. 5,6월경 수간에 송진이 나오는 구멍에 다이아톤 200-300배액을 주입함.
가루깍지벌레					중·하순	상·중순			중·하순	상·중·하순	상순		약충부화시기에 페니트로티온(스미치온)유제 1,000배액, 메티다티온(수프라사이드) 1,000배액을 가지에 충분히 살포.
벚나무천구소병 (Taphrina)		중·하순	상·중·하순	중·하순	상순								피해가지를 절단하고 상처부위에 도포제를 처리함.
균핵병 (Monilinia)					상·중·하순	상·중·하순	상순						만코제브(다이센M45)수화제 1,000배액, 베노밀수화제 1,000배액을 10-15일 간격으로 수 회 살포.
가지혹병 (Phomopsis)					하순	상·중·하순	상·중·하순						병든가지를 제거하여 소각하고 수세를 강하게 하고 줄기가 가지에 상처가 없도록 함. 동절기에 석회 유황합제를 살포함.

14.1.10 소나무 연중 병충해 방제

○ 상순 ● 중순 ● 하순
● 상·중순 ● 중·하순 ● 상·중·하순

처리시기 / 병해충병	1월	2월	3월	4월	5월	6월	7월	8월	9월	10월	11월	12월	방제 방법
솔잎혹파리					하순	상·중·하순							포스파미돈(포스팜,다이메크론) 액체를 흉고직경기준에 따라 수간주사. 페니트로티온(스미치온)유제 500배액을 1-2회 수간에 살포.
소나무좀			중·하순	상·중순									페니트로티온(스미치온)유제와 다이아지논(다이아톤)유제를 300-500배액을 혼합하여 수간에 7-10일 간격으로 3회 살포.
노란점바구미					상·중·하순				상·중·하순				페니트로티온(스미치온)유제와 다이아지논(다이아톤)유제를 300-500배액을 혼합하여 수간에 7-10일 간격으로 3회 살포.
소나무흰점바구미				중·하순	상·중·하순								페니트로티온(스미치온)유제와 다이아지논(다이아톤)유제를 300-500배액을 혼합하여 수간에 7-10일 간격으로 3회 살포.
가루깍지벌레					중·하순	상·중·하순	상·중·하순	중·하순	상·중순				페니트로티온(스미치온)유제 1,000배, 메티다티온 (수프라사이드) 1,000배액을 1-2회 살포.
소나무껍질 깍지벌레				상·중·하순	상·중순				상순	상·중·하순			12-1월에 포스파미돈 (포스팜)액체를 원액 흉고직경에 따라 수간 주사함. 4-5월에 페니트로티온(스미치온)유제를 1,000배로 하여 수간과 가지에 2-3회 살포함.
솔나방				중·하순	상·중·하순	상·중순			중·하순	상·중·하순			3-4월경 피해가 심한 지역은 수간 지제부 살충제 분제를 묻힌다. 페니트로티온 (스미치온)유제 1,000배액, 비티쿠르스타키 (슈리사이드비티)수화제 1,000배액, 디플루벤주론(주론,디밀린) 2,000배액 살포.

○ 상순(노랑) ● 중순(초록) ● 하순(파랑)
● 상·중순(주황) ● 중·하순(보라) ● 상·중·하순(검정)

병해충병 \ 처리시기	1월	2월	3월	4월	5월	6월	7월	8월	9월	10월	11월	12월	방제 방법
솔노랑잎벌				중·하순	상·중·하순								페니트로티온(스미치온)유제, 트리클로르폰(디프)수화제 1,000배액 살포.
솔잎벌					상·중·하순	상·중·하순	상·중·하순	상·중·하순	상·중·하순	상·중·하순	상·중·하순		페니트로티온(스미치온)유제, 트리클로르폰(디프)수화제 1,000배액 살포.
소나무굴깍지벌레				하순	상·중·하순	상·중·하순		중·하순	상·중순				페니트로티온(스미치온)유제 메티다티온(수프라사이드)유제 1,000배액을 약충부화시기에 잎에 충분히 살포함.
소나무응애류				중·하순	상·중·하순			상·중순	중·하순				펜피록시메이트(살비왕)액상수화제 2,000배액, 테부펜피라드(피라니카)수화제 1,000배액, 아조사이클로틴(페로팔)수화제 1,000배로 희석하여 살포.
소나무혹병 (Cronatium)									상·중·하순	상·중·하순			9–10월 소나무줄기에 트리아디메폰(바리톤)수화제 500배액, 마이클로뷰타닐(시스텐)수화제 1,500배, 만코제브(다이센M45) 500배액을 살포.
푸사리움줄기마름병 (누지동고병) (Fusarium)			상·중·하순	중·하순	상·중순	중·하순	상·중·하순	상·중·하순					4–6월에 병든 가지를 제거. 3월에 테부코나롤(실바콘) 유탁제를 수간주사함. 클로로탈로닐(다코닐)수화제 1,000배액, 옥신코퍼(옥시동) 수화제 500배액을 10일 간격으로 2–3회 살포. 수세를 건강하게 밀식하지 않도록 함.
피목가지마름병 (Cenangium)				중·하순	상·중·하순	상·중·하순	상·중·하순	상·중·하순					4–5월에 피해지를 제거하고 토양을 개량. 만코제브(다이센M45)수화제, 옥신코퍼(옥시동)수화제 500배액, 클로로탈로닐(다코닐) 800배액을 10–15일 간격으로 3회 살포.

14.1.11 은행나무 연중 병충해 방제

○ 상순 ● 중순 ● 하순
● 상·중순 ● 중·하순 ● 상·중·하순

처리시기 / 병해충병	1월	2월	3월	4월	5월	6월	7월	8월	9월	10월	11월	12월	방제 방법
어스렝이나방		상·중·하순	상·중·하순	중·하순	상·중순								2–3월에 수간에 붙어있는 난리를 제거. 트리클로르폰(디프)수화제 1,000배액 살포.
검정주머니나방					상·중·하순	상·중·하순							사이퍼메트린(피레스)유재, 클로로피리포스(더스반,그로폰) 수화제 1,000배액 살포.
흰불나방						상·중·하순		중·하순	상·중순				트리클로르폰(디프)수화제 1,000배액 살포.
뽕나무깍지벌레					중·하순	상·중순			상·중·하순	상·중·하순			페니트로티온(스미치온)유제, 메티다티온(수프라사이드)유제 1,000배액을 약충 부화시기에 7–10일 간격으로 2–3회 살포.
가루깍지벌레					중·하순	상·중순			상·중·하순	상·중·하순			페니트로티온(스미치온)유제, 메티다티온(수프라사이드)유제 1,000배액을 약충 부화시기에 7–10일 간격으로 2–3회 살포.
페스타로치아엽고병 (Pestalotia)						중·하순	상·중·하순	상·중순					만코제브(다이센M45)수화제 1,000배액 살포.
그을음엽고병 (Gonatobotryum)						중·하순	상·중·하순	상·중·하순	상·중·하순				만코제브(다이센M45)수화제 1,000배액 살포. 베노밀수화제 1,500–2,000 배액 살포.

14.1.12 장미 연중 병충해 방제

● 상순 ● 중순 ● 하순
● 상·중순 ● 중·하순 ● 상·중·하순

처리시기 / 병해충병	1월	2월	3월	4월	5월	6월	7월	8월	9월	10월	11월	12월	방제 방법
찔레수염진딧물					● 상·중·하순	● 상·중·하순							아세페이드(오트란,아시트)수화제 1,000배액, 이미다클로프리드(코니도)수화제 2,000배액 살포.
응애(점박이응애)				● 중·하순	● 상·중·하순	● 상·중순							펜피록시메이트(살비왕)액상수화제 2,000배액, 푸로파자이트(오마이트)수화제 500-700배액 등 살비제 10-15일 간격 2-3회 살포.
장미흰깍지벌레				● 중·하순	● 상·중·하순		● 상·중·하순	● 상·중순					부화약충시 페니트로티온(스미치온)유제 1,000배액, 메티다티온(수프라사이드) 1,000배액을 7-10일 간격으로 2-3회 살포.
장미흑성병 (Diplocarpon)					● 중·하순	● 상·중순							만코제브(다이센M45)수화제 500배액, 클로로탈로닐(다코닐)수화제 500-800배액, 헥사코나졸(라피르)액상수화제 1,000-2,000배액 살포.
장미흰가루병 (Sphaerotheca)					● 하순	● 상·중·하순			● 하순	● 상·중·하순			티오파네이트메칠(톱신M)수화제 1,000배, 페라니몰(훼나리)수화제 200-300배액 살포.
회색곰팡이병 (Botrytis)					● 상·중·하순	● 상순							헥사코나졸(라피드)액상수화제 1,000-2,000배액, 티오파네이트메칠(톱십M)수화제 1,000배액 살포.
반점병 (Mycosphaerella)					● 하순	● 상·중·하순							만코제브(다이센M45)수화제 500배액, 폴리옥신비(포리옥신)수화제 1,000배액 살포.

14.1.13 주목 연중 병충해 방제

● 상순 ● 중순 ● 하순
● 상·중순 ● 중·하순 ● 상·중·하순

처리시기 / 병해충명	1월	2월	3월	4월	5월	6월	7월	8월	9월	10월	11월	12월	방제 방법
주목나무응애				중·하순	상·중·하순	상·중·하순			상·중·하순	상·중·하순			펜피록시메이드(살비왕)액상수화제 2,000배액, 테부펜피라드(피라니카)수화제 1,000배액, 아조사이클로틴(페로팔)수화제 1,000배액을 10~15일 간격으로 2~3회 살포.
솔송나무깍지벌레					중·하순	상·중·하순							페니트로티온(스미치온)유제 1,000배액, 메티다티온(수프라사이드)유제 1,000배액을 7~10일 간격으로 2~3회 살포.
등나무가루깍지벌레				상·중·하순	상순				중·하순	상·중·하순			페니트로티온(스미치온)유제 1,000배액, 메티다티온(수프라사이드)유제 1,000배액을 7~10일 간격으로 2~3회 살포.
주목깍지벌레					상·중·하순	상·중·하순							페니트로티온(스미치온)유제 1,000배액, 메티다티온(수프라사이드)유제 1,000배액을 7~10일 간격으로 2~3회 살포.
삼나무깍지벌레					상·중·하순	상순							페니트로티온(스미치온)유제 1,000배액, 메티다티온(수프라사이드)유제 1,000배액을 7~10일 간격으로 2~3회 살포.
솔잎말이나방							상·중·하순	상·중·하순	상·중·하순	상·중·하순			트리클로르폰(디프)수화제 1,000배액, 클로르피리포스(더스반)수화제 1,000배액 사포.
뿌리썩음병 (Phytophthora)				하순	상·중·하순	상순							토양을 건조하게 하여주고 인접목에 전염되지 않도록 도랑을 파고 석회를 처리함. 메탈락신엠(리도밀,메타실)을 4,000~8,000배로 희석하여 토양에 충분히 관주함.

14.1.14 쥐똥나무 연중 병충해 방제

● 상순(노랑) ● 중순(초록) ● 하순(파랑)
● 상·중순(주황) ● 중·하순(갈색) ● 상·중·하순(검정)

처리시기 / 병해충병	1월	2월	3월	4월	5월	6월	7월	8월	9월	10월	11월	12월	방제 방법
쥐똥나무진딧물						●(상·중·하순)	●(상·중·하순)	●(상·중·하순)	●(상·중·하순)				아세페이드(오트란,아시트) 수화제 1,000배액, 이미다클로프리드(코니도) 수화제 2,000배액을 살포.
쥐똥나무밀깍지벌레						●(상·중·하순)	●(상·중·하순)						페니트로티온(스미치온)유제 1,000배액, 메티다티온(수프라사이드)유제 1,000배액을 약충부화시기에 7–10일 간격으로 2–3회 살포.
가루깍지벌레					●(중·하순)	●(상순)			●(상·중·하순)	●(상·중·하순)			페니트로티온(스미치온)유제 1,000배액, 메티다티온(수프라사이드)유제 1,000배액을 약충부화시기에 7–10일 간격으로 2–3회 살포.
흰불나방						●(상·중·하순)		●(상·중·하순)	●(상순)				트리클로르폰(디프)수화제 1,000배액, 클로르피리포스(더스반,그로포)수화제 1,000배액 살포.
갈색점무늬병 (Pestalotia)						●(상·중·하순)	●(상·중·하순)	●(상·중·하순)	●(상·중·하순)				만코제브(다이센M45)수화제 500배액, 옥신코퍼(옥시동) 수화제 500배액 살포.
흰가루병 (Microsphaera)					●(하순)	●(상·중·하순)	●(상·중순)						티오파네이트메칠(톱신M) 수화제 1,000배액 살포.
녹병 (Aecidium)					●(중·하순)	●(상·중·하순)	●(상·중·하순)						만코제브(다이센M45)수화제 500배액. 트리아디메폰(바리톤)수화제 500배액. 마이클로뷰타닐(시스텐)수화제 1,500배액 살포.

14.1.15 철쭉류 연중 병충해 방제

● 상순 ● 중순 ● 하순
● 상·중순 ● 중·하순 ● 상·중·하순

처리시기 / 병해충병	1월	2월	3월	4월	5월	6월	7월	8월	9월	10월	11월	12월	방제 방법
진달래방패벌레				하순	상·중·하순			상·중·하순	상순				페니트로티온(스미치온)유제 1,000배액, 아세페이드(오트란)수화제 1,000배액을 1–2회 살포.
철쭉나무응애						상·중·하순	상·중·하순	상순					프로파자이트(오마이트) 1,000–1,500배액, 펜피록시메이트(살비왕)액상 수화제 1,000배액, 아조사이클로탄(페로팔)수화제 1,000배액을 1–2회 살포.
외발톱진딧물				상·중·하순	상·중·하순	상순							아세페이드(오트란)수화제 1,000배액, 이미다클로프리드(코니도)수화제 1,000배액을 살포.
루비깍지벌레						하순	상·중·하순	상순					페니트로티온(스미치온)유제 1,000배액, 메티다티온(수프라사이드)유제 1,000배액을 약충부화시기에 7–10일 간격으로 2–3회 살포.
철쭉반점병 (Phyllosticta)				상·중·하순	상·중·하순	상·중·하순	상·중·하순						만코제브(다이센M45)수화제 1,000배액, 베노밀수화제 1,000배액 살포.
철쭉갈반병 (Septoria)					하순	상·중·하순	상·중·하순	상·중·하순	상순				만코제브(다이센M45)수화제 1,000배액, 베노밀수화제 1,000배액 살포.
철쭉엽반병 (Pseudocercospora)					중·하순	상·중·하순	상·중·하순	상·중·하순					만코제브(다이센M45)수화제 1,000배액, 옥신코퍼(옥시동)수화제를 월1–2회 살포하여 예방 조치함.

14.1.16 팽나무류 연중 병충해 방제

(범례) 상순 · 중순 · 하순 · 상·중순 · 중·하순 · 상·중·하순

처리시기 / 병해충명	1월	2월	3월	4월	5월	6월	7월	8월	9월	10월	11월	12월	방제 방법
큰팽나무이						상·중·하순	상·중·하순			상·중·하순	상·중·하순		펜토에이트(파프)유제 1,000배액, 페니트로티온(스미치온)유제 1,000배액살포.
팽나무알락진딧물				상·중·하순	상·중·하순	상·중·하순	상·중·하순	상·중·하순	상·중·하순	상순			아세페이트(오트란)수화제 800배액, 사이퍼메트린(피레스)수화제 1,000배액 살포.
외발톱면충				상·중·하순	상·중·하순	상·중·하순							아세페이트(오트란)수화제 800배액, 사이퍼메트린(피레스)수화제 1,000배액 살포.
주머니깍지벌레						중·하순		하순	상순				페니트로티온(스미치온)유제 1,000배액, 메티다티온(수프라사이드) 1,000배액을 약충부화기에 7–10일 간격으로 3회 살포.
흰가루병 (Uncinula)							하순	상·중·하순	상·중·하순	상순			티오파네이드메칠(톱신M)수화제 1,000배액, 트리포린(샤프롤)유제 800–1,000배액 살포.
윤반병 (Acrospermum)								상·중·하순	상·중·하순	상순			만코제부(다이센M45)수화제 500배액, 옥신코퍼(옥시동)수화제 500배액을 수 회 살포.
환문엽고병 (Grovesinia)						상·중·하순	상·중·하순	상·중·하순	상·중·하순				베노밀수화제 1,500–2,000배액, 티오파네이트메칠 2,000배액을 수 회 살포.

14.1.17 향나무 연중 병충해 방제

○ 상순 ● 중순 ● 하순
● 상·중순 ● 중·하순 ● 상·중·하순

처리시기 / 병해충병	1월	2월	3월	4월	5월	6월	7월	8월	9월	10월	11월	12월	방제 방법
향나무하늘소		● 중·하순	● 상·중·하순	● 상·중순									페니트로티온(스미치온)유제 1,000배액, 펜토에이트(파프)유제 1,000배액, 디클로르보스(DDVP)유제 1,000배액을 살포.
향나무응애				● 중·하순	● 상·중·하순	● 상·중순							펜토에이트(파프)유제 1,000배액, 페니트로티온(스미치온)유제 1,000배액살포.
향나무뿔나방					● 하순	● 상·중·하순							아세페이트(오트란)수화제 800배액, 사이퍼메트린(피레스)수화제 1,000배액 살포.
향나무독나방					● 상·중·하순		● 상·중·하순	● 상·중·하순					아세페이트(오트란)수화제 800배액, 사이퍼메트린(피레스)수화제 1,000배액 살포.
향나무왕진딧물				● 상·중·하순	○ 상순								아세페이트(오트란)수화제 800배액, 사이퍼메트린(피레스)수화제 1,000배액 살포.
향나무녹병 (Gymnosporangium)				● 하순	● 상·중순	● 중·하순	○ 상순						페니트로티온(스미치온)유제 1,000배액, 메티다티온(수프라사이드) 1,000배액을 약충부화기에 7–10일 간격으로 3회 살포.
페스타로티아엽고병 (Pestalotiopsis)						● 하순	● 상·중·하순	● 상·중·하순	○ 상순				페니트로티온(스미치온)유제 1,000배액, 카바릴(세빈)수화제 800배액, 펜토에이트(파프)유제 1,000배액을 2–3회 살포.

14.1.18 회양목 연중 병충해 방제

● 상순(노랑) ● 중순(초록) ● 하순(파랑)
● 상·중순(주황) ● 중·하순(자주) ● 상·중·하순(검정)

병해충병 \ 처리시기	1월	2월	3월	4월	5월	6월	7월	8월	9월	10월	11월	12월	방제 방법
회양목명나방				● 중·하순	● 상·중·하순			● 상·중·하순					트리클로르폰(디프)수화제 1,000배액, 페니트로티온(스미치온)유제를 1,000배액 살포.
매실애기잎말이나방					● 중·하순	● 상·중·하순	● 상·중·하순	● 상·중·하순	● 상·중·하순				트리클로르폰(디프)수화제 1,000배액, 페니트로티온(스미치온)유제를 1,000배액 살포.
회양목혹응애			● 중·하순	● 상·중·하순	● 상·중순			● 중·하순	● 상·중·하순				피해목에 디메토에이드(로고,디메토)유제 1,000배액을 2–3회 살포.
회양목잎깍지벌레					● 중·하순	● 상·중·하순	● 상·중·하순	● 상·중·하순	● 상·중·하순	● 상·중순			약충우화시 페니트로티온(스미치온)유제를 1,000배액, 메티다티온(수프라사이드) 1,000배액을 7–10일 간격으로 2–3회 살포.
반점병 (Phyllosticata)					● 중·하순	● 상·중·하순							만코제브(다이센M45) 1,000배, 옥신코퍼(옥시동)수화제 500배액 살포.
엽고병 (Macrophoma)				● 중·하순	● 상·중·하순								만코제브(다이센M45) 1,000배, 옥신코퍼(옥시동)수화제 500배액 살포.
페스타로치아엽고병 (Pestalotia)							● 중·하순	● 상·중·하순					만코제브(다이센M45) 1,000배, 옥신코퍼(옥시동)수화제 500배액 살포.

14.1.19 회화나무 연중 병충해 방제

○ 상순 ● 중순 ● 하순
● 상·중순 ● 중·하순 ● 상·중·하순

처리시기 / 병해충병	1월	2월	3월	4월	5월	6월	7월	8월	9월	10월	11월	12월	방제 방법
붉나무소리진딧물				중·하순	상·중·하순	상·중·하순							아세페이드(오트란)수화제 800배액, 사이퍼메트린(피레스)수화제 1,000배액 등 진딧물약 살포.
주름재주나방							상·중·하순		상·중·하순				트리클로르폰(디프)수화제 1,000배액, 페니트로티온(스미치온)유제를 1,000배액 살포.
흰불나방						상·중·하순	하순	상·중·하순					트리클로르폰(디프)수화제 1,000배액, 페니트로티온(스미치온)유제를 1,000배액 살포.
다릅나무이					중·하순	상·중·하순							펜토에이트(파스)유제 1,000배액, 페니트로티온(스미치온)유제 1,000배액을 살포.
회화나무가지녹병 (Uromyces)				중·하순	상·중·하순								병든 가지는 절단하여 소각. 잎이 나올 때부터 9월까지 만코제브(다이센M45)수화제를 한달에 1~2번 살포.
넥트리아줄기마름병 (Nectria)					중·하순	상·중·하순	상순						수간의 피해부위를 깎아내고 알콜로 소독한 후 도포제를 피복. 수간에 동해나 피소로 인하여 상처가 나지 않도록 예방.

참고문헌

· 강전유 · 이상길(2008), 나무의 피해 및 진단, 생각하는 백성.

· 이경준 · 이승제(2009), 조경수 식재 관리기술, 서울대 출판부.

· 현신규 · 현재선 · 나용준(2005), 산림보호학, 향문사.

잡초관리

강대진

전북대 농생대 팀장, 전북대 박사과정 수료

15.1 개요

잡초란 그 정의에 다소간의 차이가 있으나 대체로 이용자가 원하지 않는 장소에 있는 원하지 않는 식물을 말한다. 광의에서의 잡초방제란 이러한 식물들을 제거함과 사전에 잡초가 들어올 수 없는 조건을 만들어 주며, 잡초가 들어온 뒤에도 작물과의 경쟁에서 질 수 있는 상황을 만들어 주는 것을 포함한다. 잡초를 방제하기 이전에 문제가 될 수 있는 잡초의 종류를 파악하고, 그 특성별로 대응책을 강구하여야 한다.

15.2 생리적 특성

일반적으로 잡초는 작물에 비해서 생활력이 강하고 생존력 또한 매우 강하다. 악조건 하에서도 살아남으려는 특성을 생물의 본능이라 한다면 잡초에서의 이 특성은 가장 중요한 점이라고 볼 수 있다. 잡초종자는 인간의 파종에 의하여 존재하는 작물과 달리 생명의 보존 수단으로서 부단히 전파되어 존재한다. 잡초종자는 일반적으로 휴면기작이 대단히 발달하여 발아에 적당한 조건이 주어지지 않으면 발아가 지연되며, 그 생명도 길어서 수십년 이상을 휴면 상태로 토양 중에서 지낼 수 있는 경우가 많다.

15.2.1 휴면 및 발아

잡초의 휴면은 내부적 휴면과 외부적 휴면으로 나누어 볼 수 있는데 종자가 미숙하거나 내생휴면유기물질이 존재하는 경우는 내부적 휴면이고, 종피가 물리적으로 발아를 억제하거나 발아 억제물질을 함유하는 것을 외부적 휴면으로 볼 수 있다. 종자 자체는 발아 준비가 되어 있으나 환경이 적합하지 않아 발아가 안 되고 있는 경우를 강제휴면 단계라고 부른다.
잡초종자의 발아에 미치는 환경요인들에는 온도, 광, 수분, 산소 등이 포함된다. 일반적으로 15~35℃의 범위 내에서 발아가 진행되나 특히 낮과 밤의 온도가 다른 변온상태가 발아에 유리하게 작용한다.

15.2.2 생육 및 번식

잡초는 일반적으로 좋은 조건이 주어졌을 때 일시에 발아하여 초기생육이 빠르고 가능한한 단시간 내에 종자를 맺어 전파하는 특성을 가지고 있다. 이는 잡초의 측면에서 보면 매우 유리하나, 잡초를 방제하는 측면에서는 전 생육기간 중에 지속적으로 방제를 실시하여야 하는 어려움을 준다. 많은 경우에 잡초의 초기생육이 약하면 생육기간중 문제가 비교적 적어 대처가 용이하다고 볼 수 있다. 우산풀, 존슨그라스, 토끼풀, 야생마늘 등이 영양번식을 하여 문제가 되며 종자번식에만 의존하는 종류로는 바랭이, 왕바랭이, 강피, 둑새풀 등이 크게 문제가 된다.

15.3 주요 잡초

잡초는 잎의 형태에 따라서 크게 광엽잡초와 화본과 잡초 및 사료과 잡초로 나눌 수 있으며 생장주기에 따라서 1년생, 2년생, 그리고 다년생으로 나눌 수 있다. 문제되는 잡초를 정확하게 분류하여야 그 효과적인 방제대책을 세울 수 있다.

(1) 봄에 발아하는 일년생 화본과 잡초

그림 15-1. 돌피(Banyard grass)

그림 15-2. 미국개기장(Fall Panicum)

그림 15-3. 참새그령(Stink grass)

(2) 봄과 가을에 발아하는 1년생 화본과 잡초

그림 15-4. 포아풀류(Annuall bluegrass)

그림 15-5. 포아풀류(Annuall bluegrass)

(3) 봄과 가을에 발아하는 다년생 화본과 잡초

그림 15-6. 존슨그라스(Johnsongrass)

그림 15-7. 오리새(Orchardgrass)

(4) 늦봄에서 여름에 걸쳐 발아하는 1년생 화본과 잡초

그림 15-8. 바랭이류(Crabgrass)

그림 15-9. 강아지풀류(Foxtail)

그림 15-10. 왕바랭이(Goosegrass)

(5) 늦봄에서 여름에 걸쳐 발아하는 다년생 화본과 잡초

그림 15-11. 왜우산풀(Kamchaka)

그림 15-12. 쥐꼬리새류(Smut grass)

(6) 봄에 발아하는 일년생 광엽잡초

그림 15-13. 마디풀
(Prostrate knotweed)

그림 15-14. 쇠비름
(Common purslane)

그림 15-15. 명아주
(Common lambs quarter)

그림 15-16. 애기땅빈대
(Prostrate spurge)

그림 15-17. 큰석류풀
(Carpetweed)

(7) 봄에 발아하는 2년생 광엽잡초

그림 15-18. 소리쟁이
(Curly dock)

그림 15-19. 점나도나물
(Mouseear chick weed)

그림 15-20. 야생당근
(Wild carrot)

(8) 봄에 발아하는 다년생 광엽잡초

그림 15-21. 토기풀(White clover)

그림 15-22. 서양민들레(Dandelion)

그림 15-23. 쑥(Warm wood)

(9) 봄과 가을에 발아하는 다년생 광엽잡초

그림 15-24. 개자리류 (Black medic)

그림 15-25. 질경이류(Plantains)

그림 15-26. 괭이밥류 (Yellow woodsorrel)

(10) 가을에 발아하는 2년생 광엽잡초

그림 15-27. 별꽃 (Common chick weed)

그림 15-28. 광대나물(Henbit)

그림 15-29. 냉이 (Shepherd's purse)

15.4 물리적 잡초방제

잡초를 물리적으로 방제함은 인력으로 제거하는 것과, 잡초의 발아나 침범을 여러 재료를 이용하여 차단하는 것을 의미한다.

15.4.1 인력제거

전통적으로 가장 많이 사용되던 방법이고, 현재도 많이 사용되며, 앞으로도 계속 하여 사용될 방법이다. 그러나 소규모 정원규모 조차도 이 방법에만 의존하기는 점점 어려워지고 있다. 바랭이, 피 등과 같은 일년생 잡초의 경우 초기의 인력제거는 어렵지 않으나 그 수가 많은 특징을 가진다. 잡초가 성숙하면 지하부의 생육이 많아져서 인력제거에도 상당한 힘이 소요되고 지상부의 절단만으로는 생장점의 제거가 어려워서 완전한 제거가 어려운 경우가 많다. 크로바, 민들레, 쑥 등과 같이 영양기관에 의한 번식이 주로 이용되는 잡초는 인력에 의한 제거가 매우 어려워서 큰 문제가 될 수 있으나 제초제를 통한 화학적 방제가 효과적으로 이용될 수 있다.

15.4.2 깎기

전통적인 방법의 하나로서 지상부를 잘라줌은 잡초로 하여금 지상부 저장 영양분을 지상부의 재생에 사용하게 하여 식물 자체를 약하게 해주고 계속적으로 잘라줌은 잡초를 점진적으로 제거하는데 큰 도움이 된다. 잔디류는 깎아줌에 적응이 잘 되니 식물로서 계속적인 깎기에도 견디며 유사한 생태를 가진 잡초로는 바랭이, 왕바랭이, 포아풀, 애기땅빈대 등 여러 종류가 있다.

15.4.3 경운

전통적인 방법의 하나로서 크게는 대형기계류를 통한 경운부터 작게는 호미나 삽을 이용한 경운까지 기존잡초를 억제하고 부분적으로 제거함에 이용될 수 있다. 영양기관의 상당 부분이 남아 경운후 잡초 생육에 좋은 환경이 주어지면 다시 재생하고 묻혀 있던 잡초종자들이 표토층으로 올라와서 잡초문제를 더욱 심각하게 할 수도 있다. 경운과 화학적 방제방법을 복합하여 사용함이 효과적으로 이용될 수도 있다.

15.4.4 기타 방법

멀칭재료의 사용을 통하여 잡초의 발아 혹은 생육을 억제시킬 수 있다. 나무껍질 ,부엽, 짚 등의 유기재료를 비롯하여 비닐 등의 합성재료 등이 모든 경우에 맞게 이용될 수 있다.

⑴ 유기물질

부숙중인 나무껍질, 낙엽, 짚 등을 크고 작은 조경식물의 사이에 채워서 토양을 피복하여 줌은 광의 투과를 차단하여 상당수의 광발아 잡초들의 발아를 억제할 수 있다. 토양의 수분관리도 더불어 꾀할 수 있어 적당한 재질을 사용함은 미관을 높여줄 뿐만 아니라 잡초의 문제를 크게 감소시킬 수 있다. 나무껍질은 원목수송 과정에서 바닷물을 흡수하여 종종 염해를 동반할 수 있으니 문제시 세척하여 사용하여야 한다. 또한 부엽이나 짚 등에는 잡초종자가 섞이지 않도록 주의하여야 한다.

⑵ 비닐

검정비닐의 이용은 고추재배 등 원예농업에서 많이 사용되고 있으며 토양수분관리 목적과 더불어 잡초의 발아 및 생육을 억제함에 이용할 수 있다. 그러나 지나친 토양온도의 상승, 토양생태계의 변화 등의 문제를 배제할 수 없으며, 미관상의 문제점 혹은 폐비닐 토양오염 등이 고려되어 사용되어야 한다. 토양수분 관리가 어려운 경우에 보조적인 수단으로 사용되면 효율적일 수 있으며, 투명비닐이 짚 등의 유기물 재료와 같이 사용될 수도 있다.

(3) 왕모래, 콩자갈 등

왕모래, 콩자갈 등도 피복효과를 가져올 수 있다. 광의 차단과 동시에 잡초가 발아하기에 부적합한 건조한 표토층을 제공하여 잡초방제의 효과를 볼 수 있다. 조경식물 사이 혹은 구조물 사이에 이러한 재료를 사용하여 배수와 잡초방제 효과를 볼 수 있으나 토양수분관리, 토양온도의 변화가 큰 것이 식물의 생육환경에 악영향을 미칠 수도 있다.

15.5 화학적 잡초방제

15.5.1 제초제의 특성과 종류

제초제의 사용이 경제적 · 시간적으로 매우 효율적인 것은 사실이나 그 특성을 정확히 모르면서 사용함에는 매우 큰 위험이 따른다. 제초제는 크게 약제가 잡초에 작용하는 기작에 따라서 분류할 수도 있고 이용전략상으로 제초제를 분류할 수도 있다. 화학적인 분류가 가장 정확한 분류이지만 실제로 이용하는 측면에서 앞의 두 가지 분류별로 특성과 종류를 알아본다.

(1) 약제가 잡초에 작용하는 기작에 따른 분류

a. 접촉성 제초제

이 분류의 제초제는 식물의 부위에 닿아 흡수되나 근접한 조직에만 이동되어 부분적으로 살초한다. 작용기작상 제초제가 식물전체에 고르게 살포되었을 때만 그 효과를 높일 수 있으나 다년생 잡초의 지하부 제거에는 비효율적이다. 약효가 빠른 것이 특징이며 온도가 낮을 때는 그 약효가 떨어진다. 대부분 비선택성으로 그라목손 등의 파라코제는 이 종류에 속한다. 토양잔류성은 일반적으로 적은 것으로 알려져 있다.

b. **이행성 제초제**

이 부류의 제초제는 외부조직에서(잎, 줄기, 뿌리) 흡수되어 체내로 이동이 되며 식물전체가 죽어가나 그 약효가 서서히 나타난다. 많은 선택성 제초제가 이 부류에 속하며 근사미(글사신액제)와 같은 비선택성 제초제도 포함된다. 광엽제초제로 알려진 2,4-D가 좋은 예이며 발아전 제초제도 이 부류에 속하는 것이 많다.

c. **토양소독제**

이 부류는 종자를 포함한 모든 번식단위를 제거할 수 있는 약제로서 조성 중 선택적 잡초방제가 어려운 경우에 이용될 수 있다. 약효의 지속기간은 종류에 따라 다르나 일정기간 경과 후에야 이용할 수 있다. 궁극적인 잡초방제법은 아니다.

(2) 이용전략에 따른 분류

a. **발아전처리 제초제**

대부분의 일년생 화본과 잡초들은 발아전 처리제에 의해서 효율적으로 방제될 수 있다. 그러나 종자로 번식하거나 종자를 보충 파종하였을 때는 잡초종자 뿐만 아니라 작물종자의 발아도 억제하므로 이용이 불가능하다. 다년생인 잔디나 숙근성 화훼류 또는 수목 등과 같이 이미 조성이 되어 기존관리가 되어지고 있는 상황하에서는 그 사용이 매우 효과적이다. 약효의 지속시간은 약제의 종류, 살포농도, 토양온도 및 습도, 토양조성 등의 영향을 받는다. 많은 경우 미생물의 분해에 의해 그 약효가 감소되므로 토양미생물의 환경은 큰 변수로 작용된다. 제초제의 토양흡착 또한 제초제의 약효지속에 영향을 미친다. 점질 및 유기질 토양에서는 상당량이 토양에 흡착되어 살포농도가 다소 높아야 하고 사질토양에서는 흡착의 정도가 낮아서 살포농도가 낮아야 한다. 효율적인 발아전 제초제의 사용은 광엽잡초의 발아 또한 억제하여 경엽처리의 사용을 줄여줌에 기여한다. 발아전 제초제의 종류별 적용잡초와 사용방법은 표 15-1과 같다.

표 15-1. 주로 사용되는 토양처리 제초제

품목명	상표명	적용잡초	사용방법
나프로파마이드(수)	동부파미드, 슈퍼데브리놀, 파미놀, 데브리놀골드, 영일파미드	일년생 잡초	잡초 발생전 토양처리
나프로파마이드(유)	파워리놀,제로그라스	〃	〃
디티오피르·아이속사벤(수)	초원,디멘존	〃	〃
리뉴론·티오벤카브(유)	아시매	〃	〃
벤풀루랄린(유)	새그린	〃	〃
오리잘린(액상)	써프란	〃	〃
옥사디아존·펜디메탈린(유)	해도지	〃	〃
프로디아민(액상)	탑건	〃	〃
프로디아민(입상)	한목	〃	〃
옥시플루오르펜(유)	고올,노고지리	〃	춘기 잔디 발아전 토양처리
플라자설프론(수)	파란들	〃	잡초 생육초기(바랭이 3엽기) 토양처리
플루세토설퓨론(입)(0.5%)	존플러스	〃	잡초 생육초기(바랭이 3엽기) 토양처리
아이속사벤(액상)	길쌈,캐치풀	광엽잡초	잡초발아전 토양처리 (봄 및 가을처리)
메티오졸린(유)	포아박사	화본과 잡초	잡초 발생전 토양처리

b. 경엽처리제

광엽잡초의 경우 일부 발아전 처리제로 발아가 억제되지만 다년생 잡초를 포함하여 영양기관 전체를 제거할 필요가 있을 때는 생육중 경엽처리제의 사용이 불가피하다.

대부분의 광엽잡초는 2,4-D, MCPP, 반벨 단용과 혼용에 의해 효과적으로 처리된다. 토양이 건조할 때에는 제초제의 분해가 늦고, 토양에 누적되어 수관하에서는 제초제가 강우나 관수에 의해 토양하층으로 이동되어 수목에 심각한 약해를 가져올 수 있다. 반벨의 경우는 약효가 비교적 좋으나 약해를 가져오는 경우가 많으니(특히 소나무류) 수관하에서는 특별히 조심하여 사용하여야 한다.

표 15-2. 주로 사용되는 시중판매 경엽처리 제초제

품목명	상표명	적용잡초	사용방법
카펜트라존에틸(유탁)	애임에이스,어피니티	일년생 잡초	잡초 생육초기 경엽처리
카펜트라존에틸(입상)	애임	〃	〃
메소트리온(액상)	테너시티	〃	〃
사이클로설파뮤론(수)	매끄니	〃	〃
피라조설퓨론에틸(입)	골프그린,그린키퍼	〃	〃
메타미포프(유)(10%)	그린손	일년생 잡초(화본과잡초)	잡초 생육기(바랭이 3~5엽기)
피라조설퓨론에틸(수)	아그린	일년생 광엽잡초	잡초 생육초기
디캄바(액)	반벨	크로바	크로바 생육초기(4월이전)
메코프로프(액)	영일엠시피피	잡초(크로바)	크로바 생육기(4~5월)
벤타존·메코프로프 –피(액)	초강세	일년생 및 다년생 광엽잡초	잡초 생육초기
트리클로피르티이에이(액상)	뉴갈론,키타	일년생 및 다년생 광엽잡초	광엽잡초 생육기
페녹슐람.피라조설퓨론에틸(입상)	풀키퍼	일년생 및 다년생 잡초	잡초 생육초기(바랭이 3엽기이내)
페녹슐람(액상)(3%)	살초대첩	일년생 및 다년생 잡초	잡초 생육초기(바랭이 3엽기이내)
플루세토설퓨론(수)	존플러스	일년생 및 다년생 잡초	잡초 생육초기(바랭이 3엽기) 경엽처리

c. 비선택성 제초제

이 부류의 제초제는 작물과 잡초를 구별하지 못하고 비선택적으로 살초하나 사용시기에 따라서 선택적으로 이용될 수도 있다. 작물이 휴면상태에 있을 때는 비선택성 제초제의 약해가 매우 적으므로 이 기간중에 생육을 하는 잡초를 제거할 수 있다. 그러나 토양잔류성이 높은 종류는 생육재개시 약해가 나타날 수도 있으니 조심하여야 한다. 식생을 원하지 않는 지역의 관리나 기존 잔디포장의 전면적인 재조성시에는 비선택성 제초제가 이용되고 있다.

표 15-3. 많이 사용되고 있는 비선택성 제초제

제초제(상표명) 국내시판명	농도 (g a.i. /㎡)	비 고
Glyphosate (글라신액제) 근사미	0.1~0.2	토양잔유력이 매우 적다. 2차 살포가 필요할 수도 잇다. 난지형 잔디의 휴면기간중 겨울잡초 제거에 이용될 수 있다. 작물의 휴면시(예 : 겨울중) 생육잡초제거에 효율적이다.
Paraquat (파라크액제) 그라목손	0.05	다년생잡초의 지하영양기관을 제거하기 어렵다. 근사미와 유사한 목적으로 사용할 수 있다.

15.5.2 제초제의 사용방법

(1) 사용형태에 의한 제초제의 분류

a. 액제

제초제를 물에 잘 녹게 조제하여 액제로 만든 종류이다. 살포시 저어줄 필요가 없다.

b. 유제

기름에 녹을 수 있는 약제를 유화시킬 수 있는 물질과 섞어서 만든 종류로 기름에는 잘 녹으나 물에는 잘 녹지 않는다. 물에 섞었을 때는 기름과 물을 섞어주는데 도움이 되는 물질 등을 넣어 물과 어느 정도 섞어진 상태를 유지시켜 주나 물에 녹는 것은 아니다.

c. 수화제

물에 잘 녹지 않는 약제를 표면적이 넓은 다른 물질(clay나 talc)과 물에 잘 젖게 하는 물질을 첨가해서 물에 넣으면 잘 퍼지게 조제한 것이며, 물에 녹는 것은 아니

다. 살포시 저어 주어야 침전이 생기지 않는다.

d. 입제

약제와 다른물질(중량제)을 섞어 입자로 조제한 것으로 일반적으로 농도가 매우 낮다. 소면적 사용에 간편하나 대면적 살포시는 경제적으로나 사용상 불리한 점이 많다.

e. 기타

수용제, 분제 등이 있으나 많이 사용되지 않는다.

(2) 약제사용 기구

a. Hose-end 분무기

소규모의 정원에서 주로 이용되는 형태이며 호스의 끝에 용기를 부착하여 물이 나가는 힘에 의해 약제가 일정한 속도로 빨려 들어가서 섞여진다. 간편하고 작동이 용이하나 대규모의 살포시는 그 이용효율이 떨어진다.

b. 수동식 분무기

공기를 압축시키거나, 압축된 탄산가스를 이용해서 손에 들고 살포하는 형태로, 소규모의 면적이나 부분적인 살포에 편리하다. 지게식 분무기는 등에 지고 움직일 수 있으며, 농가에서 많이 사용되고 있다.

c. 동력분무기

동력분무기에는 여러 가지 형태가 있을 수 있으나 보통 분당 4ℓ에서 10ℓ 정도의 속도로 분무가 가능하고 압력은 ㎠ 당 10~20kg 정도가 가능한 것이 일반적이다. 잔디에서는 분무시 2~6kg/㎠의 압력이 필요하다. 분무기는 펌프, 저어주는 장치, 유속조절장치 및 배분기로 나눌 수 있는데 spray loom이나 spray gun을 이용하여 살포한다. 노즐의 형태에는 일반적으로 원형 분무식과 일자 분무식이 있으나 용도에 따라서 다르게 이용된다. 고르게 뿌려야 하고 방울이 떨어지면 약해가 날 우려가 있을 때는 일자형을 많이 쓰고 있다.

(3) 약제 살포시의 일반적인 유의사항

a. 반드시 제초제의 포장에 있는 주의사항과 살포방법을 따라서 정확한 살포를 결정하여야 한다.

b. 제초제를 먼저 소량의 물에 섞은 후 체를 거쳐서 덩어리가 들어가지 않게 하고 탱크 안에서는 계속 저어주는 것이 좋다.

c. 약제가 물에 섞이는 정도를 실험해 보고자 할 때는 탱크에 넣으려는 약량과 물량의 비를 맞추어 투명한 용기 속에 넣어 심하게 흔들어 놓고 30분 후에 관찰한다. 상당량의 침전이 생기거나 분리가 일어나면 탱크믹스에 조심을 기해야 한다.

d. 제초와 섞는 물의 산도가 낮거나 지나치게 센물(경수)은 약제의 침전을 가져올 수 있으니 조심하여야 한다.

e. 탱크에 섞은 후 가능하면 빨리 살포하는 것이 좋다. 어떤 약제는 물속에서 12시간 정도 지나면 약이 분해되어 약효가 떨어지는 경우도 있다.

f. 여러 가지 조제형의 약제를 섞어야 할 경우 조제별 순서는 다음과 같으며 계속해서 저어 주어야 한다(수화제-액화제-가용성-분제-전착제-유제).

g. 강알칼리성 약제는 산성약제와 혼용을 피해야 한다.

h. 일반적으로 가용성 약제가 불용성보다 약해의 위험이 크다.

i. 경엽처리 살균제, 살충제, 비료 또는 물을 필요로 하는 다른 약제들을 섞어 쓰지 않는 것이 좋다. 살균이나 살충의 효과가 낮아질 수 있다.

j. 제초제나 살균제의 처리는 기온이 5℃이상 30℃이하에서 시행하는 것이 좋다.

k. 약제는 필요한 만큼 당년에 구입해서 쓰는 것이 좋다. 시간이 지남에 따라 약효가 떨어지는 경우가 있고, 그 정도는 약제의 종류나 조제방법에 따라 차이가 있다. 약제는 원 포장대로 보관하는 것이 좋고 개봉했을 경우 그 약효가 빨리 떨어지는 경우가 많다.

l. 약제 살포 후 기구의 불량한 세척은 다음 살포시의 약해를 가져올 수 있다.

15.6 종합적 잡초방제

조경관리에 있어서 잡초방제를 하여야 할 상황을 크게 나누어보면, 기존 조경식물을 존속시키며 선택적으로 잡초를 제거 또는 예방함과 기존 조경식물이 없는 경우의 비선택적 잡초제거로 나눌 수 있다. 기존 조경식물의 종류에 따라서도 그 대책이 달라지며 크게 수목류, 잔디류, 혹은 수목과 잔디가 공존하는 경우로 나누어 볼 수 있다.

15.6.1 비선택적 잡초제거

구조물 주변 혹은 식생을 원하지 않는 곳의 잡초제거는 비교적 단순하여 비선택성 제초제인 근사미(글라신 액제)를 0.2~0.3% 용액으로 희석하여 식생위에 살포하면 큰 문제가 없다. 그러나 근사미의 효과는 비교적 늦어 7~10일 경과할 때까지 잡초를 깎지 말아야 한다. 살포후 6시간 이내에 비가 오면 약효가 떨어질 수 있고 2시간 이내에 심한 비가 오면 재살포를 하여야 한다. 토양잔류성은 거의 없는 것으로 알려져 있으며, 지나친 고온기와 저온기는 사용을 피하는 것이 좋다. 유사한 종류의 제초제로는 그라목손, 아지란 등을 들 수 있으나 사용법에 약간씩의 차이가 있으니 주의하여 사용하여야 한다. 잔디가 있는 지역도 잔디가 완전한 휴면에 들어갔을 때는 비선택성 제초제를 사용할 수 있으나 그 사용시기가 제한되고 주의를 하지 않으면 잔디에 약해를 주기 쉽다.

15.6.2 수목하 식생이 없을 경우의 잡초방제

조경수목 아래에 다른 식물이 없을 경우에는 잡초 방제법을 크게 3가지로 나누어 볼 수 있다. 첫째는 예방적 방제로서 잘게 자른 짚, 나무껍질 등의 유기물을 덮어서 잡초의 발아를 억제할 수 있으며 경우에 따라서는 잔돌이나 검정색 비닐을 사용하여 미와 기능을 조화 시킬 수 있다. 둘째는 물리적 방제로 계속 뽑아 주거나 깎아주는 방법이다. 면적의 대소와 주위환경에 따라서는 효율적으로 이용될 수 있고 간편하며 수목에는 상처를 입히지 않는 휴대용 기계를 사용할 수 있다. 셋째는 화학적 방법으로 제초제의 사용을 들 수 있다. 이 방법은 가장 저렴하고 효율적일 수 있으나, 때에 따라서는 조경식물 전체를 잃는 재앙 또한 가져올 수 있어서 큰 위험과 주의를 기하여야 하고 전문가의 도움을 받아서 가능한 한 절제하여 사용하여야 한다. 앞 절에서 설명한 바와 같이 반벨(Dicamba)류는 토양 이동성이 비교적 강하여 조경수목 특히 pine계통에 약해를 주기가 쉬우니 특히 주의하여야 한다. 비선택성 제초제인 근사미와 그라목손류를 수관 밑에 사용할 수 있으나 살포시 바람에 의해 수목의 잎에 묻지 않도록 각별히 유의하여야 한다. 유목일 경우(5년 미만)에는 줄기에 묻어서 영향을 받을 수 있으니 주의하여야 한다.

15.6.3 조경수목과 다년생 지피식물이 혼합되어 있을 경우의 잡초방제

조경수목 아래는 광량이 부족하고 수목의 뿌리와 경합이 되는 등 다른 식물과의 공존이 쉽지 않으나 많은 경우 조경 목적상 수목 밑을 피복해야 할 필요성이 있다. Fine fescues나 맥문동류와 같이 생태적으로 적응이 많이 된 초종들이 사용된다. 비선택성 경엽처리제를 사용함은 불가능하고 발아전처리 제초제를 사용하여 잡초의 발아를 억제함이 좋으나 잡초도 생태적으로 심한 그늘 밑에서는 생육이 늦어서 크게 문제되지 않을 수 있다. 잔디가 있는 경우 수목 아래는 잔디깎는 높이를 비교적 높여서 깎는 것이 좋으며, 계속적인 잔디깎기가 잡초방제의 일환이 되기도 한다.

15.6.4 잔디밭에서의 잡초방제

잔디밭에서의 잡초방제란 잡초와 잔디의 생리, 생태적 특성의 차이에 의해 선택적으로 방제함을 의미한다. 이에는 물리적 방제, 재배적 방제 및 화학적 방제로 나눌 수 있다. 물리적 방제란 인력에 의한 제거를 들 수 있으나 그 효율은 매우 낮다. 우리나라 잔디는 흔히 Zoysia류의 여러해살이 식물로서 환경견딜성과 새끼치는 힘이 강하다. 또한 베어진 뒤의 다시나는 힘이 강하다. 따라서 자주 잔디깎기를 해주면 잡초가 없어지지만 그렇지 못할 경우에는 키가 작고 땅을 기는 잡초들이 늘어난다. 가을과 겨울잡초는 9~10월부터 나타나고 봄 잡초는 잔디가 봄잠에서 깨어나기 앞선 3~4월에 그리고 여름잡초는 5~7월에 나타난다.

표 15-4. 잔디밭에 나타나는 주요 잡초종

구분	한해살이 초종		여러해살이 초종	
	벼과	넓은잎 및 방동사니과	벼과	넓은잎 및 방동사니과
봄	새포아풀, 둑새풀	명아주, 개여뀌, 망초, 별꽃, 개망초, 실망초, 여뀌, 명아주, 벼룩나물, 광대나물, 흰명아주, 주름잎, 점나도나물, 냉이, 개미자리, 말냉이, 방가지똥, 벼룩이자리, 마디풀	–	클로버, 제비꽃, 민들레
여름	바랭이, 민바랭이, 왕바랭이, 강아지풀	애기땅빈대, 닭의장풀, 석류풀, 쇠비름, 깨풀, 중대가리풀, 털비름, 개비름, 매듭풀, 방동사니	띠, 참억새, 수크령	쑥, 참소리쟁이, 호장근, 피막이풀, 민들레, 벋음씀바귀, 질경이, 괭이밥, 쇠뜨기, 수영, 쑥부쟁이, 향부자
가을·겨울	새포아풀, 둑새풀	별꽃, 벼룩나물, 점나도나물, 망초, 개망초, 실망초, 벼룩이자리, 개불알풀, 광대나물	–	클로버,수영

잔디의 뿌리는 그물 모양으로 얽혀 있고 그 위에 부식층이 생기며 한해살이 초종이 여기에서 싹을 낸다. 따라서 발아전처리 농약을 뿌리면 주로 부식층에 흡착되어 제초효과가 높게 지속된다. 경엽처리 농약은 잡초가 잔디 사이에 비교적 가늘고 연약하게 자라나므로 농약에 접촉되기 쉽지 않지만 견딜성은 약하다. 공원이나 공장부지, 조경지, 공공시설 둘레의 잔디밭은 사람의 출입이 잦고 볼품이 있어야 하므로 약해가 적은 농약을 골라 사용해야 한다. 운동장 같은 곳에서는 베기 횟수나 사람들의 발에 밟히는 횟수가 잦기 때문에 다시 돋아나는 힘을 북돋우는 성질이 있는 약제를 고를 필요가 있다.

15.6.5 주요 잡초의 생육시기별 농약사용 예(주-경농)

(1) 1년생 잡초

그림 15-30. 갈퀴덩굴

○ **잡초발아전 토양처리제**
  - 풀프로 유제, 쏘나란 유제/입제, 한사리 수화제

○ **잡초생육기 경엽처리제**
  - 경농벤타존 액제

○ **잡초발아전 토양처리**
  - 잡초생육초기 잔디용 제초제
    (나마니 액제, 존플러스 수화제/입제
  - 잡초발생전 잔디용 제초제(고올 유제, 푸르메 수화제)

그림 15-31. 바랭이

○ **잡초발아전 토양처리제**
  - 풀프로 유제, 쏘나란 유제/입제, 둥실 입제, 경농알라 유제/입제

○ **잡초생육기 경엽처리제**
  - 푸로레유탁제, 타가 유제(화본과잡초)

○ **잡초발아전 토양처리**
  - 잡초생육초기 잔디용 제초제
    (나마니 액제, 존플러스 수화제/입제)
  - 잡초발생전 잔디용 제초제(그린스타 수화제, 푸르메 수화제)

그림 15-32 . 명아주

○ **잡초발아전 토양처리제**
  - 풀프로 유제, 쏘나란 유제/입제, 고올 유제, 한사리 수화제

○ **잡초생육기 경엽처리제**
  - 경농벤타존 액제

○ **잡초발아전 토양처리**
  - 잡초생육초기 잔디용 제초제
    (나마니 액제, 존플러스 수화제/입제)
  - 잡초발생전 잔디용 제초제
    (고올 유제, 그린스타 및 푸르메 수화제)

그림 15-33. 냉이

○ 잡초발아전 토양처리제
  - 풀프로 유제, 쏘나란 유제/입제, 고올 유제, 한사리 수화제
○ 잡초생육기 경엽처리제
  - 경농벤타존 액제
○ 잡초발아전 토양처리
  - 잡초생육초기 잔디용 제초제
    (나마니 액제, 존플러스 수화제/입제)
  - 잡초발생전 잔디용 제초제
    (고올 유제, 그린스타 및 푸르메 수화제)

그림 15-34. 마디풀

○ 잡초발아전 토양처리제
  - 풀프로 유제, 쏘나란 유제/입제, 고올 유제, 한사리 수화제
○ 잡초생육기 경엽처리제
  - 제로인 액제
○ 잡초발아전 토양처리
  - 잡초생육초기 잔디용 제초제
    (나마니 액제, 존플러스 수화제/입제)
  - 잡초발생전 잔디용 제초제(고올 유제, 푸르메 수화제)

(2) 다년생 잡초

그림 15-35. 메꽃

○ 생육특성
  - 주로 봄에 발생 3~10월에 걸쳐 생육하며 6~8월에 개화함
○ 추천 방제방법
  - 잡초생육기 경엽처리제
    : 대장군 입상수화제, 라운드업 액제, 초토화 미탁제, 제로인 액제
  - 잡초발생전 토양처리제 : 고올 유제
  - 잡초생육초기 잔디용 제초제 : 나마니 액제, 존플러스 입제/수화제
  - 잡초발생전 잔디용 제초제 : 푸르메 수화제

그림 15-36. 쑥

○ 생육특성

- 줄기 50~100㎝ 자라며, 지하경은 3월초에 옆으로 뻗기 시작해서 군데군데 싹이 나옴. 8~10월에 개화함

○ 추천 방제방법

- 잡초생육기 경엽처리제
  : 대장군 입상수화제, 라운드업 액제, 초토화 미탁제, 제로인 액제
  : 쑥은 초장이 20㎝이상 자란 이후에 대장군 등 이행형 비선택성 제초제를 사용해 주어야 약제가 뿌리로 이행되어 방제효과가 좋아짐
- 잡초생육초기 잔디용 제초제 : 나마니 액제, 존플러스 입제/수화제
- 잡초발생전 잔디용 제초제 : 푸르메 수화제

그림 15-37. 질경이

○ 생육특성

- 도로변, 공휴지
- 종자 번식
- 주로 봄에 발생하여 6~8월에 개화함

○ 추천 방제방법

- 잡초생육기 경엽처리제
  : 대장군 입상수화제, 라운드업 액제, 초토화 미탁제, 제로인 액제
- 잡초발생전 토양처리제 : 고올 유제

그림 15-38. 띠

○ 생육특성

- 논밭뚝, 제방, 산야, 강변 및 해변
- 지하경으로 주로 번식
- 주로 4-9월에 걸쳐 생육하며 5월경에 잎보다 꽃이 먼저 개화함

○ 추천 방제방법

- 잡초생육기 경엽처리제
  : 대장군 입상수화제, 라운드업 액제, 초토화 미탁제, 제로인 액제

그림 15-39. 수크령

○ 생육특성
- 초장은 30~80㎝정도 자라며, 8~10월에 개화함

○ 추천 방제방법
- 잡초생육기 경엽처리제
: 대장균 입상수화제, 라운드업 액제, 초토화 미탁제, 제로인 액제
- 잡초발생전 토양처리제 : 데브리놀골드 수화제
- 화본과잡초 3~5엽기내 경엽처리제초제 : 푸로레 유탁제, 타가 유제
- 잡초생육초기 잔디용 제초제 : 나마니 액제, 존플러스 입제/수화제
- 잡초발생전 잔디용 제초제 : 푸르메 수화제

그림 15-40. 쇠뜨기

○ 생육특성
- 이른 봄에 발생하여 포자주머니를 형성함. 영양경이 봄~가을에 발생하며, 각 마디에 비늘모양의 잎이 발생함

○ 추천 방제방법
- 잡초생육기 경엽처리제
: 대장균 입상수화제, 라운드업 액제, 초토화 미탁제, 제로인 액제
: 쇠뜨기는 지하경이 토양 깊은 곳까지 뻗어 있어 이행형 비선택성 제초제로도 완전방제는 어려움
- 잡초생육기 경엽처리제 : 경농이사피 수화제

그림 15-41. 망초

○ 생육특성
- 주로 가을에 발생하여 월동 후 봄에 줄기 신장 후 7~8월 개화

○ 추천 방제방법
- 잡초생육기 경엽처리제
: 대장균 입상수화제, 라운드업 액제, 초토화 미탁제, 제로인 액제
- 잡초발생전 토양처리제 : 고올 유제
- 잡초생육초기 잔디용 제초제 : 나마니 액제, 존플러스 입제/수화제
- 잡초발생전 잔디용 제초제 : 푸르메 수화제

그림 15-42. 속속이풀

○ 생육특성

- 주로 가을에 발생하여 월동 후 봄에 줄기 신장 신장하고 개화함

○ 추천 방제방법

- 잡초생육기 경엽처리제
  : 대장균 입상수화제, 라운드업 액제, 초토화 미탁제, 제로인 액제
- 잡초발생전 토양처리제 : 고올 유제
- 잡초생육초기 잔디용 제초제 : 나마니 액제, 존플러스 입제/수화제
- 잡초발생전 잔디용 제초제 : 푸르메 수화제

참고문헌

· 경농(20112), 주요제품안내, 경농.

· 구자옥 외(2002), 한국의 잡초도감, 한국농업시스템학회.

· 길길웅 · 신동현(2003), 최신잡초방제학원론, 경북대학교출판부.

· 농업과학기술원(2006), 식량작물 병해충 잡초 진단과 방제, 농경과원예.

· 박율진(2012), 환경 조경 관리학, 성오인쇄출판.

· 백수봉 외(2003), 식물보호학, 선진문화사

· 윤평섭(2008), 조경학, 문운당.

· 이경준 · 이승제(2001), 조경수 식재관리기술, 서울대학교 출판부.

· 한국작물보호협회(2011), 농약사용지침서, 삼정인쇄공사.

· 한국조경학회(2008), 조경관리학, 문운당.

월동준비

최연우

花요일 원예치료연구소장, 전북대 박사과정

사계절이 뚜렷한 우리나라는 정원관리도 계절에 따라 다를 수밖에 없다. 정원의 가장 중요한 구성요소가 식물이고 식물은 계절에 따라 성장과 개화, 결실, 휴면 등 그 생리가 변하니 이에 맞추어서 관리할 필요가 있는 것이다.

16.1 월동준비

겨울은 식물에게는 혹독한 시련의 계절이므로 대개 휴면하거나 휴면에 가까운 상태로 겨울을 나게 된다. 정원 식물의 경우에도 이에 따라 겨울 동안 피해 없이 겨울을 날 수 있도록 조치를 해 주어야 한다.

한국의 겨울은 대륙성 기후를 나타내기 때문에 건조하면서 매우 춥다. 기온이 낮아지면 수목은 휴면기에 들어가게 되고 대부분의 수목은 겨울을 잘 견디지만 일부 추위에 약한 수종은 월동 작업이 필요하다. 특히 수피가 얇은 수종에서 피해가 많아 월동대책이 많이 요구된다.

관상수목 중 식재한 나무의 활착을 돕기 위해서는 해당 수목의 기후적 특성과 생태적 특성을 잘 알아 두어야 한다. 수종에 따라 많은 차이는 있지만, 생육중인 수목도 가지나 줄기, 뿌리, 잎 등이 식재된 지역의 온도, 습도, 월동의 관리상태 유무에 따라서 생장의 차이가 심하다. 특히, 전년생 가지에서 개화되는 수종은 꽃눈 보호로 이듬해 예쁜 꽃이 필 수 있도록 바람이나 추위를 최소화해야 한다. 따라서 월동의 목적은 아름답고 좋은 관상수를 겨울 추위에 의한 동해를 받지 않고 정상적으로 생육할 수 있도록 관리하는 조치라 할 수 있다.

16.2. 수목의 한해(寒害)

한해(寒害)란 것은 겨울철에 기온이 0℃ 이하로 떨어졌을 때에 수목이 받는 저온 피해를 말하는 것으로 피해 발생의 원인에 따라 냉해(冷害)와 동해(凍害), 만상(晩

霜)과 조상(早霜), 상열(箱裂), 동계건조(冬季乾燥) 등으로 크게 구분한다. 특히 동해 발생은 오목한 지형에 있는 수목의 동해 피해가 심하며 늦가을과 이른 봄, 매우 추운 겨울에 많이 발생한다.

16.2.1. 냉해(冷害)

냉해(冷害)는 보통 성장 기간 중 이에 필요한 적정 온도보다 빙점 이상 혹은 전후의 낮은 기온이 오래 지속됨으로써 성장과 수확에 피해를 주는 저온 피해를 의미한다.

발생원인은 여러 가지이나, 해안에서는 한류의 영향으로 생기며, 고원지대에서는 위도와 해발고도에 따라 차이가 있다. 산지의 고도가 100m 상승함에 따라 평균 0.6℃씩 기온이 낮아지므로 고도가 600m 이상 되면 고랭지로서 서리가 일찍 내려 큰 피해를 주는 경우가 대부분이다. 또한 여름장마가 길어질 때는 습한 저온현상이 계속되어 냉해를 입기도 한다.

우리나라의 냉해는 전반적으로 오호츠크 해 고기압이 남서쪽까지 밀려와서 오랫동안 머물 때 상대적으로 북태평양기단의 세력은 약하여 '서늘한 여름'이 된다. 또 이때 북동풍이 동해 연안을 따라 남쪽으로 불어오면서 한류 위를 지나면 습기가 많아지고, 그 영향으로 더욱 낮아진 기온이 오랫동안 계속되어 냉해를 입게 된다.

냉해는 온대지방 수목의 경우에는 봄과 가을에 수정이 제대로 이루어지지 않는 것과 가을에 덜 익은 과일을 생산 하는 것을 의미하며, 열대식물의 경우에는 저온으로 잎이 피해가 나타나는 것을 예로 들 수 있다.

냉해 방제를 위해서 환절기에 열대성 관상수의 경우 찬 공기에 노출되는 것을 방지하며, 찬물로 관수하지 말고, 토양에 열선을 깔아 열을 가하여 뿌리의 활성을 유지시켜 준다.

16.2.2. 동해(凍害)

동해(凍害)는 기온이 빙점 이하로 내려갈 때 영하의 온도에 의하여 일어나는 식물의 피해를 말한다. 가을에 일장이 짧아지면서 서서히 온도가 낮아지면 온대지방의 수목은 생장을 정지하고 낙엽이 지면서 월동을 준비하게 된다. 이러한 과정을 저온순화(低溫馴化)라고 한다. 일단 순화된 수목은 체내에 탄수화물, 지방, 단백질을 축적하여 빙점을 낮추어 세포가 동결되는 것을 방지하여 내한성(耐寒性)을 가지기 때문에 빙점 이하에 노출되더라도 동해를 받지 않는다. 반면 식물이 순화되지 않은 상태에서 빙점이하의 온도에 노출되거나 순화된 식물이라도 빠른 속도로 빙점 이하의 온도에 노출되면 동해를 입는다.

수목이 가을에 단계적으로 저온에 순화된 이후에는 동해를 잘 입지 않는다. 그러나 동절기중 극히 낮은 온도에 견디는 내한성(耐寒性)은 수종에 따라서 차이가 크다. 자작나무, 오리나무, 사시나무, 버드나무류, 소나무, 잣나무, 전나무는 한대림에서도 자라는 수종으로서 내한성이 커서 동해를 잘 받지 않는다. 반면에 온대남부지역에서 자라는 삼나무, 편백, 해송, 금송, 배롱나무, 피라칸타 등은 중부지역에서 동해를 잘 입는다. 그 밖에 자목련, 사철나무, 가이즈까 향나무, 능소화, 벽오동, 오동나무도 동해에 약한 편이다. 조경이 이루어지기전에 내한성을 고려하여 조경수를 선택함으로써 어느 정도 동해를 예방 할 수 있다.

그림 16-1. 동해 입은 측백나무

그림 16-2. 동해피해로 지제부 갈변

16.2.3. 만상(晩霜)과 조상(早霜)

만상(晩霜)과 조상(早霜)은 이른 봄과 이른 가을에 수목에 대하여 월동준비를 하지 못한 상태에서 갑자기 밀어닥친 추위와 서리로 인한 피해를 말하며 조상해(早霜害)와 만상해(晩霜害)로 구분하고 결상은 맑은 날 바람이 없는 야간에 발생하며 대개 오후 8시~10시의 기온이 3~4℃ 내외일 때 발생한다. 서리의 피해는 생육기간동안 나타나며 활엽수의 경우 잎이 검은색으로 변색되고, 침엽수의 경우 붉은색으로 변색되었다가 결국 말라 죽는다. 활엽수 중에서 목련, 튤립나무, 모과나무, 단풍나무, 철쭉, 영산홍에서 심하게 나타난다.

만상(晩霜)피해는 새순에만 주로 나타나기 때문에 나무에 치명적인 피해를 주지는 않지만 조상(早霜)은 가을에 첫 번째 오는 서리에 의해서 나타나는 피해로 따뜻한 가을 날씨가 지속되어 수목이 계속 생장하면서 아직 내한성을 가지고 있지 않을 때, 별안간 첫서리가 오면 피해를 받게 된다. 조상은 만상보다 더 심각하게 나무의 모양을 망치거나 나무가 죽는 경우도 있다.

위와 같은 늦서리나 첫서리의 피해를 막으려면 늦여름 시비를 자제하여 가을에 생장을 일찍 정지시킴으로써 첫서리 피해의 기회를 줄여 준다.

16.2.4. 상열(箱裂)

상열(箱裂)은 겨울철 수간이 동결하는 과정에서 바깥쪽의 변재 부위가 안쪽에 단열되어 있는 심재 부위보다 더 심하게 수축함으로써, 두 부위 간에 수축의 불균형으로 생기는 장력 때문에 수직방향으로 균열하게 된다. 위와 같은 현상은 마치 벌채해 놓은 통나무가 건조하면서 길게 갈라지는 것과 흡사한 원리로 일어난다. 수목 전체는 죽지 않지만 균열된 부위는 상처 유합 조직에 의하여 긴 돌기형으로 아물지만 조직이 약하여 다시 상열의 피해를 받을 가능성이 있다. 또한 병균의 침입에 의하여 재질이 저하 될 수도 있다. 상열이 나타나는 위치는 주로 낮에 햇빛에 의해서 온도가 올라가서 온도차가 더 많은 남서쪽 수간이다. 침엽수 보다는 활엽수에서 더 자주 관찰되며, 직경 15~30cm 가량 되는 나무에서 더 심하다. 겨울철

그림 16-3. 상열의 여러 가지 증상 (자료: 조경수 병충해도감, 2013, p479)

백색페인트 도포 신문지 피복 보온단열재 피복

그림 16-4. 상열 피해 예방법 (자료: www.apple.or.kr)

에 수분이 많은 입지에서, 수간이 서남향으로 노출된 큰 나무에서 많이 발생한다. 상열피해를 막기 위해서는 피소현상을 방지 할 때처럼 수간을 마대로 싸거나 흰 페인트를 발라 준다.

16.2.5. 동계건조(冬季乾燥)

동계건조(冬季乾燥)는 이른 봄 상록수가 과다한 증산작용으로 인하여 말라죽는 현상으로서 동해(凍害)의 또 다른 예이다. 늦은 겨울 혹은 이른 봄에 날씨가 따뜻해지면, 기온은 쉽게 상승하지만 토양은 얼어 있는 상태로 남아 있는 경우가 자주 있다. 이때 상록수는 증산작용이 증가하여 겨울보다 수분이 더 많이 필요하지만, 토양이 얼어 있어서 수분 흡수가 원활하지 못해서 잎과 가지가 마르게 된다. 동계건조의 증상은 피해 즉시 나타나지 않다가, 토양이 녹은 후 침엽수의 경우 수관 전체가 적갈색으로 변하면서 고사하게 된다.

동계건조를 줄이는 방법은 방풍림을 설치하여 증산작용을 최소화하든가, 토양의 배수상태를 양호하게 유지하여 기온 상승 시 해토가 빨리 되도록 유도하든가, 증산억제제를 잎에 뿌려 주는 것이다. 가능하다면 지표면의 멀칭을 임시로 걷어내서 해토를 촉진시킨다.

그림 16-5. 곰솔과 소나무 묘목의 동계건조(자료: 조경수 병충해 도감, 2013, p479)

16.3. 월동관리

최근 우리나라 기상의 특징이 기온편차가 크다는 것이다. 기온의 편차가 크면 조경 수목은 동해(凍害)를 받기 쉽다. 다소 따뜻한 날씨가 지속되다 기온의 급강하가 이뤄지면 수목은 생육(生育)을 개방하는 등 생장할 준비를 하고 있다가 추위를 맞게 돼 세포조직이 파괴되기 때문이다. 따라서 조경 수목의 동해를 최대한 방지하기 위해서는 늦어도 본격적인 추위가 시작되는 12월 초순 전까지 동해 방지를 위한 대책을 모두 완료해야 한다. 동해를 방지하기 위한 대책으로는 성토법과 매장법, 포장법, 방풍법, 훈연법 등이 있다.

16.3.1 월동의 대상 수종

- 내한성이 약한 나무
- 이식한 나무 – 수세가 약하고 기후 적응성이 약함
- 늦가을이나 겨울철 이식 시 – 줄기나 뿌리 보호를 위하여 월동대책이 필요하다.
- 대목을 강전정하여 식재할 경우 – 양분과 수분의 공급이 원활하지 못하여 생장이 둔화되고 건조와 한해의 피해를 받을 우려가 있다.
- 기존 식재지보다 추운 곳으로 옮겨진 수목으로 동해피해가 예상되는 수종 – 장미, 배롱나무, 후박나무, 목련, 모과나무, 수국, 히말라야시다, 편백, 오동나무, 모란, 포도나무, 백철쭉 등과 당년 가을 식재분, 각종 묘목 및 어린 묘목
- 중부지방에서 자라는 소나무, 향나무, 전나무, 구상나무, 백목련, 단풍나무, 느티나무, 대추나무 등은 별도의 월동대책이 필요 없다. 다만 가을에 옮겨 심었거나 어린나무의 경우는 월동대책이 필요하다.
- 남부지역에서 자라는 남천, 가이즈까 향나무, 감나무, 장미(덩굴장미제외), 배롱나무, 후박나무, 수국, 동백나무, 모과나무, 편백 등은 월동대책이 필요하다.

표16-1. 내한성에 따른 정원수 분류

내한성	수목의 종류
내한성이 약한 수종	동백나무, 감탕나무, 후피향나무, 후박나무, 삼나무, 아왜나무, 굴거리나무 남천, 팔손이, 협죽도, 영춘화, 돈나무, 호랑가시나무 등
내한성이 보통인 수종	비자나무, 가이즈까향나무, 금송, 곰솔, 히말라야시다, 태산목, 목서, 동백류, 팽나무, 감나무, 목련류, 배롱나무, 석류, 모과나무, 피라칸다스, 광나무, 꽝꽝나무, 무화과, 목단, 장미, 능소화 등
내한성이 강한 수종	구상나무, 주목, 소나무, 섬잣나무, 독일가문비, 측백류,느티나무, 벚나무, 마가목, 단풍나무, 칠엽수, 산딸나무, 산수유, 때죽나무, 계수나무, 플라타너스, 은행나무, 목백합, 아그배나무, 회양목, 눈주목, 둥근향나무, 둥근측백, 풍년화, 명자나무, 해당화, 수수꽃다리, 박태기나무, 무궁화, 철쭉, 쥐똥나무, 낙상홍, 함박꽃나무, 화살나무 등

16.3.2. 동해예방

수목의 내동성(耐冬性)은 주변 환경과 개체목의 유전적 특성에 따라 다르다. 그러나 다음의 몇 가지를 주의하면 동해의 위험을 감소시킬 수 있다.

① 배수가 좋은 곳을 식재지로 선정

배수가 양호한 지역을 선정하여 식재하면 피해를 줄일 수 있다. 이미 식재된 수목은 배수가 잘 되도록 뿌리 주변에 통기 작업(aeration)을 하여 통기성을 높여준다. 저습지에서는 배수가 잘 되도록 암거시설(暗渠施設)을 하거나 식재할 때 주위 지면보다 높게 언덕을 만들고 그 위에 심는다.

② 내한성이 높은 수종으로 방품림대 조성

만병초류, 호랑가시나무류 등 동해에 약한 상록활엽수를 보호하기 위해서는 내한성이 강한 상록침엽수류로 생울타리를 쳐주면 도움이 된다.

③ 근역(根域)의 피복

나무의 뿌리 주변 지표면에 볏짚, 왕겨, 나뭇잎, 톱밥이나 칩(chip), 이끼류(peat moss)등을 깔아 저온으로부터 뿌리를 보호함으로써 동해를 예방한다.

④ 증산억제제 사용

회양목, 동백 등 상록활엽수의 경우 늦가을, 초겨울, 또는 이른 봄 따뜻한 날에 증산 억제제를 엽면살포하면 잎에서의 탈수가 억제되어 동해가 감소한다.

⑤ 적정한 전정

강도의 전정은 상처, 수관과 뿌리비율(Top-Root ratio: T/R ratio)의 불균형을 초래하지만 적정한 가지치기는 강 전정한 나무 또는 전정하지 않은 나무 보다 동해뿐만 아니라 각 종 재해에 더 빨리 회복된다. 동해의 피해목 전정은 새싹이 돋아 죽은 가지와 산가지를 쉽게 구분할 수 있는 봄철이 좋다.

⑥ 시비

동해 피해목의 시비는 학자들 간에 다소 의견차이가 있다. 즉 피해목에 시비할 경우 뿌리에 더 큰 피해를 입히거나 잎의 생성을 증가 시킨다고 한다. 왜냐하면 증가된 잎은 새로운 조직을 만들기 위해서 피해 받은 뿌리와 줄기로 하여금 지나치게 과다한 수분의 흡수와 운송을 요구하기 때문에 오히려 불리하다고 한다. 그러나 7

그림 16-6. 우드칩 멀칭 사례
〈자료 : www.countryhome.co.kr〉

그림 16-7. 홍가시나무 생울타리
〈자료 : blog.naver.com/prothneyi〉

월에 1회 정도의 시비를 하면 그때는 이미 새로운 수분 운송 조직이 형성되었기 때문에 비효가 있다고 한다. 그런데 7월 이후의 고농도 질소질 비료를 시비하면 잎의 과잉생성과 조상(早霜)이 시작되기 전까지 목질화가 될 수 있는 시간적 여유가 없어 다즙성(多汁性)이 되는 원인이 된다. 그러므로 여름철 시비는 가급적 피해야 한다. 일반적으로 봄철 시비는 새로운 조직을 생성하는데 도움을 주고 여름을 더 잘 넘기는 나무가 되게 한다.

16.3.3. 한해방지대책

동절기에는 동해와 함께 한해(寒害) 피해도 발생하기 쉽다. 한해란 토양의 수분이 건조해져 수목이나 지피식물이 말라 시드는 피해를 말한다. 한해를 예방하기 위한 방법으로는 지속적인 관수와 함께 토양 갈아엎기, 퇴비, 멀칭(mulching), 수피보호 등을 들 수 있다. 우선 관수는 토양 수분의 건조상태를 직접적으로 해결할 수 있는 좋은 방법으로 횟수와 양은 토양의 종류나 식물의 특성 · 크기, 기상상태, 이식상태, 생육상태에 따라 약간씩 다르다. 관수는 한 번 물을 충분히 주고 중단하는 것보다는 지속적으로 실시하는 것이 큰 효과를 주며 수목 주변을 골고루 실시해

그림 16-8. 베롱나무의 월동모습

그림 16-9. 세열단풍의 월동모습

야 한다. 또한 토양을 갈아엎는 방법이나 멀칭은 토양의 수분 증발량을 억제시키는 효과를 가지고 있으며 관수와 함께 널리 쓰이는 방법에 속한다. 이밖에 퇴비는 수분이 부족한 토양에 보수력(保水力)을 증강시키며 수목의 줄기를 새끼나 진흙으로 감싸는 수피보호는 수피에서 증발하는 수분을 막을 수 있다.

16.3.4 월동대책

월동대책으로 짚으로 수간 싸매주는 것을 우선적으로 생각하지만 그보다 더 근본적인 대책을 다음과 같이 요약할 수 있다.

① **배수 철저** – 배수가 잘되고 통기성이 좋은 토양에서는 토양 동결이 적게 일어나서 겨울철 저온에 견디는 능력이 향상된다.

② **토양멀칭** – 토양 표면을 유기물로 멀칭하면 토양이 깊게 동결하지 않아서 수분 부족으로 인한 동계 건조를 방지 할 수 있다.

③ **토양 동결 전 관수** – 상록 활엽수와 침엽수는 겨울철에도 증산작용을 함으로 토양 중에 충분한 수분이 있어야 한다. 토양이 동결되기 전에 충분히 관수하여 겨울철 수분부족이 오지 않도록 한다.

④ **수관 보호** – 내한성이 약한 배롱나무, 벽오동, 히말라야시다의 지제부와 수간을 볏짚이나 새끼 끈으로 싸준다. 특히 위에 열거한 수종의 어린나무는 수피가 얇아서 내한성이 적다. 또한 상열을 막기 위하여 녹화마대로 수간 전체를 감싸는 것이 바람직하다.

⑤ **방풍림 혹은 방풍벽 설치** – 상록수로 방풍림이나 인공 방풍벽을 북서향에 조

성하여 한랭한 바람을 차단하면, 영산홍과 같은 상록활엽수의 월동에 크게 도움이 된다.

⑥ **증산억제제 살포** – 초겨울에 영산홍이나 회양목에 증산억제제를 뿌려주면 잎이 갈색으로 변하는 것을 방지할 수 있다.

⑦ **잠복소 설치** – 잠복소는 소나무에 발생하는 솔나방의 유충, 흰불나방의 월동 번데기가 잠복소에서 겨울을 나도록 하여 다음해 잠복소를 수거하여 태움으로써 발생을 줄이는 방제의 목적으로 시작된 것이다. 그러나 해충의 발생 여부에 상관없이 전시성 또는 미관상 좋게 보이기 위해 잠복소를 설치하는 경우가 있어 경제적인 측면 등을 감안하여 설치 여부를 판단하여야 할 것이다.

그림 16-10. 나무의 잠복소

그림 16-11. 나무의 월동피복

16.3.4. 월동작업의 시기와 방법

조경 수목의 동해를 최대한 방지하기 위해서는 11월 초순부터 늦어도 본격적인 추위가 시작되는 12월 초순 전까지 수종과 크기에 따라 동해 방지를 위한 대책을 모두 완료해야 한다.

① **성토법(盛土法)** : 사계절 장미와 같이 추위에 약한 관목류에 이용되는 방법이다. 지상으로부터 수간을 약 30cm 정도 높이로 흙을 덮어 흙에 묻힌 부분이 월동할 수 있도록 하는 방법으로 해동과 동시에 흙을 파헤쳐 주어야 한다.

② **피복법(被覆法)** : 지표를 20~30cm 두께로 낙엽이나 왕겨, 짚 등으로 뿌리 부분을 겨울동안 얼지 않게 피복하여 월동시키는 방법이다. 가을에 식재한 관목 등.

③ **매장법(埋藏法)** : 서울지방에서 석류나무나 장미류를 월동시키는데 이용되는 방법으로 뿌리 전체를 파낸 후 60cm정도 땅을 파내고 그 안에 식물을 묻어 월동시키는 방법이다. 봄이 되면 빨리 꺼내 정식하고 충분히 관수하면 곧 활착된다.

④ **포장법(包藏法)** : 내한성이 약한 낙엽 화목류에서 이용된다. 서울지방에서는 목백일홍, 모과나무, 장미, 감나무, 벽오동 등을 짚으로 감싸주어 월동시키는 것으로 가장 많이 쓰이고 있는 방법 중의 하나이다.

⑤ **훈연법(熏煙法)** : 서리에 의한 피해를 예방하거나 싹이 나온 후 갑자기 하강하는 온도를 조절하기 위해 쓰이는 방법으로는 훈연(熏煙)법이 있다. 이는 기름이나 낙엽, 타이어 등을 태워서 발생한 연기로 열의 기류를 순환시켜 수목의 온도를 조절하는 방법이다.

⑥ **방풍법(防風法)** : 내한성이 약한 수종이나 어린 상록수에 적용되는 월동방법이다. 나무 주위에 대나무나 철사로 지주를 세우고 비닐이나 짚으로 찬바람이나 눈이 나무에 닿지 않도록 막아서 월동시킨다.

⑦ **관수법(灌水法)** : 서리가 내렸을 때 아침 일찍 관수하여 서리를 녹여주므로 피해를 방지 할 수 있다.

⑧ **시비조절법(施肥調節法)** : 질소질 인조비료를 과용하지 말고 7월 말까지 질소 · 인산 · 칼리를 골고루 주어야한다. 7월 이후에 시비하면 그 후에 자란 식물의 생장부분이 연한 상태로 겨울을 맞게 되므로 동해를 받게 된다.

⑨ 이외에도 건물이나 수목 주위의 채광상태를 살펴서 그늘이 잘 지지 않는 지역을 화단으로 이용, 낮 동안의 일조로 인해 토양온도의 상승을 유도하는 방법과 서리가 내렸을 때 관수를 통해 서리를 녹이는 방법 등도 동해를 방지하기 위한 좋은 방법이다.

16.3.5 월동의 재료

수목 월동에 가장 많이 쓰이는 소재는 볏짚소재의 수목보호싸개, 월동거적 등이며 월동자재는 원래 남부지방에서 올라온 수목 등 동해에 대한 예방능력이 떨어지는 나무나 이식한지 얼마 안 돼 수세가 약한 나무에 실시했던 것이었는데 요새는 시각적인 따뜻함도 함께 고려해 전체적으로 실시하고 있다. 특히 짚으로 만든 제품들은 따뜻해 보일뿐만 아니라 국내 재료로 만들어 친환경적인 이미지까지 주고 있다.

월동소재 중 해충포집을 위한 용도로 이용되는 잠복소는 실제로 이를 통해 소각할 수 있는 해충의 개체수가 많지 않다는 의견도 있다. 때문에 최근 몇 년 사이 일반 도심 내 가로수, 공원에서의 사용은 줄어들고 있는 추세이며 최근에는 배롱나무 · 벽오동 등 수피가 얇거나 내한성이 약한 수종에 한해 보온용으로 감싸고 있다.

보온용 제품으로는 부직포, 보온시트, 녹화마대, 테이프, 로프 등 다양한 제품이 있다. 보온용 제품 역시 가장 흔히 사용되고 있는 것은 볏짚이며, 최근에는 코이어 테이프나 황토마대 등과 같이 사용이 간편한 제품의 사용량이 늘고 있다. 부직포는 로고인쇄 등의 효과를 높이는데 유용한 것으로 알려져 있다. 바람막이용으로도 가장 먼저 고려되는 것은 볏짚이다. 비닐, 부직포, 스티로폼 등 다양한 방법을 선택할 수 있지만 자연적인 이미지를 주기에는 볏짚이 비용적인 부분도 차이가 없을 뿐 아니라 설치 측면에서도 큰 어려움이 없어 수목 보온용 제품으로 가장 적당하다.

멀칭재는 왕겨, 볏짚, 파쇄목, 나무껍질, 대팻밥, 낙엽 등을 이용하는 것이 일반적이며 나무껍질이나 파쇄목 등이 골프장 등을 중심으로 다수 이용되고 있다. 우드칩을 활용하여 수목에 멀칭을 하면 잡초발생을 억재하고 토양수분이 일정하게 유지되어 수목관리에 효율적이며 비산먼지 발생도 줄여 친환경적으로 수목을 관리할 수 있다.

표16-2. 월동의 재료

녹화끈	녹화마대	녹화테이프

섬피	이엉	잠복소

16.4. 관목류 월동

관목류의 경우 2m미만의 생육한 나무 중에서 내한성이 약하거나 식재 후 생육이 불량한 나무는 동해의 피해를 받을 수 있다. 또한, 수종의 품종별에 따라서도 추위에 견디는 내한성이 다르다. 그러므로 종류를 알고 내한성의 유무를 판단한 후에 수관 전체를 월동할 것인가 아니면 수관 일부만 할 것인가를 결정해야 한다. 중부지방에서 가장 동해가 우려되는 관목중 장미월동의 예를 본다면 소량으로 식재된 곳이면 개체별로 볏짚으로 결속하거나, 양지 바른 곳이면 흙으로 복토를 약 20~30cm 정도 해주면 좋다.

그림 16-12. 올림픽공원 장미광장 장미의 월동준비 (자료출처 : blog.joins.com)

그림 16-13. 대구 달서공원 장미 월동 준비 (자료출처 : blog.daum.net/jdyoo)

16.5. 교목류의 월동

교목류는 2m이상 대형목에 이르기까지 내한성이 약한 나무를 보호하기 위하여 월동한다. 생태적 특성상 추위가 시작되기 전에 월동하며 월동의 종류도 수관하부 전체를 월동하거나 줄기를 보호하기 위하여 수관 일부를 싸매 준다. 교목류 중 대형목은 이식후 생육은 물론 성장이 둔화되고 추위에 견디는 내한성이 떨어지므로 수관 일부를 반드시 월동하여 주는 것이 좋다.

겨울철 눈이 많이 내리는 지역에서는 정원수보다 약간 높은 지주대를 나무 중심부에 세워 부러지기 쉬운 가지나 줄기를 새끼로 잡아 매주어 눈에 의한 피해를 방지 할 수 있다.

대나무와 같이 중부지방에서 생육이 어려운 수종은 식재 시 부터 장소 선택이 중요하며 바람이 막히고 햇빛이 잘 드는 장소가 양호하다. 월동방법으로는 뿌리부분의 보호를 위하여 낙엽이나 짚 등을 지면에 피복하고 지상부는 지역에 따라 방풍벽 설치가 가능한 곳을 방풍벽 설치로 겨울의 건조와 바람의 피해를 방지할 수 있다.

그림 16-14. 대나무 월동모습
(자료: www.eseolim.co.kr)

그림 16-15. 순천만정원 수목원 조경수 월동대책
(자료: http://nknews.kr)

16.6. 초화류의 월동관리

겨울철 초화류는 저온에 의한 피해를 막기 위하여 예방 조치를 취하는 것이 좋다. 피해의 원인을 보면 늦가을에 식물체의 내한성이 아직 증진되기 전이나 이른 봄 식물체가 겨울동안 지녔던 내한성을 잃기 시작한 후에 갑자기 서리가 내리거나 온도가 급격히 떨어질 때나 그리고 겨울동안이라도 견디기 어려운 이상의 저온이 지속될 때 식물은 피해를 입게 된다.

① 화단의 부지선택

공기는 밤이 되어 차가워지면서 비탈을 따라 고도가 혹은 높이가 높은 지역으로부터 낮은 지역으로 흘러내리게 된다. 따라서 가능하면 지대가 가장 낮고 움푹 들어간 지역에 화단조성을 피하거나, 불가피한 경우에는 주위의 약간 높은 지역에 찬 공기가 비탈을 타고 내려오다가 걸리거나 정체하게끔 울타리 식으로 비교적 내한성이 강한 수목이나 관목류를 식재하거나 인구구조물 등을 구축하여 저지대로 낮은 온도가 몰리는 것을 방지한다.

찬바람이 세게 몰아치면 단열팽창으로 인해 온도도 낮아지게 되고, 식물이 직접 느끼게 되는 온도도 더욱 낮아질 뿐 아니라, 특히 수분증발산을 가속화시키게 되어 초화류에게 치명적인 건조해를 주게 된다. 이 경우는 주위의 방풍림이나 기타 담장 등을 가까이에 설치하여 바람의 영향을 완화시켜 주는 것이 좋다.

② 보온 막의 설치

겨울동안 월동이 불가능한 식물은 노지상태에서 식물체를 비닐이나 짚 등으로 감싸주거나 뒤집어 씌워서 겨울을 나게 한다. 지상부는 다 죽어 없어졌더라도 지하부가 살아 있는 숙근초화류도 땅위에 짚이나 비닐 등을 덮어주어서 저온의 지나친 낙하방지를 통하여 지하부의 생명을 보호케 한다.

일년초의 경우에도 가을에 심는 펜지나 데이지 등은 비닐이나 짚으로 덮은 후 그 위에 다시 여러 피복 재료로 덮거나 비닐로 작은 터널을 만들어 월동을 시킨다. 투명한 피복재료는 상관이 없으나 짚 등의 불투명한 피복 재료는 해가 비치는 낮 동안에는 걷어 주어서 채광으로 인해 실내온도가 상승되도록 해 준다.

③ 가온(加溫)

노지상태에서 또는 온실 안에서 인공적으로 가온(加溫)을 하여 기온이 지나치게 떨어져서 식물에 피해를 주지 않도록 막아준다. 우리나라의 경우는 노지 상태에서는 특별히 따로 가온을 하는 경우가 많지 않으나 외국의 경우는 불을 크게 지피거나 전열선을 땅속으로 지나가게 하여 기온과 지온을 높이기도 한다. 온실 내에서는 연탄이나 장작으로 난로를 떼기도 하고 스팀을 통하여 가온을 하거나 전열선을 통하여 지온을 높이기도 한다.

④ 식물체의 내한성 차이

정원 수목을 선택할 때 내한성이 강한 품종을 이용한다거나 같은 품종이더라도 순화작용에 의하여 내한성을 증진시킨 상태에서 겨울을 나게 되면 동해를 어느 정도 예방할 수 있다. 식물의 종류에 따라, 그 원산지에 따라, 내한성이 크게 달라질 수 있고 또한 이제껏 어느 지방에서 재배되어 왔느냐에 따라서도 달라질 수 있다. 열대나 아열대가 원산인 것보다는 온대원산인 품종이 내한성이 강하다. 한 가지 유의하여야 할 것은 추파 일년초나 추식 구근의 경우 대부분 다음 해 봄에 꽃을 피우는데 꽃의 질을 높이기 위해서는 충분한 저온을 거쳐야 하는데 봄만 신경 쓴 나머지 너무 더운 환경에서 겨울을 나게 되면 역효과가 나타나게 된다.

그림 16-16. 바람막이설치(달서공원)

그림 16-17. 거적덮기
(자료: http://gyinews.co.kr)

16.7. 지피 식물의 월동관리

대부분의 지피식물들은 겨울에 동면을 하면서 늦가을에 낙엽이 지고 잎이 마른다. 따라서 겨울철의 황량한 느낌을 줄여주고 정돈된 환경을 위해서는 말라버린 가지와 잎을 제거해주는 작업이 필요하다.

지피식물의 동해 일반대책으로는 보온 및 방풍시설을 하는 등의 입지조건 개선, 개화나 전엽의 시기가 늦어서 동상해를 회피할 수 있는 품종의 선택, 보온 재배나 파종시기를 조절하는 등의 재배적 대책이 있다.

겨울철 동해에 대체로 강한 초종(草種)도 관리를 소홀히 하면 동해를 크게 받게 되는데 그것은 대체로 동결과 결빙이 지나치게 반복되어 세포조직이 파괴되고, 토양의 수분 완충작용이 거의 없어 겨울철 건조에 의한 식물체의 탈수가 잘 일어나는 나대지나, 공원, 도로변 등 표층에 얕게 식재되어 있는 경우에 잘 나타난다. 그렇기 때문에 저온에 대한 관리도 중요하지만 겨울철 건조에도 주의를 해야 한다. 특히 결빙에 의해 토양이 솟아오르게 되면 더욱 피해가 심해지므로 답압(踏壓) 등으로 떠들린 토양과 식물체를 눌러주도록 하고, 바람이 심한 곳은 바람을 막을 수 있는 방풍시설을 하여 겨울철건조를 막아야 한다.

온도가 서서히 떨어지게 되면 식물체는 스스로 추위에 대비하게 되는데 내한성이 강한 종이라도 동해 대비를 철저히 하는 것이 좋다. 보통 종에 따라 내한성(耐寒性)에 큰 차이가 있기 때문에 식재위치, 토양, 기후 등에 따라 겨울철 관리를 철저히 하여야만 봄이 되었을 때 본래의 형태 또는 그 이상의 생육상태를 기대할 수 있다. 식물체의 내한성 정도를 이해하지 않고 일률적으로 관리를 하게 되면 저온에 약한 개체는 봄이 되었을 때 그 피해가 크게 나타난다. 특히 온도가 영하 10℃이하로 자주 내려가는 지방에서는 반드시 짚 등으로 피복을 해야만 동해를 줄일 수 있다.

앵초, 할미꽃, 금낭화, 매발톱꽃 종류, 붓꽃, 돌단풍, 패랭이류, 기린초, 하늘나리, 원추리, 금불초, 용머리, 비비추, 꽃범의 꼬리, 벌개미취 등 많은 종류 등은 대체로 내한성이 강하기 때문에 특별한 관리를 하지 않아도 월동이 가능하지만, 수선화, 은방울꽃 등은 내한성이 약하지는 않지만 겨울철 관리를 소홀히 하게 되면 동해를 입기 쉬워 지표면 피복 등을 통하여 겨울철 탈수와 지나친 결빙 및 해동에 대비하는 것이 안전하다.

꽃무릇의 경우는 구가 대체로 얕게 식재되어 있으므로 동해를 받기 쉬우며, 특히 영하 10℃이하로 내려가는 중부지방 이상 위쪽지방에서는 짚 등으로 피복을 하여야만 월동이 가능하다.

맥문동은 겨울철 상록성으로 남아 있는데 이 수종은 봄이 되어 새순이 올라올 즈음 지난해의 잎들이 말라간다. 이후 올라오는 새순의 아름다움을 보고자 하면 초봄 새순이 올라오기 직전에 작년의 잎을 가위로 바짝 잘라주면 새순이 올라오는 모습을 볼 수 있다.

자금우의 경우도 남쪽지방에서는 월동이 가능하지만 중부지방 이상에서는 노지월동이 불가능하므로 따뜻한 곳으로 이식을 하거나 보온시설을 하여야만 한다.

구절초의 경우는 11월 중순경 지상부를 제거하고 밀식된 경우는 분주하여 이식(솎음)하고 동시에 퇴비를 넣어주도록 한다. 솎음작업을 하지 않아 밀식되어 있으면 식물체가 왜소해지고, 개화하지 않을 뿐 아니라 병충해도 잘 발생하게 된다.

16.8. 겨울철 잔디관리 방법

휴면기인 겨울철에는 잔디의 생장이 정지되고 따라서 관리 작업 역시 필요하지 않다고 생각하기 쉽다. 그러나 잔디는 여름과 가을에 걸친 충분한 생육으로 양분을 축적한 다음 휴면에 들어가 겨울을 보낸다. 그러므로 잔디의 관리상 가장 중요한 시기는 바로 휴면에 들어가기 약 한 달 전이며, 이 시기의 잔디관리가 이듬해의 잔디생육을 좌우한다고도 할 수 있다. 그러므로 겨울철에 각종 시비와 병해충 방제를 실시하여 이듬해 봄의 잔디생육이 정상적으로 될 수 있도록 해야 할 것이다.

추동기 잔디관리에 있어서 복합비료나 유기질비료의 사용은 골프장 그린과 같은 특별한 경우를 제외하고는 불필요하며 단 한국잔디와 서양잔디에서 공통적으로 규산질비료를 시비해주는 것이 좋다. 규산질 비료를 시비함으로써 잔디가 규산을 충분히 흡수하여 잎과 줄기가 빳빳하게 되어 햇빛을 고루 받아 광합성 작용을 증진하고 조직이 규질화 되어 병해충에 대하여 저항력이 강해질 뿐 아니라 피해도 경감할 수 있고 답압에도 견디는 힘이 강해진다. 시기는 한국잔디와 한지형잔디 모두 11월 중순 ~ 11월 말경이 시비의 적기이며 한국잔디는 100g/㎡, 한지형잔디는 30~50g/㎡가 적량이다.

11월 초~중순경에는 한국잔디에 발생한 새포아풀, 켄터키블루그라스 등의 잡초제거를 위해 경엽처리제초제를 1회 부분살포하며, 이 때 주의점은 농약농도와 살포량을 기준량에 맞추어 살포해야 한국잔디에 해가 없다.

본격적인 동절기에 들어서면 동절기 건조해를 예방하기 위해 일기를 감안하여 지상부 휴면기에도 호흡작용을 계속하는 잔디뿌리가 건조되지 않도록 주기적으로 관수를 실시한다. 통상적으로 난지형진디인 한국잔디는 10월 하순경에 휴면에 들어가게 되며 한지형잔디(서양잔디)의 경우 이보다 한 달 가량 늦은 11월말~12월초에 휴면에 들어가게 된다. 겨울철 반 휴면상태에 있는 잔디는 겨울철 건조에 의해 가장 치명적인 손상을 입을 수 있다. 한국잔디와 같은 난지형잔디도 때로 피해를 받는다. 저온에서도 생리적 활동과 성장을 계속하는 종이나 품종은 휴면하는 종들보다 동계건조에 피해를 받기 쉬우며 비포복형이며 주형생장을 하는 잔디도 동계건조에 의해 영구적인 손상을 받기 쉽고 같은 종 내에서도 차이를 발견할 수 있다.

이러한 동계건조의 피해는 건조한 토양에 살수를 하거나 피복이나 방풍시설 등을 이용해 잔디의 증발산량을 조절함으로써 예방할 수 있다. 토양이 얼어붙거나 첫눈이 내리기 전에 토양수분이 포장 용수량의 수준에 육박해 있어야 하며 휴면중인 잔디에는 늦가을에 관수를 하는 것이 좋다.

① 난지형 잔디

난지형잔디인 한국잔디는 우리나라의 중부 지역을 중심으로 11월은(토양온도가 10℃ 이하로 떨어지면) 한국잔디의 생장이 거의 정지되는 시기이며 12~2월은 잔디의 생장이 완전히 정지된 시기, 2월 하순부터는 잔디의 생장이 조금씩 개시되는 시기이다.

한국잔디는 겨울철에 휴면을 하고 있어서 훼손되면 재생하기 어렵기 때문에 겨울철 잔디가 얼었을 경우에는 가능한 이용을 하지 않는 것이 바람직하고 잔디 휴면기에는 뿌리 생장이 거의 없기 때문에 잔디 깎기를 할 필요가 없으며, 관수는 기온이 낮아 얼 우려가 있을 때를 피해서 너무 건조하다 싶으면 따뜻한 날을 선택하여 한번 씩 관수해 준다.

동해는 해빙기에 일교차가 심하여 토양이 얼었다 녹는 과정을 반복하는 사이에 주로 물이 모이는 곳, 배수로 주변, 눈이 얼어붙은 지역, 북향의 음지 등에서 잔디

조직의 기계적인 손상 등으로 발생한다. 이러한 동해방지를 위하여 가을에 잔디깍기 높이를 가능한 높여서 뿌리의 활착 및 저장양분이 잘 축적될 수 있도록 하고 또한 늦은 질소시비는 잔디의 내한성을 떨어뜨리는 요인이 될 수 있으므로 주의하고 포복경이 드러난 잔디밭은 배토를 실시하여 포복경을 덮어줌으로써 동해를 줄일 수 있다.

② 한지형 잔디

우리나라에서는 대부분의 사람들이 한지형잔디를 사철(계절) 푸른 잔디로 생각을 하지만 한지형잔디도 겨울철에 휴면을 한다. 휴면 기간은 보통 12월 ~ 2월까지 3개월 정도로 난지형잔디보다는 초록기간이 더 긴 것만은 사실이다.

한지형잔디가 휴면하는 12월 ~ 2월에는 훼손되면 재생하기 어렵기 때문에 가능한 이용을 하지 않는 것이 바람직하고 한지형잔디를 겨울이 오기까지 이용하여 손상이 많아 잔디의 밀도가 낮은 경우 그 지역에 2월 ~ 3월 잔디 종자를 추가 파종하고 비닐을 덮고 보온해주면 회복이 빨라질 수 있다.

한지형 잔디는 보통 11월에도 조금씩 생장을 하므로 1~2회 정도 잔디깎기를 해주고 휴면기인 12월~2월에는 잔디깎기를 시행하지 않는다. 한지형잔디는 11월까지 생육을 하므로 11월에 유안을 10 ~ 15g/㎡를 1~2회 살포하고 반드시 필요하지는 않지만 2월 ~ 3월 상순에 속효성 질소를 5g/㎡(보통 운동장 1면에 복합비료(20Kg) 10포)정도 살포해주면 그린업에 도움이 된다.

참고문헌

· 김경남(2011), 잔디관리론, 삼육대학 출판부.

· 김덕조(2000), 동계 조경수 관리요령환경과 조경, 조경생태시공.

· 김호준(2001), 수목환경관리학, 도서출판 유천.

· 권영휴 · 김현준 · 이태영(2013), 정원관리매뉴얼, 푸른행복.

· 나용준 · 우건석 · 이경준(2011), 조경수 병해충 도감, 서울대학교출판문화원.

· 이경준 · 이승재(2003), 조경수 식재관리 기술, 서울대학교출판문화원.

· 심경구외16인(1991), 조경관리학, 문운당.

· 윤평섭(2008), 조경학, 문운당.

· 이종범(2011), 겨울 조경수 관리, 조경생태시공.

· 장형태(2000), 지피식물의 동계 관리요령, 조경생태시공.

· http://blog.daum.net/jdyoo

· http://blog.joins.com

· http://blog.naver.com/prothneyi

· http://namu-nara.net

· http://nihhs.tistory.com

· http://www.countryhome.co.kr

· http://www.eseolim.co.kr

· http://www.gyinews.co.kr/

· http://www.nknews.kr

부록

조경수의 생태적 특성

성상	수목	수형	개화(월)	꽃색	단풍	음양성	근계
상록 교목	가이스까향나무	원추형	4	황,자갈색	–	양	천근
	구상나무	원추형,원정형	6	자색	황색	음	천근
	독일가문비	원추형	4–5	자석색	–	음	천근
	반송	하수형	4	황갈색	–	중	심근
	서양측백	원추형	4	담갈색	–	양	천근
	섬잣나무	원추형, 자연형	5–6	자적색	–	음	–
	소나무(장송, 조형, 둔근형)	우산형	4–5	자색,황색	–		심근
	스트로브잣나무	원추형	5	황갈색		음	–
	잣나무	원추형,자연형	5–6	녹황색	황색	음	심근
	전나무	원추형원정형	4–5	황록색	황색	음	천근
	주목	원추형, 자연형	3–4	갈색,녹색	황색	음	중간
	측백나무	원추형	4	담자갈색	황색	양	천근
	편백	원추형	4–5	황색	황색	음	천근
	향나무	원추형	4–5	황색	–	양	천근
	화백	원추형	4	황색	–	음	천근
낙엽 교목	가중나무	원정형	6	백녹색	황색	중용	–
	갈참나무	원정형	5	녹황색	황적색	중용	심근
	감나무	원정형	5–6	황백색	황홍색	양	심근
	겹벚나무	원형	6	담홍색	흑갈색	양	심근
	계수나무	장타원형	3–4	주홍색	작자색 → 노랑 주홍	중	–
	굴참나무	원추/원정형	4–5	황록색	황색	양	심근
	꽃복숭아	원정형	4–5	담홍색	황색	양	천근
	꽃사과	원정형	4–5	담홍색	황색	–	–
	꽃산딸나무	평정형	4–5	분홍색	–	–	–
	꽃아그배나무	원정형	4–5	담홍색	–	양	천근
	낙우송	원추형	4–5	자색	갈색	양	천근
	느릅나무	원정형	9	황갈색	황갈색	중용	심근
	느티나무	평정형	4	담황색	적색, 노랑	중용	심근
	대왕참나무	원추형	4–5	황록색	등황색	–	–
	대추나무	타원형,원형	5–6	연녹색	황색	중용	천근
	때죽나무	원정형	5–6	백색	–	양	심근
	떡갈나무	원정형	4–5	녹황색	–	양	심근
	마가목	원정형	5	확백색	적색	음	천근
	말채나무	원정형	6	백색	황색	중	심근
	매화나무	원정형	3–4	담홍색	황색	양	천근
	메타세콰이아	원추형	5	–	적색,갈색	양	–
	모감주나무	원형,난형	6–8	황색	황색,적색	양	–
	모과나무	원정형	4–5	담홍색	황색	양	천근

성상	수목	수형	개화(월)	꽃색	단풍	음양성	근계
낙엽 교목	목련	원정형	4	백색	황색	중	심근
	물푸레나무	원정형	5	황색	황색	양	천근
	배롱나무	평정형	7–9	홍색	적색	양	천근
	백합나무	광원추형	5–6	녹황색	황색	중	천근
	벽오동	원형	7	담홍색	황갈색	중	심근
	복자기	원정형	4	황백색	붉은색	음	심근
	산단풍	구형	4–5	암홍색	–	–	–
	산딸나무	평정형	5–6	백색	적갈색	중용	심근
	산벚나무	원정형	4–5	담홍색	황색	양	심근
	산사나무	원정형	5	백색	황색	중	천근
	산수유	우산형	3–4	황색	홍색	양	천근
	살구나무	원정형	4	담홍색	황색	양	천근
	상수리나무	원정형	4–5	황록색	황색	양	심근
	서어나무	원정형	4–5	황갈색	주황색	음	천근
	석류나무	원정형	5–6	주홍색	황색	양	천근
	신갈나무	원정형	4–5	황적색	–	양	심근
	아그배나무	원정형	5	백색	–	양	–
	왕벚나무	원형	4	백색,홍색	적갈색	양	심근
	은행나무	원추형	4–5	황록색	황색	양	심근
	이팝나무	원정형	5–6	백색	황색	양	천근
	일본목련	타원형	5	황백색	갈색	양	심근
	자귀나무	평정형	6–7	연분홍색	황색	양	천근
	자엽자두	원정형	4–5	분홍색	–	–	–
	자작나무	원추형	4–5	황색	황색	극양	천근
	졸참나무	원정형	4–5	황록색	적색	양	심근
	중국단풍	원정형	4–5	담황색	적색,황색	중	–
	쪽동백	평정형	5–6	백색	황색	중	천근
	청단풍	평정형	4–5	암홍색	홍색	–	–
	층층나무	우산형	5	백색	홍적색	중	심근
	칠엽수	역삼각형	5–6	홍백색	황색	양	심근
	팥배나무	원정형	5	백색	주황색	음	심근
	팽나무	평정형	5	담황색	황색	중	심근
	함박꽃나무	원정형	6	백색	–	음	심근
	홍단풍	원형	4–5	담홍색	적색	양	–
	회화나무	타원형	8	황백색	황색	중	–
상록 관목	눈향나무	포복형	4	황색	–	양	–
	옥향	원형	4	황색	–	–	–
	사철나무	원형	6–7	담황록색	–	양	천근

성상	수목	수형	개화(월)	꽃색	단풍	음양성	근계
상록 관목	조릿대	부채골형	4	자주색	황색	음	천근
	주목(둥근형)	포복형	5	갈녹색	–	음	천근
	회양목	구형	3–4	황색	황록색	중	천근
	영산홍	원형	5	담홍자색	적갈색	양	천근
낙엽 관목	개쉬땅나무	부채꼴	6–7	백색	황색	중용	천근
	갯버들	–	3–4	황색	–	–	–
	겹철쭉	원형	4–5	홍자색	적황색	–	–
	낙상홍	구형	6	담호액	적갈색	음	천근
	덜꿩나무	타원형	4–5	백색	적갈색	양	천근
	덩굴장미	–	5–6	적색	–	–	–
	말발도리	부채꼴	5–6	백색	갈색	중용	천근
	매자나무	구형	5	황색	적색	중용	–
	명자나무	부채꼴	5	담홍색	황색	중용	천근
	모란(먹단)	부채꼴	5	홍자색	–	양	천근
	목수국	원정형	7–8	백색	황색	–	–
	무궁화	타원형	7–9	백색,자색	황색	양	천근
	미선나무	부채꼴	3–4	백색	적갈색	중용	천근
	박태기	부채꼴	4	자홍색	황갈색	양	천근
	백철쭉	원형	4–5	백색	–	–	–
	병꽃나무	원형	5	황백색	–	중용	천근
	보리수나무	타원형	5	백색	황색	중용	천근
	불두화	원형	5–6	백색	적갈색	–	–
	산수국	원형	7–8	백자색	–	음	천근
	산철쭉	원형	4–5	홍자색	적갈색	양	천근
	수국	원형	6–7	연홍색	–	중용	천근
	수수꽃다리	원정형	4–5	연자주색	황색,적색	중용	–
	앵도나무	부채꼴	4	백색분홍	황색	중용	천근
	자산홍	원형	4–5	자색	적황색	–	–
	장미	부채꼴	6–7	백색,적색등	황색	양	천근
	조팝나무	부채꼴	4–5	백색	적갈색	중용	천근
	좀작살나무	난형	8	담자색	황색	중용	천근
	쥐똥나무	타원형	5–6	백색	황색	중용	천근
	진달래	타원형	4	자홍색	적색	양	천근
	해당화	부채꼴	5–7	홍자색	황색	양	천근
	화살나무	부채꼴	5–6	황록색	적색	음	천근
	황매화	부채꼴	4–5	황색	황색	중용	천근
	흰말채나무	부채꼴	5–6	황백색	적색	양	천근
	히어리	원정형	3–4	황색	황색	양	천근

초화류의 생태적 특성

계절	초본류	개화(월)	초장(cm)	광	토양	내서성	내한성	내습성	내건성
봄	복수초	2~3	15-30	반음지	적습지	중강	강	중강	약
	수선화	1-3	20-30	반음지,양지	적습지	강	강	중약	중강
	할미꽃	4-5	20-30	양지	적습지	강	강	약	강
	노루귀	3-4	5-10	반음지	적습지	중약	강	중약	중강
	긴병꽃물꽃	4-5	10-15	반음지,양지	적습지	강	강	중강	중강
	민들레	4-5	5-10	양지	적습지	강	강	중강	강
	앵초	4-5	10-15	반음지	적습지	중	강	중강	중강
	은방울꽃	4-5	10-20	반음지	적습지	강	강	약	강
	금낭화	5-6	30-50	반음지	적습지	강	강	약	강
	하늘메발톱	4-5	20-30	반음지,양지	적습지	강	강	중약	중강
	만년청	5-6	30-50	음지,반음지	적습지	중강	중강	강	중
	작약	5-6	50-70	반음지	적습지	강	강	약	강
	돌단풍	4-5	15-30	양지	적습지	강	강	강	강
	왜성술패랭이	5-6	20-25	양지	건조지	강	강	약	강
	상록패랭이	5-6	20-30	양지	건조지	강	강	약	강
	붓꽃	5-6	30-40	반음지,양지	적습지	강	강	중강	강
	돌나물	5-6	5-10	양지	건조지	강	강	중	강
	동의나물	5-6	15-30	반음지	습지	중강	강	강	중약
	무늬둥굴레	5-6	20-30	반음지,양지	적습지	강	강	중약	강
	골무꽃	5-6	10-25	반음지,양지	적습지	강	강	중약	강
	꽃잔디	4-5	10-15	양지	건조지	강	강	약	강
	뻐꾹채	6	50-100	양지	건조지	강	강	약	강
	피나물	5-6	20-30	반음지	적습지	중	강	강	약
	흰갈퀴	5-6	40-70	양지	적습지	강	강	강	중
	금계국	5-6	30-60	양지	양지	강	강	중	강
	수호초	4-5	10-25	음지,반음지	적습지	강	강	중약	강
	땅채송화	5-6	5-10	양지	적습지	강	중강	중약	강
	담쟁이	5-6	1m이상	양지	적습지	강	강	중	강

계절	초본류	개화(월)	초장(cm)	광	토양	내서성	내한성	내습성	내건성
여름	꽃창포	5-6	50-100	양지	습지,적습지	강	강	강	중
	섬초롱꽃	6-7	30-40	반음지,양지	적습지	강	강	중	강
	흰꿀풀	5-6	15-20	양지	적습지	중	중	강	중
	섬기린초	6-7	20-30	양지	적습지	강	강	중약	강
	하늘나리	6-7	30-50	양지	적습지	중강	강	중약	중강
	매미꽃	6-8	15-25	음지,반음지	적습지	중강	강	중강	중강
	뻐국나리	6-7	30-40	음지,반음지	적습지	강	강	중강	중강
	왕원추리	6-7	50-100	반음지,양지	적습지	강	강	강	강
	비비추	6-7	20-40	반음지	적습지	강	강	중강	중강
	문수조릿대	6-7	20-50	반음지,양지	적습지	강	강	중약	강
	맥문동	7-8	20-30	음지,반음지	적습지	강	강	중	강
	솔나물	6-7	30-70	양지	적습지,건조지	강	강	중	강
	금불초	6-8	30-60	양지	습지,적습지	강	강	강	중강
	터리풀	6-7	50-100	반음지,양지	적습지	강	강	강	중
	범부채	7-8	30-60	반음지,양지	적습지	강	강	중	강
	옥잠화	8-9	25-50	반음지,양지	적습지,습은지	강	강	중	강
	용머리	6-7	20-30	양지	적습지	강	강	중약	중강
	노루오줌	7-8	30-60	반음지,양지	적습지	강	강	강	중강
	땅나리	7-8	30-50	양지	적습지	강	강	중약	중강
	상사화	7-8	20-50	반음지,양지	적습지	강	강	중	중
	부처꽃	7-8	50-100	양지	적습지	강	강	강	중강
	우산나물	6-7	30-50	반음지	적습지	강	강	중약	중강
	꿩의다리	6-7	40-60	반음지,양지	적습지	강	강	중강	중
	바위취	6-7	10-20	음지,반음지	적습지	강	강	중강	중강
	왜란(애란)	6-7	3-5	음지,반음지	적습지	강	중	중	강
	원추리	6-7	50-80	양지	적습지	강	강	중강	강
	흰꽃나도사프란	6-8	20-30	반음지,양지	적습지	강	중	강	중
	동자꽃	6-7	50-70	반음지,양지	적습지	중강	강	중	강
	리아트리스	7-8	50-70	양지	적습지,건조지	강	강	중	강
	백리향	7-8	10-20	양지	건조지	강	강	중약	강
	인동	6-7	1m이상	양지	건조지	강	강	중약	강
	제비동자꽃	6-7	30-60	반음지,양지	습지,적습지	중약	강	강	중강
	이질풀	7-8	20-30	양지	적습지	강	강	중약	강

계절	초본류	개화(월)	초장(cm)	광	토양	내서성	내한성	내습성	내건성
가을	관중		30–50	음지,반음지	적습지	강	강	중	중
	꽃범의꼬리	8–9	50–70	양지	적습지	강	강	강	강
	꽃무릇(석산)	8–9	30–40	음지,반음지	적습지	강	강	중약	강
	두메부추	8–9	20–30	양지	적습지	중	강	중약	강
	벌개미취	7–9	30–60	양지	적습지	강	강	강	강
	왕해국	9–10	20–30	양지	건조지	강	중강	약	강
	층꽃	9–10	30–50	양지	건조지	강	강	중약	강
	구절초	9–10	30–50	양지	건조지	강	강	중약	강
	쑥부쟁이	9–11	30–50	양지	적습지	강	강	중강	강
	왕갯쑥부쟁이	9–12	30–60	양지	적습지,건조지	강	중강	약	강
	감국	10–11	40–70	양지	적습지	강	강	약	강
	털머위	10–11	30–50	음지,반음지	적습지	강	중강	중	강
	꽃괭이밥	6–10	15–20	반음지,양지	적습지	강	중강	중강	강
	둥근잎의 비름	7–8	20–30	음지,반음지	건조지	중약	강	중	강
	큰꿩의비름	8–10	20–50	양지	적습지	강	강	중약	강
	수크렁	9–10	30–60	양지	적습지,건조지	강	강	중강	강

성상	초본류	개화(월)	초장(cm)	광	토양	내서성	내한성	내습성	내건성
상록	도깨비고비 (도깨비쇠고비)		20–40	반음지	적습지,양지	강	중	중약	강
	줄사철	5–6	1m이상	반음지,양지	적습지	강	강	중	강
	족제비고사리		20–30	반음지	적습지	강	강	중	강
	속새		30–60	음지,반음지	습지,적습지	강	강	강	중강
	빈카마이너	3–7	30cm이상	반음지,양지	적습지	강	강	중약	중강
	자금우	6–7	10–20	음지,반음지	적습지	강	중	중	강
	멀꿀	5–6	1m이상	양지	적습지	강	중약	중약	강
	송악	10	1m이상	반음지,양지	적습지	강	중	중	강
	마삭줄	6–7	1m이상	반음지,양지	적습지	강	중약	중약	강
수생 식물	매자기	7–9	80–100	양지	습지	강	강	강	중약
	석창포	6–7	20–30	음지,반음지	습지,적습지	강	중강	강	중
	창포	7–8	40–60	양지	습지	강	강	강	중강
	흰줄무늬큰물대	8–10	1–1.5m	양지	습지,적습지	강	강	강	중강
	갈대	9–11	1–1.5m	양지	습지	강	강	강	중약
	물억새	8–10	1–1.5m	양지	습지,적습지	강	강	강	중강
	노랑꽃창포	4–5	50–80	양지	습지,적습지	강	강	강	중
	수련	6–8	10–30	양지	연못,호수	강	강	강	약

자료 : 강호철 외 (2014), 조경수 생산관리론, 문운당. / 서울특별시 SH공사(2010), 조경설계·시공·관리 기준, 재작성

식물 유지관리 작업횟수 및 시기 연간계획

구분	공종	횟수	일정												비고
			1	2	3	4	5	6	7	8	9	10	11	12	
수목	전정(상록)	1~2					●	●			●	●			봄,가을
	전정(낙엽)	1~2	●	●				●	●				●	●	여름,겨울
	전정(관목)	1~3					●	●	●	●	●	●	●		생울타리
	시비	1~2			●	●	●					●	●		기비,추비
	관수	수시			●	●	●	●	●	●	●	●	●		환경조건에 따라
	제초, 풀베기	3~4				●	●	●	●	●	●	●	●		6~9월 집중
	줄기감기	1					●								피소방지
	병충해 방제	2~4	●	●			●	●	●	●	●	●		●	정기 및 사전방제
	지주 결속	1							●	●	●				태풍대비 8월전후
	월동작업	1	●	●									●	●	난대식물 짚싸기
잔디	깍기	5~6					●	●	●	●	●	●			적정초장 유지
	뗏밥 주기	1~2		●	●	●						●			한지형은 봄, 가을
	시비	1~2		●	●	●	●	●	●	●					
	관수	수시				●	●	●	●	●	●	●			환경조건에 따라
	제초	3~4				●	●	●	●	●	●	●			6~9월 집중
	병충해 방제	2~4					●	●	●	●	●				
초화류	시비	1~2			●	●	●	●							
	관수	수시				●	●	●	●	●	●	●			환경조건에 따라
	제초	5~6				●	●	●	●	●	●				6~9월 집중
	병충해 방제	2~4					●	●	●	●	●	●			특성에 따라

시설물 유지관리 연간계획

구분		항목	일 정 (내 용)												비고
			1	2	3	4	5	6	7	8	9	10	11	12	
정기 관리	점검	순회	●	●	●	●	●	●	●	●	●	●	●	●	경미한 수선포함
		안전					●	●		●	●				태풍전
	계획 수선	전면 도장		●	●	●	●								한냉지역 4월 1회/2~3년
		도로 보수			●	●	●		●	●	●				
	청소		●	●	●	●	●	●	●	●	●	●	●	●	매월 정기적
부정기 관리	부분수선 교체			●	●	●	●			●	●	●			
	개량 신설					●	●			●	●	●			
	재해대책	방제 검사					●	●		●	●				안전점검 직후
		재해 복구						●	●	●	●	●	●	●	재해 직후
중간 점검	휴게시설		벤치, 파고라 등의 기능점검												1회/6개월
	정보시설		안내판, 게시판 등의 기능 점검 기초매입부, 파손부위 검사 도장부분의 상태점검												수시 1회/6개월 1회/6개월
	조명시설		옥외조명등의 취부 상태점검 절연상태, 매입상태 점검												1회/6개월 1회/1년
	관리시설		옥외 급·배수관 파손 작동상태 오수·배수관 오물 누수상태 담장 기초매입부 및 연결상태 점검 방청, 방수도장												1회/6개월 1회/6개월 1회/6개월 1회/1년
	수경시설		급·배수관 점검 부유물 제거 청소 연못 수질												1회/1년 1회/1년 1회/월
	수목시설		지주목 설치후 지지력 점검 수목보호판 연결상태 점검												1회/1년 1회/1년

주요 정원박람회

- 2010 경기정원문화박람회, (재)경기문화농림재단, 오구공원
- 2012 서울정원박람회, 서울시, 양재동 aT 센타
- 2013 순천만국제정원박람회, (재)2013 순천만국제정원박람회박람회, 순천시
- 2014 부산조경 · 정원박람회, 부산광역시, 백스코
- 1982 영국 첼시플라워 쇼, 왕립원예협회, 런던(첼시에 있는 왕립병원)
- 1996 일본 꽃과 정원 전시회, 일본가정원예보급협회, 일본 컨벤션(마꾸하리 메세)
- 2003 독일 국제정원박람회, AIPH, 록스톡시

주요 전통정원

- **궁궐** : 경북궁, 창덕궁, 창경궁, 경운궁
- **전북** : 남원 몽심재, 정읍 김동수씨 가옥
- **전남** : 구례 운조루, 담양 후산리 명옥헌 원림, 보길도 윤선도 원림, 보성 이용욱 가옥, 소쇄원, 송광사 계원, 운림산방, 임대정 원림
- **경남** : 양산 어곡리 우규동 별서, 용호정원, 창녕 석리 성씨 고가, 함안 무기연당, 함양 일두고택
- **대구 · 경북** : 달성 삼가헌 사랑채 정원, 도산서당, 독랑당, 불국사 구품연지, 안동 임청각, 안압지 지원, 영천 정용준씨 가옥, 청암정 원림, 초간정 원림
- **대전 · 충남 · 충북** : 괴산 김기응 가옥, 남간정사, 논산 명재고택 정원, 아산 외암마을과 정원
- **서울 · 경기 · 강원** : 선교장과 활래정, 청평사 지원, 석파정, 성락원, 진접 여경구 가옥